Joachim Scheer

Versagen von Bauwerken

Ursachen, Lehren

Band 2: Hochbauten und Sonderbauwerke

Joachim Scheer

Versagen von Bauwerken

Ursachen, Lehren

Band 2: Hochbauten und Sonderbauwerke

Univ.-Professor em. Dr.-Ing. Dr.-Ing. E. h. Joachim Scheer
Wartheweg 20
D-30559 Hannover

Titelbild: Einsturztrümmer des 243 m hohen Turms
in Königs Wusterhausen, 1972

Mit 100 Abbildungen

Die Deutsche Bibliothek – CIP-Einheitsaufnahme
Ein Titeldatensatz für diese Publikation ist bei
Der Deutschen Bibliothek erhältlich

ISBN 3-433-01608-9

© 2001 Ernst & Sohn Verlag für Architektur und technische Wissenschaften GmbH, Berlin

Alle Rechte, insbesondere die der Übersetzung in andere Sprachen, vorbehalten. Kein Teil dieses Buches darf ohne schriftliche Genehmigung des Verlages in irgendeiner Form – durch Fotokopie, Mikrofilm oder irgendein anderes Verfahren – reproduziert oder in eine von Maschinen, insbesondere von Datenverarbeitungsmaschinen, verwendbare Sprache übertragen oder übersetzt werden.

All rights reserved (including those of translation into other languages). No part of this book may be reproduced in any form – by photoprint, microfilm, or any other means – nor transmitted or translated into a machine language without written permission from the publisher.

Die Wiedergabe von Warenbezeichnungen, Handelsnamen oder sonstigen Kennzeichen in diesem Buch berechtigt nicht zu der Annahme, daß diese von jedermann frei benutzt werden dürfen. Vielmehr kann es sich auch dann um eingetragene Warenzeichen oder sonstige gesetzlich geschützte Kennzeichen handeln, wenn sie als solche nicht eigens markiert sind.

Satz: ProSatz Rolf Unger, Weinheim
Druck: Betz-Druck GmbH, Darmstadt
Bindung: Großbuchbinderei J. Schäffer GmbH & Co. KG, Grünstadt

Printed in Germany

*Bauunfälle bewahren uns ... vor dem Irrtum,
Erfahrungen mit Gewohnheit, dem ärgsten Feind
des Fortschrittes, zu verwechseln.*

Kurt Klöppel

Vorwort

Dem im Oktober 2000 erschienenen Band 1 über Brücken folgt jetzt Band 2 über Hochbauten und Sonderbauwerke. Die Zielsetzung ist in beiden Bänden gleich: Es geht um einen Beitrag zur Ingenieurwissenschaft, der helfen soll, Wiederholungen folgenschwerer Fehler beim Entwurf und beim Bau von Tragwerken vorzubeugen.

Band 2 stützt sich auf 8 Tabellen, in die Fakten über Versagen – dies nach kritischer Sichtung – aus der vorhandenen Literatur und anderen Quellen eingegangen sind. Sie werden durch wertvolle Hinweise vieler Kollegen sowie eigene Erfahrungen, z. B. aus der Sachverständigentätigkeit für Gerichte und Versicherungen und aus der Arbeit in Gremien, vervollständigt. Dazu gehört auch die Erarbeitung von Baubestimmungen, bei denen auf Schäden zu reagieren war.

Bei der Diskussion einzelner Schadensfälle habe ich weitgehend darauf verzichtet, bekannte Darstellungen zu wiederholen. Ich weise nur auf sie hin, es sei denn, daß ich mich aufgrund eigener Überlegungen zu abweichenden Beurteilungen veranlaßt sehe. Fotos und Detailzeichnungen, die den Text unterstützen, sollen zu einem leichten Verständnis der technischen Sachverhalte beitragen. Bei der Beschreibung von Versagensfällen und ihrer Kommentierung war mir immer bewußt, daß es im allgemeinen nach dem Versagen eines Bauwerkes leicht ist zu wissen, wie es zu verhindern gewesen wäre.

Eine Sonderrolle spielt Kapitel 2 über Versagen alter oder älterer, zum Teil baugeschichtlich bekannter Bauwerke. Es handelt sich durchweg um Einstürze, und sie sollen unter Tragwerksgesichtspunkten betrachtet werden, da vor allem die älteren bisher – von Ausnahmen abgesehen – mehr unter architektonischen Aspekten erörtert worden sind. Zum anderen soll die Zusammenstellung anregen, auch für andere ältere Bauwerke nach den bautechnischen Ursachen ihres Versagens zu fragen. Schließlich zeigt Kapitel 2 auch, daß die Entwicklung des Bauens immer mit den Lehren verbunden war, die aus Einstürzen gezogen wurden oder hätten gezogen werden können.

Auch dieser Band ist nicht nur für Ingenieurkollegen gedacht, sondern richtet sich auch an Architekten, Bauherrn und Baufaufsichtsbehörden, da sie als „am Bau Beteiligte" zusammen die Verantwortung für Entwurf, Konstruktion, Abwicklung einer Baumaßnahme einschließlich der Errichtung und für Überwachung und Unterhaltung tragen und im Zweifelsfall gemeinsam von einem Mißerfolg betroffen sind. Gerade für den Bereich des Hochbaus lassen viele Fälle deutlich werden, daß die globale Deregulierung mit der Beseitigung des im allgemeinen bewährten Prüfingenieurwesens in Deutschland nicht verantwortet werden kann: zwei Ingenieure denken eben an mehr als einer, oder – mit Berufung auf das Bild des „Vieraugenprinzips" –: Vier Augen sehen eben mehr als zwei, vorausgesetzt, daß es Augen kluger, erfahrener und engagierter Bauingenieure sind, die auch über ihr Vertragsverhältnis völlig unabhängig sind.

„Versagen" meint in den meisten Fällen Einsturz, es schließt aber auch schwere Schäden oder „Fast-Versagen" ein. Denn oft sind es nur glückliche Umstände, die einen Einsturz verhindert haben, und man kann aus diesen Fällen oft genau so viel lernen wie aus großen Katastrophen.

Ich hoffe, daß Professoren und Dozenten angeregt werden, Beispiele aus diesem Buch in ihre Vorlesungen und Übungen zu übernehmen, und Studenten aus ihnen lernen, um so zu einer Reduzierung der Quote von Tragwerksversagen beizutragen.

Allen Kollegen und Freunden, die mir bei der Materialsammlung, mit Hinweisen und bei der Herstellung von Bildmaterial geholfen haben, danke ich für ihre Unterstützung. Besonders erwähnen möchte ich Professor Kordina, TU Braunschweig, für seine wiederholte Unterstützung durch Unterlagen und seine Hilfen zum Zugang zu Quellen, Ingenieur G. Fecke, Unna, Dr.-Ing. J. Kozák, Bratislava, und Dipl.-Ing. K. Schaefer, Schöneich, für ihre Unterlagen zum Kapitel 5 und Professor Nather, TU München, für die zum Kapitel 10.

Bei der Beschaffung von Literatur hat mich Frau Grosche, Institut für Stahlbau, TU Braunschweig, tatkräftig unterstützt, dafür danke ich ihr vielmals.

Auch bei diesem Band hat mir meine Frau durch kritisches Lesen des Textes vor Abgabe des Manuskriptes an den Verlag geholfen, Schwächen im Ausdruck zu beseitigen. Für diese, für sie fachfremde und damit mühsame Arbeit, danke ich ihr ganz besonders.

Erfreulich war wieder die Zusammenarbeit mit Frau Herr und Frau Herrmann im Lektorat des Verlags Ernst & Sohn, Berlin, und Frau Grössl in der Abteilung Herstellung. Aufbauend auf ihren Erfahrungen haben sie wieder mit wertvollen Vorschlägen zur endgültigen Gestaltung viel beigetragen.

Hannover/Braunschweig, im Juli 2001   Joachim Scheer

Inhaltsverzeichnis

Vorwort		V
1	**Einführung**	1
1.1	Allgemeines	1
1.2	Erläuterungen zum Aufbau	1
1.2.1	Allgemeines zu den Tabellen 2 bis 10, gewählte Gliederung	1
1.2.2	Erfaßte Bauwerke	2
1.2.3	Berücksichtigte Ursachen	3
1.2.4	Benutzte Quellen	3
1.2.5	Abkürzungen bei Quellenangaben	3
1.3	Vorbemerkungen zum Textteil	4
1.4	Rückschau und frühere Veröffentlichungen zum Versagen von Tragwerken im Hochbau	5
1.5	Bemerkung über Gutachten zu Versagensfällen	9
2	**Einstürze alter oder älterer, zum Teil baugeschichtlich bekannter Bauwerke**	11
2.1	Einsturz = Lehrmeister des Baufortschrittes?	11
2.2	Tabelle 2, allgemeine Betrachtungen	11
2.3	Einzelfälle	14
2.3.1	Die Pyramide von Medum, Fall 2.1, rd. 2600 v. Chr.	14
2.3.2	Die Kathedrale St. Pierre in Beauvais, Fall 2.2, 1284 und 1573	20
2.3.2.1	Der Einsturz des Chores 1284	20
2.3.2.2	Der Einsturz des Turmes auf der Vierung 1573	24
2.3.2.3	Die „Fertigstellung" der Kathedrale nach 1573	26
2.3.3	Pharos – Der Leuchtturm von Alexandrien, Fall 2.3, 1326	26
2.3.4	Westturm des Domes zu Worms, Fall 2.4, 1429	27
2.3.5	Marienkirche Hermannstadt, Fall 2.5, 1493	28
2.3.6	Turm der Kreuzkirche in Hannover, Fall 2.6, 1630	29
2.3.7	Münzturm Berlin, Fall 2.7, 1706	29
2.3.8	„Deutscher Dom" in Berlin, Fall 2.8, 1781	30
2.3.9	Turmhelm der Stiftskirche Fritzlar, Fall 2.9, 1868	31
2.3.10	Campanile in Venedig, Fall 2.10, 1912	31
2.3.11	Turm der Marienkirche in Pasewalk, Fall 2.11, 1984	34
2.3.12	Torre Civica in Pavia, Fall 2.12, 1989	36
2.3.13	Turm der Pfarrkirche St. Maria Magdalena in Goch, Fall 2.1, 1993	37
2.3.14	Roter Turm in Jena, Fall 2.14, 1995	39
2.3.15	Kathedrale in Noto, Sizilien, Fall 2.15, 1996	42
2.4	Lehren	44

3	**Versagen von Hallen und Dächern**	45
3.1	Tabelle 3, allgemeine Betrachtungen	45
3.2	Versagensgruppen oder Einzelfälle	57
3.2.1	Entwurfsfehler	57
3.2.1.1	Stadthalle Görlitz, Fall 3.1, 1908	57
3.2.1.2	Knickerbocker Theater, Washington, Fall 3.4, 1922	58
3.2.1.3	Basketball-Arena, Midwestern University, Fall 3.12, 1969	59
3.2.1.4	Civil Center Coliseum, Hartford, Fall 3.16, 1978	60
3.2.1.5	Junior High School, Waterville, Fall 3.18, 1978	60
3.2.1.6	Crosby Kemper Memorial-Arena, Kansas City, Fall 3.19, 1979	62
3.2.1.7	Kongreßhalle Berlin, Hängedach, Fall 3.25, 1980	63
3.2.1.8	Dach einer Messehalle, Hannover, Fall 3.36, 1987	67
3.2.2	Fehler in der Ausführung	68
3.2.2.1	Garagen-Flachdecke in Manhattan, Fall 3.8, 1962	68
3.2.3	Fehler bei der Ausführung (Montageunfälle)	69
3.2.3.1	Stahl-„Dom", Kingsdom, Fall 3.10, 1966	69
3.2.3.2	Halle der Neuen Messe Düsseldorf, Fall 3.11, 1967	69
3.2.3.3	Stadion, Rosemont, Fall 3.20, 1979	72
3.2.3.4	Kirche, Holzrahmen, Ranburne, Fall 3.38, 1997	72
3.2.3.5	Halle für Spielautomaten, Ort und Jahr unbekannt, Fall 3.45	73
3.2.4	Überlastung durch Schnee, Wasser	74
3.2.4.1	Überseezentrum, Hamburg, Fall 3.23, 1979	74
3.2.4.2	Silberdom-Stadion, Pontiac, Fall 3.34, 1985	75
3.2.5	Überlastung durch andere Einwirkungen	78
3.2.5.1	Eislauf-Arena, Squaw Valley, Fall 3.30, 1983	78
3.2.6	Werkstoffversagen	79
3.2.6.1	Schwimmbad-Unterdecke, Uster, Fall 3.35, 1985	79
3.2.7	Mangelhafte Bauunterhaltung	80
3.2.7.1	Glashütte in Ungarn, Fall 3.22, 1979	80
3.3	Lehren	82
4	**Versagen von Hochbauten, außer Hallen**	83
4.1	Tabelle 4, allgemeine Betrachtungen	83
4.2	Versagensgruppen oder Einzelfälle	91
4.2.1	Entwurfsfehler	91
4.2.1.1	Verwaltungsbau, 5stöckig, Cocoa Beach, Fall 4.8, 1981	91
4.2.1.2	L'Ambiance Plaza Appartementhaus, Bridgeport, Fall 4.15, 1987	91
4.2.1.3	Beleuchtungsturm für Olympiastadion in Atlanta, Fall 4.19, 1995	96
4.2.1.4	Vierstöckiges Wohnhaus, Ort und Jahr unbekannt, Fall 4.27	96
4.2.2	Fehler bei der Ausführung (Montageunfälle)	98
4.2.2.1	Hochhaus in Boston, Fall 4.5, 1970	98
4.2.2.2	Skyline Plaza Apartment Building in Fairfax County, Fall 4.6, 1973	100
4.2.3	Grobe Fehler beim Umbau	103
4.2.3.1	Royal Plaza-Hotel in Bangkok, Fall 4.18, 1993	103

4.2.4	Überlastung durch Schnee, Wasser	105
4.2.4.1	Lagerhalle, Bad Lauterberg, Fall 4.14, 1987	105
4.2.4.2	Zuschauertribüne für Husky-Stadion in Seattle, Fall 4.16, 1987 und Hotel New World, Singapore, Fall 4.29, 1986	107
4.3	Lehren	107
5	**Versagen von Funkmasten und -türmen**	**111**
5.1	Tabelle 5, allgemeine Betrachtungen	111
5.2	Versagensgruppen oder Einzelfälle	132
5.2.1	Grundsätzlich zu geringer Windlastansatz, vor allem Versagen in der Frühzeit des Bauens hoher Antennentragwerke	132
5.2.1.1	200-m-Mast Nauen, Fall 5.1, 1912	132
5.2.1.2	150-m-Stahltürme Norddeich, Fall 5.2, 1926 sowie 75-m-Holzturm München-Stadelheim, Fall 5.3, 1930 und 160-m-Holzturm Langenberg, Fall 5.4, 1934	133
5.2.1.3	243-m-Stahlturm Königs Wusterhausen, Fall 5.10, 1972	134
5.2.2	Ungewöhnliche Windlasten, Vereisung oder beides zusammen	136
5.2.3	Dynamische Probleme	137
5.2.3.1	Rohrmantelmast Suchá, Fall 5.6, 1962	137
5.2.3.2	„Blechschalen"-Turm Buková, Fall 5.7, 1966	138
5.2.3.3	Fernmeldeturm Hoher Bogen, Fall 5.12, 1974	138
5.2.3.4	Rohrmantelmast Bielstein, Fall 5.22, 1985	140
5.2.3.5	Schwingungen einer vereisten Abspannung eines 350-m-Rohrmantelmastes, Nordwest-Deutschland	141
5.2.3.6	Torsionsschwingungen einer großen Reusenantenne, Mainflingen	142
5.2.3.7	Querschwingungen einer schlanken Stütze in einem 344-m-Mast, Berlin	143
5.2.4	Fremdeinwirkung	144
5.2.5	Entwurfs- und Konstruktionsfehler	144
5.2.5.1	50-m-Turm auf dem Feldberg (Schwarzwald), Fall 5.55, 1965	144
5.2.6	Mängel in der Ausführung	145
5.2.7	Fehler während der Ausführung (Montageunfälle)	145
5.2.7.1	Stahlgittermast bei Warschau, Fall 5.24, 1991	146
5.2.7.2	344-m-Mast Berlin-Frohnau, Fall 5.14, 1978	147
5.2.8	Probleme aus Mängeln bei der Beherrschung der elektrischen Energie	147
5.2.8.1	344-m-Mast Berlin-Frohnau	147
5.2.9	Werkstoffmängel	149
5.2.9.1	132-m-Stahlgittermast, Mainflingen, Fall 5.5, 1960	149
5.2.9.2	200-m-Selbststrahlermast, Hamburg, Fall 5.32, 1949	150
5.2.10	Zwei „Fast"-Einstürze	150
5.2.10.1	350-m-Maste in Nordwest-Deutschland	150
5.2.10.2	344-m-Mast Gartow/Höhbeck 2, 1979	151
5.3	Lehren	154

6	**Versagen von Kranen, Kaminen, Freileitungsmasten, Windenergieanlagen und anderen turmartigen Bauwerken (außer Funkmasten und -türmen)**	155
6.1	Tabelle 6, allgemeine Betrachtungen	155
6.2	Krane	164
6.3	Kamine	169
6.4	Freileitungsmasten	169
6.5	Windenergieanlagen	177
6.6	Lehren	177
7	**Versagen von Behältern (Silos und Tankbauten)**	179
7.1	Tabelle 7, allgemeine Betrachtungen	179
7.2	Lasten, größer als angenommen	190
7.3	Bemessungsfehler	191
7.3.1	12zellige Siloanlage in Ismaning, Fall 7.11, 1979	191
7.3.2	Schwimmdachtank mit Stützen im Membran- und Pontonbereich, Fall 7.13, etwa 1982	195
7.3.3	Schwimmdachtank mit z.T. für automatische Reinigung ausgerüsteten Stützen im Membran- und Pontonbereich, Fall 7.16, 1982	197
7.3.4	Fälle 7.21 und 7.24 mit Stabilitätsversagen im Bereich lokaler Stützungen am unteren Ende des Silozylinders	198
7.3.5	Anlage aus drei zylindrischen Betonsilos mit Innenzellen, Fall 7.12, 1979	198
7.4	Schweißfehler bei Stahlsilos, Fälle 7.2, 7.4, 7.10 und 7.14	198
7.5	Bewehrungsfehler bei Betonsilos: Siloanlage in Betonbauweise in Süddeutschland, Fall 7.6, 1968	200
7.6	Betriebsfehler, Fälle 7.3, 7.13, 7.15 und 7.25	204
7.7	Lehren	204
8	**Versagen von Regalen**	205
8.1	Tabelle 8, allgemeine Betrachtungen	205
8.2	Regallager in Brake, Fall 8.1, 1970	206
8.3	Behälterlager in Bremen, Fall 8.2, 1986	207
8.4	Regallager in Delmenhorst, Fall 8.3, 1993	213
8.5	Lehren	216
9	**Versagen von Sonderbauwerken**	217
9.1	Vorbemerkung	217
9.2	Druckrohrleitungen	217
9.2.1	Brüche in einem Druckrohr für ein Speicherkraftwerk in Süddeutschland, Fall 9.1, 1925	220
9.2.2	Brüche im Druckrohr für ein Speicherkraftwerk in den Vogesen, Fall 9.2, 1934	221
9.2.3	Einbeulen einer Druckrohrleitung durch Vakuum, Fall 9.9, etwa 1986	222
9.2.4	Druckrohrleitung Arequipa, Fall 9.10	222

9.3	Abraumförderbrücke Böhlen I, Fall 9.3, 1937	222
9.4	Offene Fahrzeugunterstellhallen, Fall 9.5, 1962/63	224
9.5	Radioteleskope	228
9.5.1	Radioteleskop in Sugar Grove, Fall 9.4, 1962	228
9.5.2	Radioteleskop Green Bank, Fall 9.8, 1988	228
9.6	Einsturz einer Fußgängergalerie im Hyatt-Hotel in Kansas City, Fall 9.6, 1981	233
9.7	Einsturz der Beton-Offshore-Plattform Sleipner A, Fall 9.8, 1991	233
9.8	Lehren	238
10	**Versagen von Gerüsten, außer für Brücken**	**239**
10.1	Tabelle 10, allgemeine Betrachtungen	239
10.2	Allgemeine Veröffentlichungen über Gerüsteinstürze	246
10.3	Einzelfälle	249
10.3.1	Gerüst zum Bau einer gotischen Basilika, Fall 10.1, 1237	249
10.3.2	Gerüst zur Herstellung der Decke über einem Festsaal, Fall 10.4, 1921	250
10.3.3	Gerüst zur Aussteifung einer S-Bahn-Baugrube in Berlin, Fall 10.5, 1935	253
10.3.4	Gerüst zum Bau des New York Coliseum, Fall 10.6, 1955	256
10.3.5	Arbeitsgerüst für Reparaturarbeiten in Essen, Fall 10.7, 1963	258
10.3.6	Einsturz einer Kletterschalung beim Bau eines Kühlzugturmes in Willow Island, Fall 10.9, 1978	259
10.3.7	Arbeits- und Schutzgerüst für Sanierung der Kesselanlage in einem Kraftwerk, Rahmengerüst, Aschaffenburg, Fall 10.18, 1994	259
10.3.8	Gerüst für ein schweres Garagendach, Newmark, Fall 10.23	262
10.3.9	Gerüst für Decke eines niedrigen Gebäudes in Alexandria, Fall 10.24	262
10.4	Lehren	264
11	**Lehren für die Praxis**	**267**
11.1	Vorbemerkung	267
11.2	Zusammenfassung von Ursachen	267
11.3	Lehren aus Entwurfsfehlern	268
11.4	Lehren aus Fehlern während der Ausführung (Montageunfälle)	270
11.5	Lehren aus mangelhafter Beurteilung dynamischer Probleme	271
11.6	Zur Rolle des Prüfingenieurs in Deutschland	272
11.7	Forderung nach zentraler Erfassung von Schäden und Einstürzen in Deutschland oder in Europa	272
11.8	Tragwerkskritik	273
12	**Lehren für die Lehre**	**275**
12.1	Vorbemerkung	275
12.2	Entwurfs- und Konstruktionsfehler	275
12.3	Mängel in der Ausführung	276
12.4	Fehler während der Ausführung (Montageunfälle)	277

13	**Literatur**	279
14	**Objektliste**	285
15	**Bildnachweis**	289

Sachverzeichnis ... 293

Bitte kopieren und schicken an:

Univ. Prof. Dr.-Ing. Dr.-Ing. E. h. Joachim Scheer
Wartheweg 20
30559 Hannover
Fax (05 11) 9 52 44 86

Versagen von Bauwerken – Ursachen, Lehren
Teil 2: Hochbauten und Sonderbauwerke

1. Bei einer weiteren Auflage sollte auch über den Versagensfall
   ....
   ....
   (Datum, Ort, Name, kurze Angabe über das Ereignis) berichtet werden.
   Angaben dazu findet man in:
   ....
   ....

2. Die Angaben zum Fall Nr. ...
   - müssen korrigiert werden. Vergleiche dazu
   ....
   ....

   - können ergänzt oder präzisiert werden. Vergleiche dazu
   ....
   ....

3. Weitere Verbesserungsvorschläge:
   ....
   ....

Absender:
Name ....
Straße/Hausnummer ....
PLZ/Ort ....
Telefon/Telefax ....

1 Einführung

1.1 Allgemeines

Nach Band 1, der vom Versagen von Brücken handelt, wird in diesem Band über Versagen von Hochbauten und Sonderbauwerken berichtet. Obwohl viele Ausführungen im ersten Band – besonders in den Kapiteln 11 über „Lehren für die Praxis" und 12 über „Lehren für die Lehre" – auch für diesen Band zutreffen, werden sie in den meisten Fällen nicht wiederholt. Dies gilt auch für die im Band 1, Abschnitt 1.1, gegebene, weitgehend persönlich bestimmte Rückschau.

Die im Band 1, Abschnitt 1.2, beschriebenen Ziele dieses Buches gelten hier uneingeschränkt. Kurz zusammengefaßt lauten sie:

> Um die Möglichkeiten einer beruflichen Selbstkontrolle im Sinne der Ausführungen von H. P. Ekardt in [18] zu fördern, sollen Rückschläge, die sich im Versagen von Tragwerken manifestieren, beschrieben, ihre Ursachen – wenn möglich – aufgedeckt und Lehren daraus gezogen werden. Wie im Vorwort zu Band 1 mit dem Zitat eines Wortes von George Frost angekündigt, soll mit diesen Aufzeichnungen zur Ingenieurwissenschaft beigetragen werden.

Für das Versagen von Hochbauten und Sonderbauwerken gibt es viele Ursachen, die auch für Brücken zutreffen, von Entwurfsfehlern über Werkstoffmängel bis hin zum Pfusch bei der Ausführung. Es gibt aber auch Gründe für Versagen, die fast nur bei Brücken vorkommen, wie Fahrzeug- oder Schiffsanprall, dagegen andere, die wie übermäßige Schneelast nur zum Einsturz von Hochbauten oder Eislast nur zu dem von Funkmasten oder Freileitungsmasten führen können.

1.2 Erläuterungen zum Aufbau

1.2.1 Allgemeines zu den Tabellen 2 bis 10, gewählte Gliederung

In den Tabellen 2 bis 10 (vgl. Tabelle 1.1) werden alle Versagensfälle erfaßt, über die ich hinreichende Informationen bekommen konnte. Die Tabellen sind so numeriert wie die Kapitel, zu denen sie gehören.

Ich habe mich für diese Gliederung entschieden, man hätte auch anders ordnen können. Die Tabellen 2 bis 10 sind chronologisch angelegt.

Ich habe – wie beim Band 1 – die Frage, ob eine derartige Dokumentation sinnvoll ist, aus den gleichen Gründen wie dort mit „Ja" beantwortet:

- Angaben zum Versagen sind in der Literatur sehr verstreut zu finden. Eine Zusammenfassung im Sinn einer Dokumentation vieler, bis heute bekannt gewordener Fälle schien mir daher sinnvoll.

Tabelle 1.1
Übersicht über die Gliederung und die erfaßten Fälle

Tab.-Nr.	Inhalt	Anzahl der erfaßten Fälle	
		mit Einzelangaben	ohne Einzelangaben
2	Alte oder ältere, zum Teil baugeschichtlich bekannte Bauwerke	15	2
3	Hallen und Dächer	46	0
4	Hochbauten außer Hallen	30	0
5	Funkmaste und -türme	27	128
6	Krane, Kamine, Freileitungsmaste, Windkraftanlagen und andere turmartige Tragwerke	24	6
7	Behälter (Silos und Tankbauten)	26	0
8	Regale	3	0
9	Sonderbauwerke	9	1
10	Gerüste, außer für Brücken	25	13
Summe		205	150

- Sobald man Angaben über Häufigkeit von Versagenstypen und -ursachen macht – auch dann, wenn sie wegen einer fraglichen Grundgesamtheit nicht Anforderungen der Statistik erfüllen können –, stützt eine möglichst große Anzahl von Fällen deren Aussagegewicht. Insbesondere umgeht die Möglichkeit, in den Tabellen Beschreibungen der einzelnen Fälle zu finden, die Notwendigkeit, daß Leser nicht nachprüfbar meinen Beurteilungen folgen müssen. Dies ist leider in manchen zusammenfassenden Arbeiten hinzunehmen.

In den Tabellen wird für alle erfaßten Versagensfälle das Bauwerk mit – wenn bekannt – Jahresangabe des Schadenseintrittes genannt, der Grund des Versagens stichwortartig kurz beschrieben, die Personenschäden und die Hauptabmessungen des Tragwerks (gerundet auf m) – ebenfalls soweit bekannt – angegeben und jeweils mindestens eine Quelle genannt.

1.2.2 Erfaßte Bauwerke

Trotz allen Bemühens bleibt viel Zufall bei der Erfassung der Versagensfälle im Spiel. Bei Hochbauten gilt mehr noch als bei Brücken, daß das Quellenreservoir sehr breit ist. Dennoch blieben Ablauf von Versagen und Ursachen für manche Fälle, die z. B. wegen großer Unfallfolgen oder wegen der Möglichkeiten lehrreicher Schlußfolgerungen erfaßt werden müßten, für mich unbekannt. Große Unterschiede in bezug auf die Offenheit, mit denen in verschiedenen Ländern über Fehlschläge berichtet wird, die mit den Jahren zugenommenen juristischen Schwierigkeiten für eine objektive Berichterstattung und vieles mehr sind dafür verantwortlich.

Für statistische Aussagen sind die Daten nicht repräsentativ und man muß insbesondere davor warnen, länderbezogene Aussagen zu machen, wie dies leider immer wieder geschieht. Dennoch habe ich mit aller Vorsicht versucht, einige Tendenzen bei den Unfallursachen herauszuarbeiten.

Auf die besondere Rolle des Kapitels 2 über alte oder ältere Bauwerke habe ich im Vorwort hingewiesen.

Versagen von Fassaden und Verglasungen werden nicht betrachtet.

1.2.3 Berücksichtigte Ursachen

Es werden alle Ursachen für Schäden mit Ausnahme von Naturkatastrophen, wie vor allem Erdbeben, aber auch z.B. Vulkanausbrüchen und Hangrutschungen, sowie von Kriegseinwirkungen, Explosionen, Bränden und chemischen Einwirkungen berücksichtigt.

1.2.4 Benutzte Quellen

Quellen für die in diesem Buch erfaßten Versagensfälle sind zunächst die im Abschnitt 1.3 beschriebenen früheren Veröffentlichungen über Tragwerksversagen. Ich habe versucht, die dort genannten Originalberichte als Unterlage zu benutzen und mich – soweit es mir möglich war – nicht auf Interpretationen in späteren Arbeiten zu stützen. Das ist bei der großen Anzahl – in diesem Band werden 205 + 150 = 355 Fälle erwähnt – nicht immer gelungen.

Weitere Quellen sind Veröffentlichungen in Zeitschriften (vgl. dazu Abschnitt 1.2.6 und Tabelle 1.2), Gutachten, die mir Kollegen zur Verfügung gestellt haben, eigene Gutachten, Protokolle von Baubehörden und schließlich auch Zeitungsmeldungen.

1.2.5 Abkürzungen bei Quellenangaben

In den Tabellen wird in der Quellenspalte zu jedem Fall im allgemeinen mindestens eine, wenn möglich die „Ur-" oder eine für die Leser relativ leicht zugängliche Quelle angegeben, die ich – wenn möglich – eingesehen habe. Hierzu werden in den Tabellen nur knapp die Informationen gegeben, die zum Auffinden erforderlich sind, da eine vollständige Dokumentation mit Verfasser- und Titelangaben den zur Verfügung stehenden Platz gesprengt hätte. Um in den Tabellen weiter Platz zu sparen, werden für häufig benutzte Quellen die in Tabelle 1.2 in alphabetischer Reihenfolge angegebenen Abkürzungen gewählt.

Tabelle 1.2
In den Tabellen benutzte Abkürzungen für Quellen (Stand 29.11.00)

Abk.	Quelle, i. allg. Journal	Angegeben werden
B + E	Zeitschrift „Beton + Eisen"	Jahr, 1. Seite
BI	Zeitschrift „Bauingenieur"	Jahr, 1. Seite
BuSt	Zeitschrift „Beton- und Stahlbeton"	Jahr, 1. Seite
BT	Zeitschrift „Bautechnik"	Jahr, 1. Seite
CivEng	Zeitschrift „Civil Engineering"	Jahr, 1. Seite
EB	Zeitschrift „Eisenbau"	Jahr, 1. Seite
ENR	Zeitschrift „Engineering News Record"	Jahr, Heftdatum, 1. Seiten
FAZ	Frankfurter Allgemeine Zeitung	Jahr, Datum
IRB	Dokumentation des Fraunhofer Informations-Zentrum IRB, Stuttgart	Dokument-Nummer
NCE	New Civil Engineering	Jahr, 1. Seite
SB	Zeitschrift „Stahlbau"	Jahr, 1. Seite
SBZ	Schweizer Bauzeitung	Jahr, 1. Seite

1.3 Vorbemerkungen zum Textteil

Mit Bezug auf die Tabellen folgen für die meisten Bauwerksarten zunächst kapitelweise einige globale Angaben zu den Schadensursachen. Hierzu gehört auch der Versuch, die Versagensfälle jeweils einer Ursachenart zuzuordnen. Dabei stößt man immer wieder auf Schwierigkeiten, auf die zuvor Autoren wiederholt z. B. mit folgenden Fragen hingewiesen haben.

- Die Frage „Was ist die Ursache?" wird verschieden beantwortet. Ich habe mich in den Fällen, in denen das möglich ist, entschieden, den im Handeln der Beteiligten liegenden Gründen für ein Versagen Vorrang zu geben vor den daraus wirksam werdenden technischen Ursachen, aus der oft weniger Lehren gezogen werden können. Wenn also z. B. ein Informationsmangel auf der Baustelle zu einem Handeln führt, das ein Versagen z. B. durch Überbeanspruchung verursacht, ist bei mir der Informationsmangel die Ursache, also leichtfertiges oder unverantwortliches Handeln, und nicht die Überbeanspruchung.

- Oft sind mehrere Ursachen für das Versagen verantwortlich; es wäre nichts passiert, wenn nur der eine oder nur der andere Mangel vorhanden gewesen wäre.

- Weiterhin fehlt es solchen Zuordnungen oft durchaus an Präzision wegen Lücken bei den Angaben, sie sind daher oft zwangsläufig subjektiv und haben nichts mit Statistik zu tun.

Nach diesen zusammenfassenden Betrachtungen zu den Tabellen werden der Schadensverlauf, die Ursache oder die Ursachen einiger ausgewählter Fälle genauer beschrieben und – wenn möglich – daraus Lehren gezogen. Für manche Gruppen von Unfällen erlauben oder erfordern zusammenfassende Erörterungen einige übergeordnete Betrachtungen und Schlußfolgerungen. So können Erkenntnisse im Zusammenhang mit der Entwicklung der Bauweisen und gewonnene Erfahrungen zu Maßnahmen zur Verhinderung von Wiederholungen von Fehlern führen, z. B. durch Novellierung oder Ergänzung von Baubestimmungen.

Schwieriger als für Brücken im Band 1 ist die Ableitung von Lehren, die für alle erfaßten Bauwerke oder doch für größere Gruppen von ihnen gleichermaßen gelten. Das liegt an der gegenüber Brücken viel größeren Komplexität der hier erfaßten Bauwerke und ihres Versagens. So müssen die Kapitel 11 „Lehren für die Praxis" und 12 „Lehren für die Lehre" im Vergleich zum Band 1 relativ kurz ausfallen.

1.4 Rückschau und frühere Veröffentlichungen zum Versagen von Tragwerken im Hochbau

In der Frühzeit des Eisenbetons gibt es zahlreiche Einstürze von Decken. Darüber wird ab 1912 in der Zeitschrift „Beton + Eisen" im Rahmen der „Unfallstatistik des Deutschen Ausschusses für Eisenbeton" regelmäßig berichtet. Ursachen sind u. a. zu frühes Ausschalen, Fehler in der Bewehrungsführung, häufig an einspringenden Ecken, und falsche Betonzusammensetzung. Auf Versagen von Eisenkonstruktionen, viele durch Instabilität, oft mehrteiliger Druckstäbe, wird dabei gern verwiesen, um dem Eindruck entgegenzutreten, daß Betonbau gegenüber dem Eisenbau riskanter sei. Ursachen für Versagen beider Bauweisen sind wiederholt zu gering angesetzte Lasten sowie Pfusch am Bau.

Da aus diesen Fällen heute keine Lehren für das Bauen mehr gezogen werden können, soll es für sie hier bei diesem allgemeinen Hinweis bleiben. Die in der genannten Unfallstatistik erfaßten Versagensfälle werden nicht in die Tabellen des Bandes 2 aufgenommen.

Im Gegensatz zu Brückenbauten gibt es zum Versagen von Hochbauten nur wenige Zusammenfassungen und auch nur sehr wenige, die sich auf Versagen beschränken, denn in ihnen werden im allgemeinen auch Schäden erfaßt. Auf frühere allgemeine Veröffentlichungen zum Versagen von Tragwerken mit starker Betonung des Brückenbaus bin ich im Abschnitt 1.4 des Bandes 1 eingegangen.

Die erste, nicht nur auf Brücken beschränkte zusammenfassende Arbeit zu Versagensfällen im Hochbau ist meines Wissens der 1921 erschienene Abschnitt „Bauunfälle" von F. Emperger [1] im „Handbuch für Eisenbetonbau". Emperger beschreibt Versagen von Stahlbetonbauwerken in der Frühzeit der damals relativ neuen Bauweise und gliedert seine Darstellung in Unfälle infolge elementarer Gewalt, Mangel an Verantwortlichkeit sowie in Mängel beim Entwurf und in der Ausführung. Er betont dabei auch den Wert von statistischen Angaben über Bauunfälle.

Große Bedeutung für die Verbesserung der Sicherheit von Bauwerken haben die Arbeiten und Veröffentlichungen von J. Schneider und M. Matousek, z. B. in [2]. So berichten sie 1976 nach einer Auseinandersetzung mit den mit dem Sicherheitsproblem verbundenen Begriffen, wie z. B. Gefahr, Schaden und Sicherheit, über ihre Analyse von 723 Schadensfällen, davon 441 in der Schweiz. Sie gliedern sie in die Abschnitte Tatsachen, Ursachen, Folgerungen. Die Ursache wird dabei immer auf den Menschen bezogen, da er „… das Bauwerk plant, ausführt und nutzt und bei ihm die Entscheidung liegt, ob und gegebenenfalls wie bestimmte Einflüsse und Gefahren berücksichtigt werden sollen." Die Folgerungen beziehen sich auf die Frage, „… ob die den Schaden auslösenden Einflußgrößen durch zusätzliche Kontrolle hätten entdeckt werden können oder bereits bestehende Kontrollen hierfür ausreichend gewesen wären." Die weitaus größte Anzahl der Schadensfälle betrifft solche mit kleiner Schadenssumme. So haben 466 Fälle, das sind fast 2/3 aller Fälle, Schäden von nicht mehr als 40 000 Schweizer Franken.

Da der 1982 erschienene, an zweiter Stelle unter [2] genannte Bericht auf der zuvor genannten Arbeit aufbaut, zielt er mehr auf Schäden, denn auf Versagen. Dennoch sind die Ergebnisse, mit denen die Fehlerquellen in die Phasen Vorbereitung, Planung, Ausführung und Nutzung eingeordnet und Wege zu ihrer Vermeidung; z. B. durch Kontrollen, dabei Verwendung von Checklisten (vgl. Band 1 [104]) oder Anfertigung von Protokollen (vgl. DIN 4421, Abschnitt 7), vorgeschlagen werden, für die Verringerung der Versagensfälle von Bauwerken wichtig. Ihre Berücksichtigung bei der Organisation von Bauen könnte die Sicherheit unserer Bauwerke entscheidend erhöhen.

In dem an 3. Stelle unter [2] genannten Bericht werden 1983 die früheren Untersuchungen und Vorschläge in ein „alle Bereiche des Bauprozesses erfassendes Konzept" überführt. Es gibt keinen Grund, es nicht in die Praxis umzusetzen. Aber die laufend zunehmende Unübersichtlichkeit über die Baubestimmungen, verbunden mit der politisch gewollten, bereits eingetretenen und weiter beabsichtigten Liberalisierung des Baugeschehens, z. B. mit der teilweisen Abschaffung der baustatischen Prüfung, verhindern, daß derartige Verbesserungen für die Bauwerksicherheit genutzt werden. Sie sind aber kein Grund, damit nicht in einzelnen Bereichen durch freiwillige Vereinbarungen anzufangen.

Die Veröffentlichung „Analysis of events in recent structural failures" von F. C. Hadipriono [3] im Jahr 1985 konzentriert sich auf die Einordnung in die Ursachen Entwurfs-, Detaillier- und Montagefehler sowie Mängel bei der Unterhaltung, beim Werkstoff und in äußere Einwirkungen. Es werden insgesamt 147 Schadensfälle erfaßt, davon betreffen 55 Geschoßbauten, 21 Industrieanlagen, 14 weitgespannte Dächer und 57 Brücken. Ohne daß die einzelnen Schadensfälle beschrieben werden, geht es um die Einordnung in Kategorien, z. B. in Bauwerke in oder außerhalb der USA oder um Versagen beim Bau oder im Betrieb. F. C. Hadipriono weist besonders auf die Gefahren hin, die von Änderungen oder sogar der Aufgabe des Entwurfskonzeptes während der Planung und Ausführung und vom Wechsel der Personen, die damit verantwortlich befaßt sind, ausgehen. Er betont ferner das Risiko, das – durch die

1.4 Rückschau und frühere Veröffentlichungen zum Versagen von Tragwerken im Hochbau

moderne Organisation des Bauens mit einem Nebeneinander zahlreicher hochqualifizierter Spezialisten bedingt – zu Lücken an Information zwischen den Beteiligten führt: Koordination wird damit zu einer zentralen Aufgabe oder müßte es werden!

Um die Breite der Betrachtungen in den Veröffentlichungen der letzten rund 20 Jahre deutlich zu machen, will ich beispielhaft auf folgendes hinweisen:

G. Dallaire und G. Robinson befassen sich 1983 in [4] mit der Gefahr, die von unqualifizierter Bearbeitung von Details von Stahlkonstruktionen – vor allem von Anschlüssen und Stößen – ausgehen kann. Sie zitieren Mies van der Rohe mit „Gott ist in den Details!" und halten diese auf Architekten zielende Feststellung für Ingenieure genau so zutreffend. Aufgrund schlechter Erfahrungen fordern sie lizensierte „Detaillierer", warnen vor falscher Verlagerung dieser Aufgaben von den Entwurfsverfassern auf die ausführenden Firmen und betonen, daß die verantwortliche Prüfung von Konstruktionsdetails mindestens so wichtig ist, wie die von statischen Berechnungen.

1987 legt P. Oehme der Technischen Universität Dresden seine Dissertation „Analyse von Schäden an Stahltragwerken aus ingenieurwissenschaftlicher Sicht und unter Beachtung juristischer Aspekte" vor [5]. Seine Betrachtungen gründen sich auf 564 Schadensfälle (davon 448 in der ehemaligen DDR) in den Jahren 1945 bis 1984, die vor allem in Karteien verschiedener Institutionen der ehemaligen DDR erfaßt sind. 40% der Ereignisse stammen aus dem Hochbau, 28% aus dem Brückenbau, der Rest betrifft Tagebaugeräte, Krane, Maste und Türme sowie sonstige Tragwerke. Man findet Tabellen, aus denen Mengenangaben z. B. zum Alter der Bauwerke beim Schadenseintritt, Angaben zur Schadenshöhe und verschiedene Hinweise zu den Ursachen des Schadens zu entnehmen sind. Einzelne Versagensfälle werden dagegen nicht beschrieben. Im Vordergrund stehen Schadens- und nicht Versagensfälle.

In den letzten etwa 30 Jahren sind mehrere Bücher über Bauschäden und -unfälle erschienen. Über Ziel und Inhalt von einigen soll hier kurz referiert werden.

Th. Monnier konzentriert sich 1972 in „Cases of damage to prestressed concrete" [6] auf Spannbetonkonstruktionen im Hoch- und Brückenbau und stellt zusammenfassend fest, daß vorwiegend Mängel bei der konstruktiven Durchbildung oder Ausführung zum Versagen geführt haben.

R. Rybicki zielt 1972 mit „Schäden und Mängel an Baukonstruktionen – Beurteilung, Sicherung, Sanierung" [7] auf einen „Systematischen Leitfaden für die Beurteilung, Sicherung und Sanierung tragender Konstruktionen im Hoch- und Ingenieurbau". Es geht ihm vorwiegend um häufig auftretende Mängel, ihre Vermeidung und Behebung. Beispielen stellt er die Grundsätze gegenüber, deren Mißachtung Ursache für den Mangel war. Versagensfälle spielen in diesem Buch keine Rolle.

Ähnlich gehen J. Augustyn und E. Śledziewski 1976 vor. In „Schäden an Stahlkonstruktionen – Ursachen, Auswirkungen, Verhütung" [8] verbinden sie die Darlegung wichtiger Grundlagen für Entwurf, Konstruktion und Ausführung von Stahlbauten mit der ausführlichen Beschreibung von 68 im allgemeinen schweren Schadensfällen im Hoch-, Anlagen-, Kran-, Silo- und Brückenbau als Beispiele für deren Verletzung. Die meisten beschriebenen Unfälle traten in Ländern östlich des damaligen „Eisernen Vorhanges" auf und waren daher zuvor „im Westen" nicht oder nur wenigen bekannt.

D. Kaminetzky geht in seinem 1991 erschienenen Buch „Design and Construction Failures – Lessons from Forensic Investigations" [9] von systematisch geordneten möglichen Mängeln in den Bereichen Beton-, Stahl-, Mauerwerksbau sowie Gründungen aus und benutzt überwiegend aus dem Hochbau stammende, meistens mit instruktiven Skizzen und Fotos versehene Beispiele zur Erläuterung. Mit der sarkastischen Regel „Der beste Weg, bei Deiner Arbeit einen Zusammenbruch zu erzeugen, ist die Mißachtung der Lehre, die Dir ähnliche Bauwerke, die versagt haben, erteilen", macht er sein Ziel deutlich: mit Lektionen, die er aus den Unfällen für jeweils spezielle Bereiche des Bauwesens ableitet, zur Vermeidung von Wiederholungen beizutragen.

Weit aus dem Rahmen der anderen Bücher fällt das 1992 in englischer Sprache und 1993 in deutscher Übersetzung erschienene Buch „Das innere Auge" [10] von F. S. Ferguson. Der Verfasser macht deutlich, daß für die Kunst des Ingenieurs der Verlust der Fähigkeit geistigen Sehens, der mit der modernen Naturwissenschaft eingetreten ist, nicht nur für einfache Konstruktionsfehler, sondern auch für Katastrophen verantwortlich sein kann. Ein Beispiel aus dem Hochbau ist der Einsturz des Daches des Coliseums in Hartford 1978.

Von den Fällen, die M. Herzog in „Schadensfälle im Stahlbau und ihre Ursachen" [11] beschreibt, betreffen nur 2 Hochbauten, die anderen Brücken und Sonderbauten, wie z. B. einen Öltank.

1997 aktualisiert K. L. Carper das von J. Feld 1968 verfaßte Buch „Construction Failure" [12] und gibt es in 2. Auflage heraus. Auf rd. 500 Seiten werden, eingeteilt in Erdbauwerke und Gründungen, in Dämme und Brücken, in Holz-, Stahl-, Beton-, Spannbeton- sowie Mauerwerksbauten, Versagensfälle beschrieben und erläutert. In einzelnen Abschnitten werden Ursachen von Versagen, Überlastungen vor allem durch außergewöhnliche Naturereignisse, Fehler bei der Herstellung, Verantwortung für Fehler und Lehren zusammenfassend dargestellt und allgemein erörtert.

Es ist immer wieder gefordert worden, über Versagen von Bauwerken zu berichten. Das geschah in Deutschland bis 1912 – wie bereits erwähnt wurde – z. B. für den Stahlbetonbau, indem jeder Versagensfall der Fachwelt in der Zeitschrift „Beton und Eisen" mitgeteilt wurde. Diese Berichterstattung übernahm danach das Zentralblatt der Bauverwaltungen (siehe dazu z. B. [13]), die Vollständigkeit dieser Berichterstattung ging aber im Lauf der Jahre mehr und mehr verloren. So findet man heute nur selten Informationen zu Versagensfällen in der Literatur, und für den Hochbau scheinen sich weder staatliche Institutionen noch Verbände dafür, geschweige denn für eine systematische und vollständige Dokumentation zuständig oder sogar verantwortlich zu fühlen. Auf die Ausnahme [14] der Landesvereinigung der Prüfingenieure für Baustatik in Baden-Württemberg will ich deswegen besonders hinweisen. Im Straßenbrückenbau der Bundesrepublik Deutschland ist dies erfreulicherweise anders, wie die beiden äußerst informativen Dokumentationen des Bundesministeriums für Verkehr [15] belegen.

Das ist in anderen Ländern zum Teil anders. Man erkennt das an den in diesem Buch sowohl im Band 1 als auch in diesem Band benutzten Quellen. Sie zeigen, daß besonders in den USA viel über Schadensfälle im eigenen Land und im Ausland berichtet wird. Es wäre aber völlig falsch, daraus etwa auf eine höhere Schadensquote dort als in anderen Ländern zu schließen. Auch in Großbritannien werden Schadensmeldungen von der Kommission für Bauwerkssicherheit systematisch gesammelt und ausgewertet. Ihre Berichte gehen regelmäßig an die Präsidenten der beiden wichtigsten Bauingenieurverbände und werden publiziert. Ein für alle Leser leicht zugängliches Beispiel ist der von der IABSE = IVBH veröffentlichte 8. Bericht von 1989 [16].

Ob man so, wie in „Die Geschichte berühmter Brücken" [17] von „der wachsenden Erkenntnis, daß Fehlschläge dokumentiert werden sollten" (Seite 44) sprechen kann, mag dahin gestellt bleiben. Sicher verhindern aber juristische Zwänge oft, daß das geschieht. Wenn aber ein Fachmann seine persönliche Beurteilung eines Schadensfalles dokumentiert und diese als subjektiv deutlich kennzeichnet, kann ihm das niemand verwehren, nur muß er sich auf Richtigstellungen und Kritik einstellen. So sind alle von mir formulierten Beschreibungen und Beurteilungen als subjektiv einzustufen, und gern erwarte ich dazu Stellungnahmen kompetenter Fachleute.

1.5 Bemerkung über Gutachten zu Versagensfällen

Die meisten Gutachten zu Versagensfällen haben hohe Qualität. Die eingeschalteten Sachverständigen werden im allgemeinen ihrer Aufgabe gerecht, alle ihnen verfügbaren Möglichkeiten zur Klärung der technischen Ursache des Versagens zu nutzen. Daß das allerdings nicht immer zum Erfolg führt, liegt in der Natur der Sache. Oft sind wichtige Beweisstücke nicht erhalten, z.B. dann, wenn sie für die Bergung von Verletzten beseitigt werden müssen. Schlimmer ist es, wenn durch Aussagen von Beteiligten unbewußt, leider aber manchmal auch bewußt, für den Sachverständigen falsche Fährten gelegt werden.

Eine besondere Rolle spielen sogenannte Parteigutachten. Schon der Name läßt erkennen, daß sie parteiisch sind oder sein sollen. Es spricht nichts dagegen, wenn sie dazu dienen, einen Fehler oder einen Irrtum eines anderen Sachverständigen zu korrigieren. Aber sie dürfen meines Erachtens von verantwortungsvollen Fachleuten dann nicht erstattet werden, wenn sie allein helfen sollen, Versäumnisse des Gutachten-Auftraggebers zu vertuschen. Sie sind dann eben parteiisch, zielen nicht auf die Klärung der Ursache und lassen nicht zu, aus dem Versagen Lehren zu ziehen.

Leider werden in wenigen Fällen Gutachten, die von neutraler Seite, z.B. Staatsanwaltschaften oder Gerichten, in Auftrag gegeben werden, nachlässig, ohne einschlägige Fachkenntnisse und sogar mit Vorurteilen erarbeitet. Auch dadurch wird verhindert, Ursachen zu finden und aus ihnen zu lernen.

In Deutschland kommt es nach meinen Kenntnissen sehr selten vor, daß zur Ursachenklärung eine Gruppe von Fachleuten eingesetzt wird. Die Fälle 3.25, Kongreßhalle Berlin, und 4.68 im Band 1, Reichsbrücke Wien, sind sicher für Deutschland und Österreich Ausnahmen. Im Ausland, besonders in England und den USA, arbeiten dagegen oft, immer bei schweren Katastrophen, mehrere Sachverständige zusammen. Wenn das auch bei uns so wäre, könnten in vielen Fällen weitergehende Erkenntnisse gewonnen werden, als das sonst der Fall ist.

Verbreitet ist die Aussage, daß immer mehrere Ursachen für ein Versagen verantwortlich sind. Sie trifft aber nur selten zu und darf nie als Ausrede benutzt werden, wenn Gutachter die Hauptursache nicht klar identifizieren können. Eher kann es eine Kausalkette geben, aber selten nur von einander unabhängigen Ursachen für ein Versagen.

2 Einstürze alter oder älterer, zum Teil baugeschichtlich bekannter Bauwerke

2.1 Einsturz = Lehrmeister des Baufortschrittes?

Meine Gründe, in diesem Buch über das Versagen alter oder älterer Bauwerke zu berichten, habe ich im Vorwort dargelegt.

Der Einsturz eines Bauwerkes wurde und wird gern als Lehrmeister für den Fortschritt bezeichnet. Auf der einen Seite muß man bezweifeln, daß früher aus dem Versagen von Tragwerken immer Lehren gezogen worden sind. Auf der anderen Seite muß man feststellen, daß später und auch heute im Zeitalter der wissenschaftlich begründeten Beurteilung des Verhaltens von Tragstrukturen oft erst Einstürze zu notwendigen Korrekturen, Erweiterungen und Präzisierungen von Tragwerksmodellen und zu Änderungen bei der Ausführung geführt haben. H.-P. Ekardt spricht daher in [18] dann von „Experimenteller Praxis", wenn wir uns beim Bauen – regelmäßig wiederkehrend, aber nicht alltäglich – an der Grenze der bisherigen Erfahrung bewegen. Dabei kann diese Grenze ganz persönlich für die an einem Bau Beteiligten gelten, aber auch die praktische und technisch-wissenschaftliche einer ganzen Profession sein. In beiden Fällen geht es um Arbeiten am Neuen. Dieses Betreten von Neuland ist immer mit Risiko verbunden, es verlangt – so etwa von H.-P. Ekardt formuliert – „Urteils- und Handlungsfähigkeit und zugleich Spielraum zum Urteilen und Handeln". Das Risiko wird unvertretbar groß, wenn das Handeln durch ökonomischen und terminlichen Druck und durch weitgehende Techniksteuerung mit Gesetzen und Baubestimmungen zu sehr eingeengt wird.

2.2 Tabelle 2, allgemeine Betrachtungen

Die Auswahl für die in die Tabelle 2 aufgenommenen und in diesem Abschnitt beschriebenen Einstürze oder Fasteinstürze alter oder älterer, z.T. baugeschichtlich bekannter Bauwerke ist weitgehend zufällig. In der Literatur findet man keine derartige Zusammenfassung, und selbst in dem ausgezeichneten Buch von E. Heinle und F. Leonhardt über Türme [19] werden nur äußerst selten bei einzelnen Bauwerken Zusammenbrüche erwähnt.

Tabelle 2 beginnt mit dem Zusammenbruch der Pyramide von Medum, erbaut etwa 2600 Jahre v. Chr. Er ist besonders interessant, weil er mit großer Wahrscheinlichkeit zum Knick in den Außenflächen der „Knick"-Pyramide in Daschur geführt hat und damit wohl der erste bekannte Fall in der Baugeschichte ist, bei dem ein Bauunfall Lehrmeister für andere Bauten war.

Tabelle 2
Einstürze alter oder älterer, z.T. baugeschichtlich bekannter Bauwerke
Abkürzungen siehe Abschn. 1.2.6
Ferner in Spalte Daten: l = größte Spannweite, h = Höhe über Grund, A = Grundfläche, Dimension m oder m²

Lfd. Nr.	Jahr des Einsturzes	Ort	Bauwerk	Daten	Land	Stichwörter zum Versagen	Pers.-sch.	Einsturz	Quellen
2.1	rd. 2600 v. Chr.	Medum	Pyramide des Snofru	h = rd. 85 A = 121 × 121	Ägypten	(s. Abschn. 2.3.1)		Teil	[22–25] Bilder 2.1 bis 2.5
2.2	1284 1573	Beauvais	Kathedrale, Chor Kathedrale, Turm	Schlußstein im Chor h = 48 Turm h = 153	Frankreich	(s. Abschn. 2.3.2)		Teil	[26–30] Bild 2.6
2.3	1326	Alexandria	Pharos, Leuchtturm	h = 134 Vermutung	Ägypten	(s. Abschn. 2.3.3)		Total	[19, 31] Bild 2.7
2.4	1429	Worms	Dom, Nordwestturm	h = rd. 70	Deutschland	(s. Abschn. 2.3.4)		Total	[32, 33] Bild 2.8
2.5	1493	Hermannstadt	Marienkirche	h = 73	Rumänien, Siebenbürgen	(s. Abschn. 2.3.5)		Kein	[34] Bild 2.9
2.6	1630	Hannover	Oberer Teil des Turmes der Kreuzkirche		Deutschland	(s. Abschn. 2.3.6)		Teil	[35] und Stadtarchiv Hannover
2.7	1706	Berlin	Münzturm des Berliner Stadtschlosses	h = rd. 91	Deutschland	(s. Abschn. 2.3.7)		Kein Einsturz, rechtzeitiger Abriß	[36]
2.8	1781	Berlin	Turm des Deutschen Doms	h = rd. 60	Deutschland	(s. Abschn. 2.3.8)		Total	[37, 38] Bild 2.10

2.2 Tabelle 2, allgemeine Betrachtungen

Tabelle 2 (Fortsetzung)

Lfd. Nr.	Jahr des Einsturzes	Ort	Bauwerk	Daten	Land	Stichwörter zum Versagen	Pers.-sch.	Einsturz	Quellen
2.9	1868	Fritzlar	Kirchturmhelm	h = 60	Deutschland	(s. Abschn. 2.3.9)	21 T 31 V	Total	[39]. Bild 2.11
2.10	1902	Venedig	Campanile	h = 99	Italien	(s. Abschn. 2.3.10)	0	Total	[40]. Bild 2.12
2.11	1984	Pasewalk	Kirchturm	h = 73	Deutschland	(s. Abschn. 2.3.11)	0	Total	[41]. Bilder 2.13, 2.14
2.12	1989	Pavia	Torre Civica	h = 70	Italien	(s. Abschn. 2.3.12)	4 T	Total	[42]. Bild 2.15
2.13	1993	Goch	Kirchturm	h = 67	Deutschland	(s. Abschn. 2.3.13)	0	Teil	[43]. Bild 2.16
2.14	1995	Jena	Roter Turm	h = 19 m $\varnothing$ = 12 m	Deutschland	(s. Abschn. 2.3.14)	4 T 4 V	Teil	[44]. Bild 2.17
2.15	1996	Noto, Sizilien	Kathedrale		Italien	(s. Abschn. 2.3.15)	0	Teil	[45]. Bild 2.18

Nicht in Tabelle 2 aufgenommen, da keine ausreichenden Angaben

Jahr	Ort	Bauwerk	Land	Stichwörter zum Versagen	Quellen
1944	Bremen	Ansgarikirchturm	Deutschland	Der über 100 m hohe Turm stürzt in das Kirchenschiff. U. U. war „das Gefüge des alten Turmes durch die durch Bombenangriffe ausgelösten Erderschütterungen in Mitleidenschaft gezogen". Es wird auch vom Einschlag einer Sprengbombe an einer Ecke des Turmfundamentes etwa 3/4 Jahre zuvor und von der Schwächung der Fundierung durch den Bau eines Luftschutzkellers berichtet.	Tagespresse
2000	Drebkau, südl. Cottbus	Schloßturm	Deutschland	Turm neigt sich plötzlich bei Sanierungsarbeiten am Schloß. Grund: Risse im Fundament. Turm muß wegen Einsturzgefahr zum Umfallen gebracht werden.	Tagespresse

Natürlich denkt man bei der Auswahl in diesem Abschnitt an den Turm zu Babylon, der im 6. vorchristlichen Jahrhundert von Nebukadnezar als damals höchstes Bauwerk der Welt mit fast 80 m Höhe erbaut wurde und im Alten Testament als Beispiel für Vermessenheit und Überheblichkeit der Menschheit gilt. Aber es gibt keinen Bericht über einen Einsturz, offensichtlich ist er bereits 478 v. Chr. durch Xerxes zerstört worden und danach u. a. durch Ziegelraub völlig verfallen (siehe dazu auch [19], S. 26 ff.). Da es kein Versagen des Baus zu geben scheint, wird der Turm zu Babel nicht in Tabelle 2 aufgenommen. Es soll aber auf die Untersuchung von Z. Cywinski [20] hingewiesen werden, in der er auf sehr hohe Pressungen in der Bodenfuge aus dem Eigengewicht aufmerksam macht.

Mit dem Pharos, dem Leuchtturm von Alexandria – nach einigen, durchaus nicht allen Listen, einem der 7 Weltwunder – mache ich eine Ausnahme von der für dieses Buch geltenden Regel, nach der ich Bauwerke, die durch Erdbeben zerstört wurden, nicht betrachte. Grund für diese Ausnahme war für mich die Tatsache, daß der Turm über 1 Jahrtausend der höchste Turm der Welt war.

Auf den Schiefen Turm von Pisa gehe ich nicht ein, einmal, weil er trotz großer Gefährdung nicht umgestürzt ist, und zum anderen, weil es darüber aktuelle Berichte gibt, so z. B. die ausführliche Zusammenfassung von F. Leonhardt [21].

Überraschend ist die Tatsache, daß auch in den letzten Jahren mehrere sehr alte oder ältere, z.T. turmartige Bauwerke eingestürzt sind, wie durch die Fälle 2.11 bis 2.15 deutlich wird.

2.3   Einzelfälle

2.3.1   Die Pyramide von Medum, Fall 2.1, rd. 2600 v. Chr. [22–25]

Im alten ägyptischen Reich wurde in der Zeit der 3. Dynastie etwa 2700 v. Chr. mit dem Bau monumentaler Königsgräber als Symbol der Macht des zentralen Königstums begonnen. Sie entwickelten sich aus den Ziegelmasta bas zu den steinernen Pyramiden, die ausnahmslos auf dem Wüstenplateau westlich des Nils gegenüber der heutigen Stadt Kairo errichtet wurden und dies erstaunlicherweise in nicht viel mehr als einem Jahrhundert (Bild 2.1).

Von ihnen ist die rd. 60 m hohe Stufenpyramide des Königs Djoser (2620–2600 v. Chr.) in Sakkara mit einer rechteckigen Grundfläche von 125 m × 110 m als eindrucksvolles Beispiel für den ersten großen Steinbau der Welt erhalten. In der 4. Dynastie baut wenig später König Snofru zunächst in Medum etwa 50 km weiter südlich eine 7stufige Pyramide (Bild 2.2). Sie besteht aus verschieden weit hoch gezogenen, rd. 75° steil angeordneten Schalen – in der Literatur auch „Strebewände" genannt – (Bild 2.2, Zustand E_1) aus lokal anstehendem Kalkstein. Diese 7stufige Pyramide wurde durch eine weitere, wie die anderen ausgeführte Schale zu einer 8stufigen (Zustand E_2), etwa 80 bis 85 m hohen Pyramide mit einer quadratischen Grundfläche von rd. 121 m × 121 m erweitert. – Die Steine aller Schalen sind nach innen geneigt verlegt, die äußeren Schalen sowohl der 7stufigen als auch der

2.3 Einzelfälle

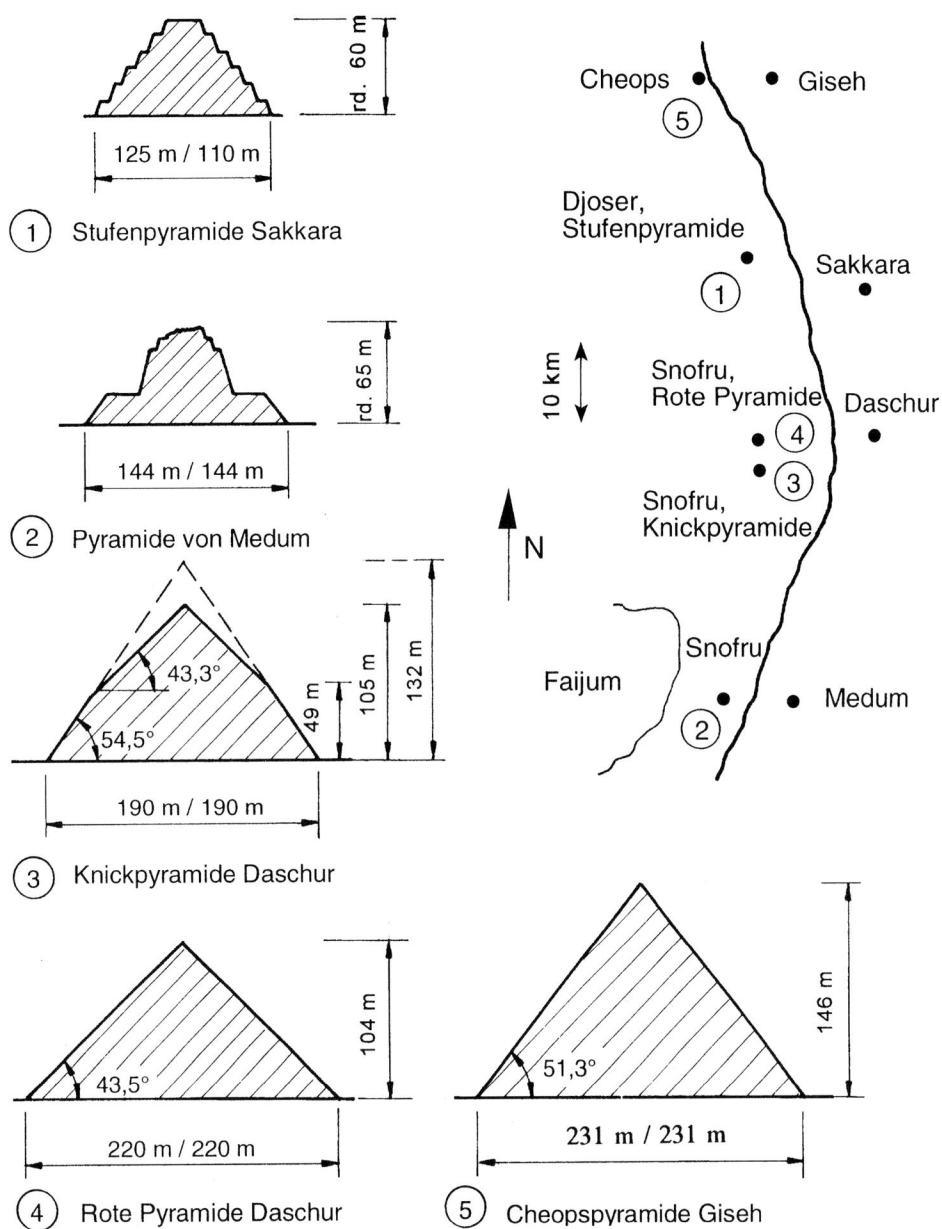

Bild 2.1
5 Pyramiden, erbaut in der 3. und 4. Dynastie zwischen 2700 und 2550 v. Chr.

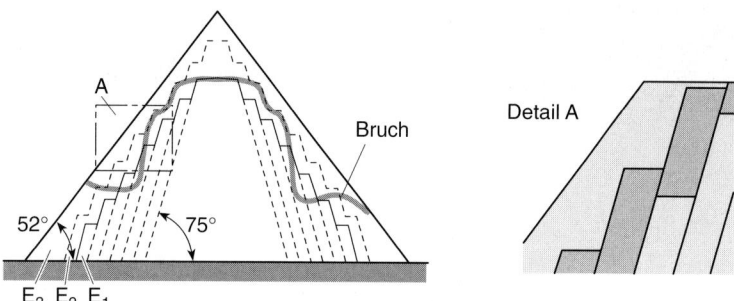

Bild 2.2
Bauzustände der Pyramide des Snofru in Medum

8stufigen Pyramide sind glatt behauen. Die einzelnen Stufen sind von oben sorgfältig mit Steinen abge deckt, wodurch aber kaum eine Verklammerung der einzelnen Schalen, die im übrigen überhaupt nicht miteinander verzahnt sind, entsteht.

Die Stufen dieser Pyramide wurden später mit Kalkstein aus einem entfernter liegenden Steinbruch aufgefüllt und glatt verkleidet. Dadurch entstand (Zustand E_3) die erste „echte" Pyramide, also ein Baukörper, der auch im mathematischen Sinn eine Pyramide ist. Die Neigungen der Oberflächen gegen die Horizontale betragen rd. 52°, damit wird die Pyramide auf einer Grundfläche von rd. 144 m × 144 m rd. 92 m hoch.

Heute steht diese Pyramide in Medum in einem gewaltigen Schuttkegel (Bilder 2.3 a und b): Teile der Schalen sind abgestürzt, sie dokumentieren den ersten uns bekannten Einsturz eines Bauwerkes oder eines Teiles davon. Aus den Trümmern ragt ein Rest der ursprünglichen Stufenpyramide heraus, an der man deutlich die bandartigen rauhen Bruchflächen zwischen den glatten Außenschalen der 7stufigen und der 8stufigen Pyramide erkennt (Bild 2.3 c). Über die Hauptursachen für den Einsturz scheint unter Ägyptologen weitgehend Einvernehmen zu bestehen:

– Die z.T. wenig behauenen und daher nicht mit ebenen Auflagerflächen versehenen Steine der Strebewände und
– Setzungen des in Medum schlechten Untergrundes haben
– mit dem steilen Neigungswinkel der Schalen von 75° und dem der Pyramidenaußenflächen von 52° sowie
– des Fehlens einer kräftigen Verzahnung zwischen den einzelnen Schalen

zum Versagen geführt.

2.3 Einzelfälle   17

Bild 2.3
Heutiger Zustand der Pyramide in Medum, Fall 2.1
a) Luftaufnahme, b) Ansicht, c) Bandstruktur in den Mantelflächen

Bild 2.4
Knickpyramide des Snofru in Daschur

Kein Einvernehmen unter den Ägyptologen besteht dagegen offensichtlich über den Zeitpunkt des Einsturzes der Medumpyramide:

- Einige gehen davon aus, daß die Pyramide in Medum vor der Fertigstellung der äußersten, die Pyramidenform bestimmenden Schale teileingestürzt ist. Sie ziehen daraus für die schon zu dieser Zeit begonnene 2. Pyramide des Snofru in Daschur etwa 30 km weiter nördlich, die sogenannte Knickpyramide (Bild 2.4), folgenden Schluß:

Um einem Einsturz dieser neuen Pyramide vorzubeugen, wurde die Neigung von rd. 54,5° – es werden auch 52° angegeben – im unteren Drittel der geplanten Höhe auf rd. 43° im oberen Teil zurückgenommen. Die Folge des Einsturzes der Medum-Pyramide sei somit der Knick bei der Daschur-Pyramide, die mit Grundrißabmessungen von rd. 190 m × 190 m und einer Höhe von rd. 101 m – ohne Knick wäre sie 135 m hoch geworden – fast die Abmessungen der Cheopspyramide erreicht hätte. Gleichzeitig neigten ihre Erbauer die Steine der Verkleidung mit etwa 15° nach innen.

Die dieser Deutung anhängenden Ägyptologen gehen sogar noch weiter: die der Knickpyramide zeitlich folgende, ebenfalls von Snofru errichtete 3. Pyramide, die 2. in Daschur, die sogenannte Rote Pyramide – rot wegen des heutigen Fehlens der weißen Decksteine – sei aus dem gleichen Grund vorsichtshalber gleich mit dem kleinen Neigungswinkel von 43° errichtet, und die Steine seien auch hier mit nach innen geneigten Lagerfugen verlegt worden. Diese Pyramide fällt durch ihre flache Neigung auf und mußte Grundrißabmessungen von rd. 220 m × 220 m haben, um 104 m hoch zu werden.

2.3 Einzelfälle

- Andere Ägyptologen gehen davon aus, daß die Medumpyramide erst viel später eingestürzt ist. Sie führen den Knick in der 2. Pyramide des Snofru, der 1. in Daschur, auf bei deren Bau selbst festgestellte Setzungen und Risse zurück. Sie begründen den kleineren Neigungswinkel im oberen Teil mit einer Entlastung des unteren Teiles durch Verringerung der Massen im oberen Teil. Die Vermutung für die Folgen für die Rote Pyramide sind allerdings die gleichen wie bei der 1. Annahme.

Für mich gilt für beide Versionen: Mit dem kleinen Neigungswinkel bei der roten Pyramide sollten Mängel, die bei der vorhergehenden Pyramide oder bei ihr selbst festgestellt wurden, vermieden werden:

- Mängel bei der Knickpyramide oder der Einsturz der Medumpyramide waren die Lehrmeister für den Bau der weniger steilen Roten Pyramide.

Interessant ist die Antwort auf die Frage, welche Überlegungen und Maßnahmen dazu geführt haben können, bei der zeitlich nächsten Pyramide, der des Cheops, eines Sohnes von Snofru, in Giseh, mit dem Winkel von rd. 52° wieder deutlich steiler zu werden, womit bei Grundrißabmessungen von 231 m × 231 m die größte Pyramidenhöhe von rd. 146 m erreicht wurde. Dafür müssen wir uns mit

- der Größe der Steine,
- der Qualität ihrer Bearbeitung und
- der Gründung

befassen. Die Diskussionen in der Literatur über die geneigte Anordnung der Steine erscheint mir mit dem Tragverhalten letztlich doch wenig zu tun zu haben. Denn der Tatsache, daß die Steine der Strebewände aller Pyramiden nach innen geneigt sind, dagegen die bei der Medumpyramide neu hinzukommende Mantelschale horizontale Lagerfugen hat, wird m. E. zu große Bedeutung beigemessen. Man schließt aus der Neigung der Mantelsteine bei der Knickpyramide – dies gilt auch für die Rote Pyramide – m. E. statisch wenig überzeugend auf eine nach innen gerichtete und damit stabilisierende fugenparallele Komponente der vertikal wirkenden Steinlasten. Denn trotz der wieder größeren Neigung der Oberfläche haben die Erbauer der Cheopspyramide auf diese angeblich stabilisierende Wirkung verzichtet.

Mir fällt gegenüber den vorhergehenden Pyramiden am meisten die äußerst sorgfältige Ausführung auf. Die Qualität der Arbeit erkennt man an den gegenüber den Vorgängerbauwerken deutlich größeren, bis 2,5 t schweren und sehr gut behauenen Steinen nicht nur des Mantels (Bild 2.5 a), sondern auch der Strebewände (Bild 2.5 b), dies bis zur Spitze, und an der sorgfältigen Gründung des Mantels.

Typisch für die Folgen auch anderer Einstürze von Bauwerken wird deutlich:

- Die Reaktionen auf eine Katastrophe sind zunächst wegen Unsicherheit von übergroßer Vorsicht geprägt. Erst mit zeitlichem Abstand nach einer Analyse der Ursachen und dem Finden von Wegen zur Vermeidung von Mängel wird diese Überreaktion entbehrlich.

20   2 Einstürze alter oder älterer, zum Teil baugeschichtlich bekannter Bauwerke

a)

b)

Bild 2.5
Präzise Steinbearbeitung in Giseh
a) Mantelsteine am Fuß der Pyramide des Kykerinos
b) Strebepfeilersteine der Pyramide des Cheops

2.3.2 Die Kathedrale St. Pierre in Beauvais, Fall 2.2, 1284 und 1573 [26–30]

2.3.2.1 Der Einsturz des Chores 1284

Mit dem Bau der Kathedrale in Beauvais wurde die Höhe der im 12. und 13. Jahrhundert gebauten gotischen Kirchen in Frankreich ins Extreme gesteigert. Angefangen [26] 1157 (jeweils etwa das Jahr des Baubeginns) mit 19 m bei St. Germain-des-Pres in Paris, fortgeführt 1162 mit 32 m bei St. Remi in Reims und 34 m bei Notre Dame

2.3 Einzelfälle

in Paris wurden 1220 37 m bei der Kathedrale in Reims und 43 m in Amiens erreicht. Und die sollten mit dem nach 1226 begonnenen Bau mit 48 m im Chor in Beauvais übertroffen werden, auch die Spannweite von 15,5 m war zuvor nicht realisiert worden. Das Verhältnis von Chorhöhe zu -spannweite von 3 : 1 – dies auch im Seitenschiff – war dagegen nicht neu und zuvor z. B. in Amiens realisiert worden.

Das Urteil der Fachwelt ist in Kenntnis des 1284 bald nach der Vollendung erfolgten Einsturzes von Gewölben im Chor, dies übrigens nicht im runden Chorabschluß – äußerst verschieden. „In ihm ist kein neuer Gedanke mehr, nur der Übermut der abstrakten Formel, welche die äußerste Grenze des Möglichen erreichen sollte" heißt bei G. Dehio. H. Sedlmayr nennt das Bauwerk in [28] den „gotischen Babelturm" und schreibt: „Die Wiederherstellung erschöpfte die Mittel, und eine Überbietung von Beauvais ist nicht mehr versucht worden. Doch kann kein Zweifel sein, daß – hätte die Technik es zugelassen, – die Entwicklung noch weiter ins Übersteigerte gegangen wäre". Immer wird der beim Wiederaufbau halbierte Stützenabstand (Bild 2.6a, dort erkennt man im 1. Joch vor der Chorrundung auf der im Bild linken Seite Spuren des früheren, doppelt weit gespannten Bogens) benutzt, den Einsturz mit zu wenigen und damit überbeanspruchten Stützen im Chor zu begründen.

St. Murray setzt sich mit diesen und anderen Urteilen und verschiedenen Theorien des Zusammenbuchs in [29] auseinander. Er stellt zunächst fest, daß die Katastrophe von 1284 viele Autoren verlockt hat, moralisch zu urteilen und den Zusammenbruch mit dem übermäßigen Stolz der Bauherrn, die einen neuen Turm von Babel errichten wollten, zu verbinden. Und er lehnt auch ab, über den Einsturz symbolisch vom Ende der strukturellen Spekulation zu sprechen und ihn als das Ende der Hohen Gotik zu bezeichnen.

Sehr wenige Autoren können, so St. Murray, dem tief eingefleischten Glauben, daß dort eine einfache Beziehung zwischen der Katastrophe und dem Zustand des Beauvais-Chores als dem größten gotischen Dom, der jemals errichtet wurde, besteht und daß die Grenzen des Materialwiderstandes und menschlicher Findigkeit erreicht worden sind, widerstehen. Dieser Glaube ist offensichtlich schon deswegen falsch, weil die Steinbeanspruchung durch Vergrößerung der Querschnitte verringert werden kann. Es erscheint St. Murray naiv, den Zusammenbruch als eine Strafe für die Hybris der Bauherrn zu halten. Dennoch gibt es ein Element von Wahrheit in der Verkettung der Höhe mit dem Zusammenbruch: Ein Kathedralbau umschließt einen Raum, diese Aufgabe führt durch die Möglichkeiten des gotischen Architekten zu einem skelettartigen System mit Rippengewölben und Strebebögen.

St. Murray führt weiter aus, daß die Entwerfer die Planung der Geometrie eines Bogens oder der Form eines Strebebogens in den Bauhütten lernten und daß z. B. Regeln für die Dicke eines Strebepfeilers im Verhältnis zur Spannweite eines Gewölbes existierten. Wir können annehmen, daß sie auf abstrakten Vorstellungen beruhten. Es ist sicherlich auch richtig, daß die Entwerfer des Beauvais-Chores von den von ihren Vorgängern entwickelten Lösungen ausgingen, sowohl im Sinne von Details, z. B. bei der Form der Pfeilers, als auch bei Fragen des Gesamtbaus.

Bild 2.6
Kathedrale von Beauvais, 1284 und 1573, Fall 2.2
a) Blick in das Chorgewölbe, heutiger Zustand nach Verstärkung durch nachträgliche Halbierung des Pfeilerabstandes
b) Strebewerk, heutiger Zustand in der Chorrundung
c) Der Vierungsturm von 1569
d) Grundriß mit Maßen und Achsbezeichnungen

2.3 Einzelfälle   23

d)

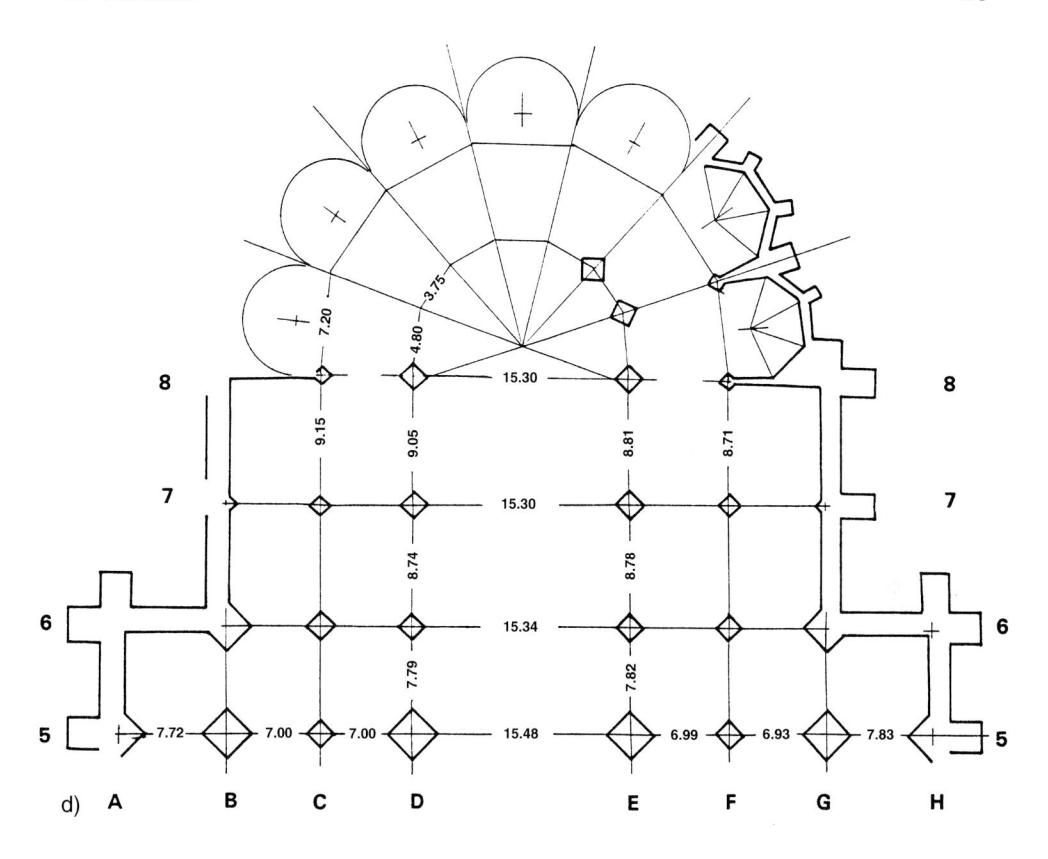

St. Murray diskutiert verschiedene Theorien des Zusammenbruchs und faßt das Ergebnis zusammen: „Alle ... Theorien enthalten ein Element von Wahrheit, aber keine gründet sich auf einer sorgfältigen Analyse des Bauwerks selbst". Er kritisiert bei allen das Versäumnis, die Kathedrale als das Erzeugnis aufeinanderfolgender Baukampagnen zu sehen. Hier setzt seine Analyse an, und er kommt auf der Grundlage alter Quellen und der zeitlichen Zuordnung der Bauteile im Bereich des Chores zu der Vermutung, daß der Einsturz durch mehrere Mängel beim Strebebogensystem verursacht wurde. Er begründet dies u. a. mit

- dem äußerst großen Bogenschub des quer zur Bogenachse 15,5 m weit gespannten Chor-Rippenkreuz-Gewölbes,
- der im Verhältnis dazu mit rd. 7 m kleinen Spannweite der Strebebögen,
- der leichten Ausführung des Strebewerkes, besonders der Strebebögen und des mittleren Pfeilers (Bild 2.6 b: heutiger Zustand eines Strebewerkes in der Chorrundung, entspricht etwa dem in Achse 7 (Bild 2.6 d) vor dem Einsturz 1284) und der geringen Seitensteifigkeit der Pfeiler sowie
- dem Fehlen von Strebebögen zur Ableitung des Bogenschubes aus den Seitenschiffgewölben.

Dem Strebewerk fehlt bei einem Abstand von rd. 8 m das Gewicht, um die Resultierende aus Bogenschub und Gewicht hinreichend in die Vertikale zu lenken, außermittige Beanspruchung der Strebepfeiler ist daher unvermeidbar, und die daraus folgenden Durchbiegungen werden wegen des Fehlens der unteren Strebebögen nicht behindert. Das wird beim Strebewerk in Achse 7 auf der Südseite im Gegensatz zu allen Strebewerken des Chores auch nicht im unteren Bereich durch schwere Bauwerksteile ausgeglichen.

Als Bauingenieur fragt man sich, warum der Schub der Gewölbe nicht durch Zuganker ins Gleichgewicht gesetzt und damit die Außenstützung durch Strebewerke stark entlastet wurde. G. Binding nennt dafür in [30] den „Wunsch, … störende Zuganker in den Räumen zu vermeiden". Dieser Wunsch war offensichtlich so dominierend, daß man die schwierige Ableitung des Bogenschubes aus rd. 40 m Höhe über Strebewerke in Kauf nahm.

St. Murray weist darauf hin, daß der Chor – unterbrochen wegen einer Finanzierungskrise um 1130 – in zwei Baukampagnen errichtet wurde. Dabei wurden Mängel des 1. Entwurfes (Unangemessenheit von großer Gewölbespannweite zur Konstruktion der Strebewerkes) in der 2. Kampagne verschlimmert, denn erst jetzt wurden die Höhe des zentralen Gewölbes von rd. 43 m auf 48 m vergrößert und die Masse der Strebenpfeiler verringert. Man muß allerdings St. Murray wohl nicht folgen, wenn er den Einsturz damit als das Ergebnis einer Finanzierungskrise sieht.

Der Chor wurde bis Mitte des 14. Jahrhundert wieder erbaut, das Querhaus nur teilweise. Dann wurde der Bau wegen Geldmangel eingestellt, und erst um 1500 konnte man den Ausbau eines Querhauses abschließen. Beim Wiederaufbau wurden nicht nur der Pfeilerabstände im Bereich des Chores zwischen den Achsen 6 und 8 halbiert (Bild 2.6 d) und somit die Lasten auf die doppelte Anzahl von Stützen verteilt, sondern auch das Strebewerk diesmal deutlich schwerer ausgeführt.

2.3.2.2 Der Einsturz des Turmes auf der Vierung 1573

Rückschläge in der Baugeschichte von Beauvais sind mit dem zuvor beschriebenen Westabschluß des Querhauses um 1500 nicht zu Ende. Die in der Planung von 1125 vorgesehenen zwei Türme auf der Westseite wurden nicht ausgeführt, da vom Langhaus nur noch eine Bucht neben der Vierung finanziert werden konnte. Der Kathedrale fehlte damit ein angemessener Glockenturm. Wichtiger als dessen Funktion wurden Prestigefragen: Da die Kathedrale in einem Becken steht, würde die Konstruktion eines hohen Turmes dem Gebäude ermöglichen, über die umliegende Landschaft zu dominieren.

1534 spendete der Bischof von Beauvais einen Geldbetrag für den Bau eines neuen Glockenturmes über der Vierung. 1543 wurde eine Studie angefertigt, um zu entscheiden, ob der Turm aus Holz oder aus Stein errichtet werden sollte. 1546 folgten Modelle für Alternativprojekte in Mauerwerk oder Holz, und in den folgenden Mo-

2.3 Einzelfälle

naten prüften Experten die vier großen Kreuzungpfeiler, um zu entscheiden, ob die Gründungen stark genug waren, um einen Steinturm zu tragen, und die Pfeiler selbst wurden auf ihren Zustand untersucht.

1563 kam ein Muster des Turmes aus Paris. Der unterste Teil des Turmes (Bild 2.6 c) bestand aus einer Mauerwerkslaterne, die ungefähr 25 m über die Spitzen der Fenster des Mittelschiffes (Lichtgaden) aufragt. In der Form besteht sie aus zwei aufeinander gestellten Kuben. Die Seiten der Laterne hatten große Fenster. Die Laterne lag auf den Vierungsstützen, die auf den Ecken eines Quadrates von rd. 15,5 m Kantenlänge angeordnet waren.

Die zweite Stufe aus Holz hatte einen achteckigen Querschnitt, 19 m hoch, ebenfalls mit Fenstern versehen. Und dann kam ein zweiter achteckiger, 15 m hoher Abschnitt. Schließlich krönte ein Holzturm das Gebäude, um weitere 29 m emporragend. Die Gesamthöhe des Turms war damit ungefähr 88 m, das ist das Zweifache der Höhe des Körpers der Kirche. Die Spitze des Kirchturms war ungefähr 131 m über dem Boden. – Ein Modell für den hölzernen Turm war gutgeheißen worden, einem Team von Fachleuten wurde übertragen, das Design schöner zu machen.

1563 wurde mit dem Bau begonnen, und die Arbeiten schienen erstaunlich schnell fortzuschreiten, da berichtet wird, daß das große eiserne Kreuz bereits 1565 oder 1566 an der Spitze befestigt wurde. Der hölzerne Turm wurde mit Blei belegt, Glas installiert, und die Maler dekorierten die Gewölbe. Alles war spätestens im Jahr 1569 fertig.

Die Sicht hinauf in das Innere des Turms mit seinen auf vielen Niveaus angeordneten Fenstern und bemalten Dekoration muß spektakulär gewesen sein. W. Jaxtheimer sagt in [27]: „Wer einmal in der Vierung gestanden und gesehen hat, wie deren Eckpfeiler über 40 m hoch ohne innere Versteifungen aufragen, ehe sich die Rippen abzweigen, den gruselt es auch heute noch bei dem Gedanken, welch Ungetüm allein auf diesen vier Pfeilern ruhen sollte". Das aber ging nicht gut.

Strukturelle Probleme traten auf, bevor der Turm fertiggestellt war. Schon 1567 wurde eine erste Expertise zum Zustand des Turmes angefertigt, 1572 wurde zur Lastverringerung das schwere eiserne Kreuz von der Turmspitze entfernt. Es wurden auswärtige Experten hinzugezogen, nachdem die vier großen Vierungspfeiler, die den Turm trugen, angefangen hatten, sich nach außen zu verbiegen. Sie stellten mit dem Lot fest, daß sich die Pfeiler zwischen 5 und 28 cm ausgebogen hatten. Das Vorhandensein des Chors im Osten war die Ursache für kleinere Verformungen auf dieser Seite im Gegensatz zu den größeren wegen Fehlen des Langhauses im Westen. Die westlichen Pfeiler waren zwar stärker verformt, hatten aber keine gebrochenen Steine, dagegen waren in den weniger verformten Stützen auf der Ostseite Steine frisch gerissen.

Die Experten schlugen Sanierungen vor, z. B. das Aufmauern von Wänden unter den vier großen Vierungsbögen, die aber aus Gründen der Wirksamkeit, der Praktikabilität und der Zerstörung des Kircheraumes verworfen wurden.

Die Zeit drängte, zumal sich Risse in den Vierungsbogen und in der Basis der Laterne zeigten. Weitere, Mitte 1572 erstattete Gutachten, Vorbereitungen von Sanierungsarbeiten kamen zu spät, um den Einsturz des Turmes am 30. April 1573, an Himmelfahrt, morgens, nachdem gerade eine große Prozession die Kirche verlassen hat, zu verhindern. Bei der Katastrophe werden lediglich zwei Menschen, die sich am Altar aufhielten, verletzt.

Die Analyse der später erneuerten Bauwerkteile läßt darauf schließen, daß der hölzerne Turm nach Nordosten gefallen ist, da die meisten Teile auf der östlichen Seite des nördlichen Querschiffes erneuert werden mußten. Einige Teile der Gewölbe wurden nicht erneuert, sondern durch hölzerne Sterngewölbe ersetzt, wie z. B. über der Vierung.

2.3.2.3 Die „Fertigstellung" der Kathedrale nach 1573

Das „unbeendete Ende" des Doms brachte weitere Probleme: 1576 wurde eine große vorläufige Westwand von starken Winden niedergerissen. Sie wurde wieder errichtet, aber 1587 und 1599 erneut zerstört. 1600 wurde versucht, die Arbeiten am Oberteil der ersten Bucht des Langhauses fortzusetzen und dort das Gewölbe zu errichten, obwohl die dafür erforderlichen Elemente zur Aufnahme der Gewölbekräfte noch nicht vollständig waren. 1604 drohte das Gewölbe herabzustürzen, es mußte abgebaut und durch eine Holzkonstruktion ersetzt werden.

Die Versuche, die Kathedrale bis zum Ansatz des Langhauses fertigzustellen, brachten viele Rückschläge anderer Art als die beiden großen Katastrophen von 1284 und 1573. Die erste war die Folge größerer Fehler in der Planung und zu schwacher Koordinierung von zwei Baukampagnen, die zweite die des übermäßigen Gewichtes der Mauerwerkslaterne. Das Fiasko von 1604 war eine falsche Folge beim Bauen, denn Wände und Strebepfeiler hätten vor der Errichtung des Gewölbes vollständig sein müssen.

Allgemeine, auf andere Bauvorhaben übertragbare technische Lehren können wir m. E. aus der Geschichte vom 13. bis zum Beginn des 16. Jahrhunderts nicht ziehen. 10 bis 12 Generationen von Menschen waren daran beteiligt. Sie haben uns trotz aller Mißerfolge allein mit dem Chor ein Bauwerk hinterlassen, das für viele Menschen wegen seiner Raumwirkung und seines Lichtes das eindrucksvollste der Gotik ist.

2.3.3 Pharos – Der Leuchtturm von Alexandrien, Fall 2.3, 1326 [31]

Der Leuchtturm von Alexandria wurde auf der vor der Stadt liegenden Insel Pharos zwischen 305 und etwa 280 v. Chr. erbaut (Bild 2.7). Seine Höhe war nicht von seinem technischen Zweck bestimmt, sondern sollte mit vermutlich rd. 135 m ein Wahrzeichen der hellenistischen Weltmacht sein. Er diente zunächst als Seezeichen und wurde im 1. nachchristlichen Jahrhundert mit einem Leuchtfeuer ausgerüstet.

Er war etwa 1600 Jahre lang der höchste Turm der Welt. Im zum Teil durch das Alter bedingten schadhaften Zustand stürzte er 1326 bei einem Erdbeben ein.

Bild 2.7
Der „Pharos" auf der Insel Pharos vor Alexandria, 1326, Fall 2.3

2.3.4 Westturm des Domes zu Worms, Fall 2.4, 1429 [32, 33]

1020 stürzte der 2 Jahre zuvor geweihte westliche Chor des Wormser Domes „... plötzlich in einer Nacht bis auf die Grundmauern ein". Innerhalb von etwa 2 Jahren wurde er „mit starkem Mauerwerk" wieder bis zur alten Höhe aufgeführt.

1429 stürzte der Nordwestturm des Domes zusammen. Die Ursache ist nicht bekannt, es werden Schwächen bei den für die Westtürme vom Vorgängerbau übernommenen Fundamenten vermutet. Für diesen Grund spricht auch die Anfang des 20. Jahrhunderts vorgenommene Erneuerung des Westchores mit neuen, durch den Löß hindurch bis auf den Kies geführten Fundamenten, mit der einem Einsturz vorgebeugt werden mußte.

Der Turm wurde bis 1480 neu errichtet. Der Wiederaufbau wird in [33] als ein Beispiel schöpferischer Denkmalspflege bezeichnet, da Umriß und Maße sowie Stockwerkseinteilung und Vertikalgliederung (Bild 2.8) nach dem Vorbild des alten, also nach dem des stehengebliebenen romanischen Südwestturmes beibehalten wurden, aber dennoch im neuen Turm deutlich die der Zeit entsprechenden spätgotischen Elemente erkennbar sind.

Bild 2.8
Dom zu Worms, Westansicht, 1428, Fall 2.4

Bild 2.9
Stadtpfarrkirche in Hermannstadt
(Siebenbürgen), 1493, Fall 2.5

Folgen des Einsturzes sind geringe Unterschiede in der Ausgestaltung der Turmdetails. Im Gegensatz zu heute – man denke nur an die oft aus Imponiergehabe errichteten Hochhäuser z. B. in New York und Frankfurt – war die Einordnung in ein größeres Ganzes noch selbstverständlich. Sie erlaubt nur Fachkundigen oder denen, die darauf aufmerksam gemacht werden, die Unterschiede zu erkennen und zu deuten.

2.3.5 Marienkirche Hermannstadt, Fall 2.5, 1493 [34]

Von dieser Kirche berichte ich wegen einer gewissen Kuriosität, hinter der aber doch erkennbar wird, wie Verantwortung für ein Bauwerk auf den Schultern von Bauleuten lasten kann.

Ende des 15. Jahrhunderts wurde die damals als Marienkirche bezeichnete romanische Basilika in Hermannstadt in Siebenbürgen zu einer gotischen Kirche umgebaut (Bild 2.9). Über den Baumeister wird etwas berichtet, was wir heute vielleicht als eine außergewöhnliche Art von Sicherheit beim Bauen einstufen würden. Wegen dieser Besonderheit soll hier [34] zitiert werden: „Von der Marienkirche in Hermannstadt, dem gewaltigsten Bauwerk der Stadt, einem der schönsten in Siebenbürgen, wird erzählt, daß der Baumeister davonrannte, ehe er den Umbau der romanischen Basilika zu einem Wunder der Gotik zu Ende gebracht hatte. Seine Flucht dauerte mehrere Jahre. Ihm waren Zweifel gekommen, ob die Fundamente die Kirche überhaupt tragen würden. Da ihn nach ausgiebiger Wartezeit keine Einsturz-

2.3 Einzelfälle   29

nachrichten erreichten, beruhigte er sich, kehrte zurück und vollendete das Werk, das bereits 1493 seinen Turm mit der Höhe von 73 m erhielt".

2.3.6   Turm der Kreuzkirche in Hannover, Fall 2.6, 1630 [35]

In [35] heißt es: „... Die Stadt hat drei schöne gewölbte Pfarrkirchen, drei Stadttore, drei hohe Türme (deren einer zwar Anno 1630 durch einen in diesen daniedigen Landen hiebevor fast unerhörten grausamen Sturmwind niedergeschlagen, wird aber zu einem neuen Ornament und Zierde der Stadt in kurzem wieder repariert werden), wie ...". Das Archiv der Landeshauptstadt Hannover präzisiert diese Angabe: es handelte sich um den Einsturz des oberen Teiles des Turmes der Kreuzkirche am 24.11.1630 bei einem ungewöhnlich starken Orkan, der auch diverse Gebäude in der näheren und weiteren Umgebung Hannovers beschädigte.

2.3.7   Münzturm Berlin, Fall 2.7, 1706 [36]

Die Geschichte des Berliner Stadtschlosses geht bis ins 15. Jahrhundert zurück. Die Wasserkunst, etwa 1680 nach Aufnahme der Münze als Münzturm bezeichnet, ist zu Beginn des 17. Jahrhunderts entstanden und u.a. etwa 1648 in Merians Stadtprospekten dokumentiert. Friedrich I. von Preußen verlangte beim Um- und Ausbau des Schlosses zu Beginn des 18. Jahrhunderts einen großen Turm in seiner Residenz. Er beauftragte seinen Schloßbaudirektor Andreas Schlüter 1701, nach Verlegung der Münze an einen anderen Ort den „Münz"turm an der Schloßecke zur Brücke über den Spreegraben auf 300 Fuß – das sind nach dem auf einer Zeichnung angegebenen Rheinländischen Fußmaß rd. 117 m und wären nach dem Berliner Fußmaß rd. 94 m – zu erhöhen. Der vorhandene, rd. 30 m hohe Turm mit rd. 15 m Seitenlänge, 12 m über das Niveau der Schloßgebäude reichend, schien dafür als Basis geeignet.

Der Turm neigte sich aber schon kurz vor Erreichen der geplanten Höhe. Schlüter gab den Turm nicht auf, sondern hoffte, der vor allem einseitigen Senkung entgegenarbeiten zu können. Aber zusätzliche Fundamente und eine manschettenartige Verstärkung des alten Turmes, vor allem auf der Seite mit den größeren Setzungen, hielten nicht, die neuen Rammpfähle erreichten keinen tragfähigen Grund. Auch der Versuch, den Turm auf seiner „Rückseite" horizontal an großen, neu aufgeführten Mauerwerksmassen zu halten, schlugen fehl, da die dafür eingebauten Anker rissen. 1706 ließ Schlüter, ohne den Befehl des Königs dafür abzuwarten, den Turm abbrechen.

Es kann hier nicht auf die schlechten und bei unzureichender Bodenerkundung wohl auch trügerischen Bodenverhältnisse im Bereich des alten Spreearmes, des heutigen Kupfergrabens, eingegangen werden. Letztlich – so wird das Versagen vielleicht vereinfacht begründet – ist ein Grundbruch Ursache für das Versagen. Detaillierte Angaben dazu findet man in [36].

Der König ließ Schlüter trotz der Vorwürfe der Untersuchungskommission, er habe mit der zu späten Aufgabe seines Turmbaues unverantwortlich gehandelt und dadurch Kosten etwa in gleicher Höhe, wie die der gesamten Um- und Ausbauten des Schlosses, verursacht, nicht fallen. Schlüter mußte 1706 seine Stellung als Chef-Architekt des Königs aufgeben, blieb aber Hofbildhauer in der Position eines Baudirektors.

2.3.8 „Deutscher Dom" in Berlin, Fall 2.8, 1781 [37, 38]

Anmerkung: Die Angabe in [38], nach der der Französische Dom eingestürzt sei, widerspricht denen in [37], die zutreffend vom Versagen des Deutschen Domes berichten. Damit übereinstimmend wird im Buch von L. Demps [37] der hier als Bild 2.10 wiedergegebene Kupferstich ebenfalls mit der Angabe „Deutscher Dom" präsentiert.

Für einen der schönsten Plätze Berlins, wenn nicht überhaupt für den schönsten, wird von vielen Besuchern der Gendarmenmarkt gehalten.

Im 18. Jahrhundert waren den aus Frankreich stammenden Calvinisten ihre französische und den aus der Schweiz eingewanderten ihre deutsche Kirche errichtet worden. Die spätere Neugestaltung des Platzes führte dazu, daß beide Kirchen gleichzeitig im wesentlichen gleiche Türme bekommen sollten. Mit deren Bau wurde auf Geheiß von Friedrich II. 1780 begonnen.

Nachdem die Bauarbeiter beim Turm des deutschen Domes – so wird er heute bezeichnet, er steht links, wenn man auf das Schinkelsche Schauspielhaus sieht – den unteren Rand der Säulentrommel erreicht hatten, stürzte er am 28. Juli 1781 ein (Bild 2.10). Zuvor waren Risse beim weitgehend baugleichen Turm der französi-

Bild 2.10
Einsturz des Turmes des „Deutschen Domes" in Berlin, 1781, Fall 2.7

2.3 Einzelfälle

schen Kirche aufgetreten. Die Dokumente nennen drei Ursachen: Mangelhafte Gründung, zu schwaches Tambour-Mauerwerk, nachlässige Ausführung.

Die Folgen waren dreifach: der verantwortliche Architekt, Carl Gontard, wurde entlassen, der Turm des französischen Turmes wurde, da er gleich konstruiert war, weitgehend abgetragen – heute würde man, um es positiv auszudrücken, „zurückgebaut" sagen – und beide Türme wurden mit verstärkten Fundamenten und Baugliedern wiederaufgebaut und waren 1785 fertig.

2.3.9 Turmhelm der Stiftskirche Fritzlar, Fall 2.9, 1868 [39]

Die Türme der Stiftskirche – auch Pfarrkirche oder Dom genannt – stammen vermutlich aus dem 14. Jahrhundert. Ihr mit 1,1 m relativ dünnes Mauerwerk ist mit 6 erkennbaren Stockwerken bis 33 m Höhe aufgeführt. Darauf waren aus dem 16. Jahrhundert zunächst zwei gleiche, schlanke, 27 m hohe Turmhelme aufgesetzt. Der nordwestliche wurde nach seiner Zerstörung durch Blitzschlag im 17. Jahrhundert durch einen kleineren ersetzt (Bild 2.11 b).

Die Kirche liegt 60 m über der Eder auf einer nach 3 Seiten abfallenden Terrasse und ist Nord- bis Südwestwinden besonders ausgesetzt (Bild 2.11 a). Seit längerer Zeit war „… bei solchem Unwetter der südliche höchste Turm … Gegenstand mancher Befürchtungen gewesen, doch hatte angeblich eine 1864 vorgenommene technische Besichtigung … fortwährende Bautüchtigkeit ergeben". Am Morgen des 7. Dezember 1868 tobte in ganz Westdeutschland ein gewaltiger Orkan und „… der Blick vieler Stadtbewohner haftete … an den auffälligen Bewegungen des … zu der kühnen und stolzen Höhe von 87 Fuß aufgebauten Dachhelmes, welcher … seit einigen Minuten hin- und herschwankte wie der Mast eines von wildaufgeregten Wogen umhergeworfenen Schiffes" [39].

Für die in der Kirche zum Gottesdienst Versammelten kam diese Beobachtung zu spät: Der Orkan hat den südwestlichen Turmhelm umgerissen, und mit ihm durchschlugen Quader des oberen Turmteiles die Gewölbe des westlichen Mittel- und Seitenschiffes: 21 Menschen starben, 31 wurden z.T. schwer verletzt.

2.3.10 Campanile in Venedig, Fall 2.10, 1912 [40]

Türme bringen im allgemeinen große Lasten auf relativ kleine Flächen ihrer Gründung. Daher sind sie dann in ihrer Standsicherheit gefährdet, wenn der Boden für die Aufnahme der Lasten schlecht geeignet ist.

Mängel in der Gründung von Türmen wurden früher oft nicht erkannt, Schäden oder Einstürze waren und sind daher häufig. Manchmal bleiben größere Schäden trotz solcher Mängel aus, dies dann, wenn ein breites Bauwerk ohne große Schiefstellung im Boden absackt, so wie es z.B. beim Holstentor in Lübeck der Fall ist.

Anders ist es bei schlanken Türmen, wie z.B. dem 1392 fertiggestellten, 99 m hohen Campanile auf dem Markusplatz in Venedig (Bild 2.12). Er stürzte 1902, also

Bild 2.11
Stiftskirche Fritzlar, 1868, Fall 2.9
a) Exponierte Lage auf der Terrasse über der Eder
b) Kirche vor dem Einsturz des Südwest-Turmhelmes

2.3 Einzelfälle

Bild 2.12
Campanile in Venedig, 1902, Fall 2.10

510 Jahre nach seiner Errichtung, ohne lange Vorankündigung „in sich selbst" zusammen, ohne nahestehende Gebäude, wie Dogenpalast und Markusdom zu beschädigen. Immerhin zeigte sich kurz vor dem Einsturz ein Riß an einer Seite des Turmschaftes, und angeblich wurden Schwankungen des Turmes im Wind beobachtet. So ließ man am Tag des Einsturzes die Piazza räumen sowie die Plastiken auf den angrenzenden Gebäuden durch Sandsäcke schützen.

Die gelegentlich beschriebene Ursache (Zitat) „Neunhundert Jahre Schirokko, angereichert mit Salz und Wüstensand der Sahara, „... habe die Fugen des Mauerwerks „ausgesandet" [40], klingt zwar schön, hält aber einer Nachprüfung genau so wenig stand wie die dabei angegebenen Dauer von 900 Jahren: auch hier war die Ursache die Gründung, die vielleicht durch veränderte Wasserverhältnisse besonders gelitten hatte.

Da der Turm als eines der Zeichen von Venedig nicht fehlen durfte, wurde er mit verstärkten Fundamenten als Kopie des alten bald wieder aufgebaut und 1912 fertiggestellt. Vergleiche auch Betrachtungen im nächsten Abschnitt.

2.3.11 Turm der Marienkirche in Pasewalk, Fall 2.11, 1984 [41]

Zwischen 1841 und 1863 wurde der Turm der Marienkirche in Pasewalk durch den Architekten Fr. Aug. Schüler restauriert. Er erhielt ein polygonales Obergeschoß (Bild 2.13 a).

1983, also erst 120 Jahre nach dem Umbau, zeigte sich durch das Herausbrechen einer Turmecke, daß die Turmspitze zu schwer war. Wegen Einsturzgefahr mußte man ein Jahr später den ganzen Turm sprengen.

Ursache des Einsturzes von Türmen ist im allgemeinen Versagen ihrer Gründung. Hierbei ist zu unterscheiden, ob der Turm umkippt, oder ob sein Schaft versagt.

Bild 2.13
Turm der Marienkirche in Pasewalk. 1984, Fall 2.11
a) Vor, b) Nach dem Herausbrechen einer Turmecke

Auf der einen Seite steht der Grundbruch (Bild 2.14, links), bei dem der Erdkörper unter einem Bauwerk durch Überwinden der Scherfestigkeit des Bodens bricht und dadurch ein Teil des Bodens infolge des Bauwerksgewichtes unter dem Bauwerk weggedrückt wird. Die Schiefstellung des Turmes in Pisa hat diese Ursache: durch Baupausen wurde der Grundbruch vermieden, der Boden konnte sich durch Auspressen des Wassers konsolidieren und jeweils danach neue Lasten aufnehmen. Es

2.3 Einzelfälle

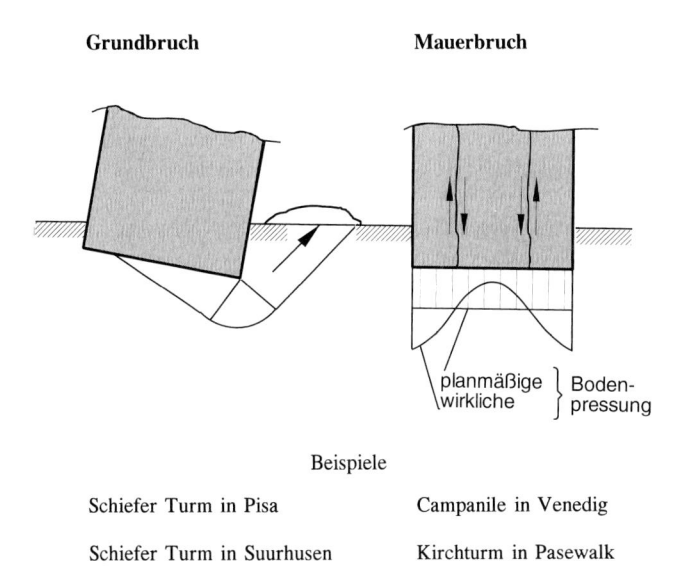

Bild 2.14
Grundbruch oder Scherbruch im Schaft als Ursache für Versagen von Türmen

Grundbruch — Mauerbruch

planmäßige / wirkliche Bodenpressung

Beispiele:
Schiefer Turm in Pisa — Campanile in Venedig
Schiefer Turm in Suurhusen — Kirchturm in Pasewalk

scheint also auch jetzt – wie im 12. bis 14. Jahrhundert – darum zu gehen, den „schleichenden" Grundbruch zu vermeiden.

Auf der anderen Seite führen Setzungsdifferenzen z. B. eines inhomogenen Bodens (Bild 2.14, rechts) oder unterschiedliches Nachgeben von Pfählen unter einem Bauwerk zu großen Beanspruchungen des Bauwerkes selbst. Daher wird heute der Bauwerk-Boden-Wechselwirkung große Aufmerksamkeit gewidmet. In unserer Darstellung (Bild 2.14, rechts) ist angenommen, daß sich die Innenbereiche der Gründungsfuge infolge Setzungen entlastet haben, so daß das Gewicht des inneren Turmteiles im Turm nach außen übertragen werden muß. Der daraus entstehende Schub kann u. U. vom Bauwerk – bei alten Türmen vom Mauerwerk – nicht mehr aufgenommen werden, führt zu vertikalen Rissen und schließlich zum Herausbrechen von Mauerwerksteilen (Pasewalk) oder zum Zusammenbruch (Venedig). In Venedig wurde kurz vor dem Zusammenbruch in der Mitte einer Turmseite ein relativ schnell vom Fundament nach oben wachsender Riß beobachtet.

Der Turm der Kirche in Pasewalk wurde bald in Beton mit Gleitschalung neu errichtet. Die Denkmalpfleger sorgten dafür, daß er heute so aussieht, wie vor dem Einsturz, seit der Diskussion um den Wiederaufbau der Frauenkirche in Dresden wird in solchen Fällen gern von „Postkartengleichheit" gesprochen.

2.3.12 Torre Civica in Pavia, Fall 2.12, 1989 [42]

Der unterste, rd. 11 m hohe Abschnitt des rd. 60 m hohen Turmes wurde vor rd. 900 Jahren errichtet. Die weiteren Teile des als Glockenturm dicht neben der Kathedrale geplanten Bauwerks (Bild 2.15 a) folgten vermutlich in 2 oder 3 Bauphasen im 12. und 13. Jahrhundert. Der Turm stürzte 1989 ohne jede Vorwarnung und ohne besondere Einwirkungen, wie etwa Wind oder Erdbeben, ein (Bild 2.15 b). Vier Tote waren zu beklagen, benachbarte Gebäude wurde zerstört oder, wie die Kathedrale, stark beschädigt.

Der Turm hatte einen quadratischen Querschnitt mit 12,8 m Kantenlänge und umfaßte rd. 7000 m^3 Mauerwerk.

Umfangreiche und gründliche Untersuchungen liessen erkennen, daß keine Senkungen im Boden aufgetreten waren, sondern daß im Gegenteil die 900jährige natürliche Konsolidierung die Tragfähigkeit des Bodens in einem solchem Maß verbessert hatte, daß der Zustand der Gründung des Turmes als völlig zufriedenstellend eingestuft werden mußte. Festigkeitsprüfungen an den stehengebliebenen und aus den Trümmern gewonnenen Mauerwerksblöcken ergaben, daß Umwelteinflüsse das Mauerwerk zwar auf einige Zentimeter unter der Oberfläche geschädigt hatte, daß aber innerhalb der 280 cm dicken Wände keine wesentlichen Veränderungen einge-

Bild 2.15
Torre Civica, Pavia, 1989, Fall 2.12
a) Vor, b) Nach dem Einsturz

treten waren und sich somit die Tragfähigkeit des tragenden Mauerwerks nicht verschlechtert hatte.

Schließlich führten die weiteren Untersuchungen auf Unzulänglichkeiten, die von Anfang an in der Konstruktion des Turmes vorhanden waren. Es wurde festgestellt, daß die wahrscheinlichen Spannungen in den kritischen Bereichen des Turmmauerwerkes unter ständigen Lasten im Streubereich der Druckfestigkeit lagen. Untersuchungen hoch beanspruchten Mauerwerks (2. Quelle in [42]) deckten u.a. auf,

– daß bei sehr alten Bauwerken, die in mehreren Phasen mit verschiedenen Materialien errichten worden sind, Spannungsspitzen infolge mangelnden Verbundes und von Inhomogenitäten der Baustoffeigenschaften oft nicht erkannt und

– daß Mauerwerk, das durch ständige Lasten nahe bis an seine Druckfestigkeit beansprucht wird, schließlich versagt, da seine Dauerstandfestigkeit kleiner als seine Druckfestigkeit ist.

Mit diesen Ergebnissen kann man den Zusammenbruch nach 900 Jahren Standzeit erklären, zumal Durchbrüche, Fenster und andere Unregelmäßigkeiten schon in einer elementaren Analyse auf lokal große Spannungen im Mauerwerk führen.

Aufgrund des Einsturzes in Pavia wurden die Tragsicherheit vieler Türme und Kirchen in Norditalien untersucht und im Fall kritischer Ergebnisse Überwachungseinrichtungen installiert, um ähnlichen Katastrophen vorzubeugen.

2.3.13 Turm der Pfarrkirche St. Maria Magdalena in Goch, Fall 2.1, 1993 [43]

Die Geschichte der Pfarrkirche beginnt im 14. Jahrhundert. Mit dem Bau ihres Turmes wurde noch im gleichen Jahrhundert angefangen; später wurde er um ein Stockwerk erhöht. Der Turmhelm stammt aus dem 18. Jahrhundert (Bild 2.16a). 1906 wurde er wegen Schieflage saniert und gerichtet. Gegen Ende des 2. Weltkrieges stürzten nach Sprengung eines Pfeilers zwischen Mittel- und Südschiff große Teile des Gewölbes ein. Sie wurden nach dem Krieg erneuert. 1983 wurde ein neuer Glockenstuhl mit 5 Glocken eingebaut, der wegen zu großer Horizontalkräfte für die drei kritischen Glocken mit Horizontalkraft kompensierenden Gegenpendeln ergänzt werden mußten.

6 Stunden vor dem Einsturz am 24. Mai 1993 wurde anläßlich einer Festversammlung „anhaltend" mit allen Glocken geläutet. In der darauf folgenden Nacht stürzte der in den Westgiebel eingebundene, 67 m hohe Turm und mit ihm die angrenzenden beiden ersten Joche des Nordschiffes und des ersten Mittelschiffes ein (Bilder 2.16 b und c).

Die gründliche und umfassende Untersuchung [43] kommt zu folgender Stellungnahme:

Äußere Einflüsse haben im Lauf der Zeit zu einer negativen Veränderung des Turmtragwerks geführt. Besonders zu erwähnen sind:

Bild 2.16
Turm der Kirche St. Maria Magdalena in Goch, 1993, Fall 2.13
a) Kirche vor dem Einsturz, Ansicht von Westen*
b) Kirche nach dem Einsturz, Luftaufnahme
c) Kirche nach dem Einsturz, Detail
* Karte des Bauvereins der Pfarrgemeinde mit Aufruf zu Spenden für den Wiederaufbau

- Verwitterung des Mauerwerks und Zerstörung von Holzteilen,
- Rißbildung z. B. aus Bränden des Turmhelmes und der Zwischendecken im Jahr 1716,
- Kriegseinwirkungen 1944,
- dynamische Glockenkräfte nach Einbau des neuen Glockenstuhls vor Einbau der Gegenpendel-Anlage 1961,
- das Erdbeben vom 13. April 1992,
- zahlreiche substanzverändernde Eingriffe, wie z. B. Reparaturen am Turmmauerwerk und beim Einbau des neuen Glockenstuhls.

Die Möglichkeit standsicherheitsgefährdender Überbeanspruchungen bestand im oberen Bereich mit bereichsweise nur 78 cm dicken Turmwänden durch den nachlassenden Haftverbund des Mauerwerks, durch Verwitterung und Risse. Den historischen Maueranker kam demzufolge mit abnehmender Mauerwerksfestigkeit eine wachsende Bedeutung zu, bis sie völlig ausgelastet waren und dieses Sicherungssystem versagte.

Jede dynamische Beanspruchung, insbesondere das Erdbeben von 1992, begünstigte diesen Umlagerungsprozeß einhergehend mit der Bildung bzw. Vergrößerung von Rissen. Eine Beanspruchung über die Zugfestigkeit der Anker hinaus unterhalb der Glockenstube kann mit großer Wahrscheinlichkeit vermutet werden, so daß davon auszugehen ist, daß es an dieser Stelle zu deren Versagen und als Folge davon zum Einsturz des Mauerwerkes gekommen ist.

2.3.14 Roter Turm in Jena, Fall 2.14, 1995 [44]

Der später unter Denkmalsschutz gestellte Rote Turm wurde 1870 auf den Natursteingrundmauern eines Wehrturmes aus dem 14. Jahrhundert (Bild 2.17a) errichtet. Er ist ein 4geschossiger Mauerwerksbau für Wohnzwecke, hatte Holzbalkendecken und innere Fachwerkwände. Die Decke über dem Keller wurde 1909 durch eine Stahlsteindecke ersetzt. Alle Decken wurden in ihren Mitten bis in das Kellergeschoß hinunter gestützt.

Der rd. 19 m hohe Turm hatte einen Außendurchmesser von gut 12 m und war rd. 3 m unter Gelände gegründet. Die rd. 2 m dicken Wände im Erd- und Kellergeschoß bestanden vorwiegend aus Kalkstein. lm 1. Obergeschoß waren die 51 cm dicken Wände als zweischaliges Mauerwerk außen aus gebrannten Ziegeln und innen aus luftgetrockneten Kalktuffsteinen, in den darüber liegenden Geschossen die 38 cm dicken Wände aus gebrannten Mauerziegeln hergestellt. Die Wände wurden mit Ankern an den Zwischendecken und an Zwischenwänden stabilisiert.

Von der Bauplanung für eine Sanierung des Turmes ist zum Verständnis der Ursache folgendes wichtig:

- Die Ausführungsplanung wich von vorausgehenden Planungen ab. Erstere empfahl, wegen Bedenken gegen die Aufnahme der Deckenlasten durch die Turmwände – mit Ausnahme der Decke über dem Dachgeschoß – für die Decken eigene

Bild 2.17
Roter Turm in Jena, 1995, Fall 2.14
a) Turm vor dem Einsturz
b) Turm nach dem Einsturz
c) Lagerung der Betondecken über Taschen im Turmmauerwerk

2.3 Einzelfälle

Betonstützen und eine Stabilisierung der Wände durch horizontale Verbindungen mit dieser eigenständigen Konstruktion.

- Allein auf Inaugenscheinnahme des Turmmauerwerkes basierend wurde auf dessen guten Zustand geschlossen, dem die Aufnahme der Deckenlasten zugewiesen werden könnte. Die Gesamtbelastung stieg dadurch, z.T. auch durch schwerere Dachaufbauten, um bis um 3000 kN. So wurden die Decken über dem 1. bis 3. Obergeschoß als monolitische, 30 cm dicke Stahlbetondecken vorgesehen, die ihre Lasten über einzustemmende Taschen in die Turmwände abgaben (Bild 2.17 c). Die Dachdecke = Decke über dem 4. Obergeschoß wurde in Form einer Kreisringplatte auf den Turmwänden gelagert und war damit zugleich stabilisierender oberer Abschluß des Bauwerkes. Die Decke über dem Erdgeschoß wurde bereichsweise bis unter das außen vorhandene Ziegelmauerwerk geführt, um die Lasten aus den 51 cm dicken Wänden im Erdgeschoß möglichst zentrisch auf das außen mit ihm bündige 2 m dicke Natursteinmauerwerk im Erd- und Kellergeschoß einzuleiten. Die seit 1909 über dem Keller vorhandene Stahlsteindecke wurde durch eine massive Stahlbetondecke ersetzt. Für die neue Stahlbetontreppenanlage waren auf tragfähigem Kies gegründete Wandscheiben vorgesehen.
- Mangelhafte Bereiche der Turmwand im Bereich von Brüstungen usw. wurden abgetragen und durch Stahlbeton, weitestgehend in Fertigteilen, ersetzt.

Die Sanierungsarbeiten liefen in folgender Reihenfolge ab:

1. Betonieren der Decke über dem 4. Obergeschoß.
2. Einbau von Sicherungen vor Ausbau der stabilisierenden Holzdecken und von Loten zur Überwachung von Zustandsveränderungen des Turmmauerwerkes, vor allem durch den Ausbau der Holzbalkendecken.
3. Herstellung der Treppen- und Wandscheibengründung.
4. Einbau der Stahlbetondecke über dem Kellergeschoß.
5. Nacheinander Ausbau der Holzbalkendecken und Einbau der neuen Betondecken über dem 1., 2. und 3. Obergeschoß.
6. Restarbeiten wie z.B. Hochziehen von Treppen und Wandscheiben bis zum 4. Obergeschoß, Abbruch von Mauerwerk im Treppenbereich im Erd- und im 1. Obergeschoß.
7. Entfernen von Mauerwerk im Bereich von Fensterbrüstungen und -stürzen und Ersatz z.B. durch Betonfertigteilstürze, dies ebenfalls für Friese und Fensterrahmen. Dabei wurde das Mauerwerk zwischen den Fenstern sowohl horizontal als auch vertikal erheblich geschwächt.

Die zuletzt beschriebenen Arbeiten begannen Ende Mai, der Turm stürzte am 7. August 1995 ein (Bild 2.17 b). Das Versagen ging nach der äußerst gründlichen Untersuchung [44] vom Versagen des Außenmauerwerks zwischen zwei Fenstern im 1. Obergeschoß aus: Der Ablauf des nachfolgenden Zusammenbruchs des Turmes wird in Übereinstimmung mit dessen Zustand nach der Katastrophe rekonstruiert.

Das Versagen des Mauerwerks hat folgende Ursache: Das 51 cm dicke, 2schalige Mauerwerk im 1. Obergeschoß besteht außen aus Mauerziegeln, die abwechselnd als Läufern und Bindern vermauert sind. Ihr E-Modul ist rd. 20 mal so groß, wie der der innen gegen die Außenschale gemauerten Tuffsteine. Damit wird die Last aus dem Bauwerk über dem 1. Obergeschoß vorwiegend von der relativ dünnen Ziegelmauerwerk-Außenschale getragen, nur die Lasten selbst aus dem 1. Obergeschoß beanspruchen das Tuffsteinmauerwerk. Bei den Umbauarbeiten an den Friesen zwischen den Fenstern (vgl. Bild 2.17a) wurde die Lastübertragung in der äußeren Schale vollständig unterbrochen. Die mögliche Schubübertragung auf den inneren Tuffsteinbereich reichte nicht aus, die Kräfte weiterzuleiten: im Mauerwerk bildet sich eine Fuge zwischen den beiden Bereichen der Mauer. Eine Lastverteilung über die Stahlbetondecke konnte nicht helfen, da zum Zeitpunkt des Einsturzes die Auswechselarbeiten an den Friesen gleichzeitig an mindestens vier einander benachbarten Bereichen zwischen den Fenstern durchgeführt wurden.

2.3.15   Kathedrale in Noto, Sizilien, Fall 2.15, 1996 [45]

Die Kathedrale in Noto, rd. 30 km südwestlich von Syrakus, gehörte zu den Kirchen, die auf der Insel Sizilien nach den schweren Erdbebenzerstörungen von 1693 als Barockkirchen neu gebaut wurden. Sie stand mit der neuen Stadt auf einer Terrasse, die als erdbebensicherer als der alte Platz angesehen wurde. Die Kirche wurde 1776 fertig, wurde 1780 durch ein Erdbeben zerstört, 1818 wieder eröffnet, stürzte 1848 erneut bei einem Erdbeben ein und war schließlich 1872 wieder völlig hergestellt. Sie war ein Juwel des sizilianischen Barock und zeichnete sich wie die Stadt durch einen einheitlichen Stil aus.

1990 entstanden in der Kathedrale durch ein Erdbeben mehrere Risse, besonders in den Pfeilern im Hauptschiff (Bild 2.18a). Die am meisten beschädigten Pfeiler wurden provisorisch verstärkt, obwohl niemand einen Zusammenbruch oder eine allmähliche Verschlechterung der Situation erwartete. Daher wurden auch keine weiteren Maßnahmen für erforderlich gehalten.

1996 stürzten große Teile des Bauwerks ohne weitere Vorankündigung ein. Im Bild 2.18b sieht man in das Hauptschiff, nachdem der Schutt – insgesamt waren rd. 3600 m^3 zu beseitigen – entfernt war. Auch andere Teil sind zusammengebrochen.

Die Untersuchungen [45] ergaben u.a., daß schon in den 70er Jahren beim Ersatz des Holzdaches durch ein schweres Betondach größere vertikale Risse in den Pfeilern entstanden und mit schlechtem Mörtel ausgefüllt worden waren. Das Mauerwerk der Pfeiler war damit schwach und den großen Langzeitbeanspruchungen nicht gewachsen. „Der Kollaps hätte vielleicht auch ohne die Erdbebenschäden von 1990 eintreten können," heißt es in [45] sinngemäß. Die Labortests ließen auch grundsätzliche Mängel des Mauerwerks erkennen (Bild 2.18c): dessen Zusammensetzung im Innern der Pfeiler aus sehr feinem Mörtel und großen runden Travertinsteinen muß danach als Hauptgrund für das Versagen angesehen werden. Für den Wiederaufbau wurden daher Injektionen bei den erhaltenen Pfeilern abgelehnt und ihr Ab- und Neubau für erforderlich gehalten.

2.3 Einzelfälle

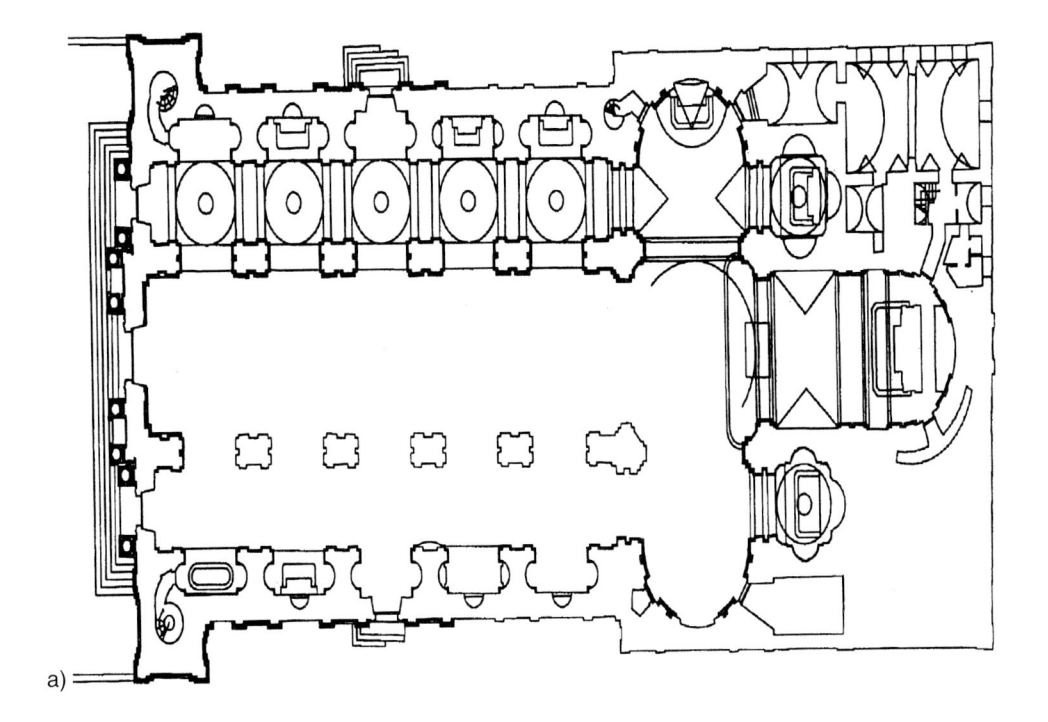

Bild 2.18
Kathedrale in Noto, 1996, Fall 2.15
a) Grundriß
b) Kirche nach dem Einsturz, Blick in das Hauptschiff
c) Pfeilermauerwerk

2.4 Lehren

Lehren aus einzelnen Versagensfällen sind zum Teil zuvor gezogen und beschrieben worden. Allgemein möchte ich drei Lehren für den Umgang mit historischen Bauwerken herausstellen:

- Auch ein sehr hohes Alter eines Bauwerkes schließt nicht aus, daß es von Anfang an – oft in lokal eng begrenzten Bereichen – bis an die Grenze seiner Tragfähigkeit ausgenutzt war. Gründliche Analysen der Lastabtragung sind daher oft erforderlich.

- Umbauten können das zuvor angedeutete Problem verschlimmern und zusätzlich wegen unterschiedlicher Eigenschaften der verwendeten Baustoffe zu komplizierten Verteilungen der Lasten führen. Daher sind oft Untersuchungen der verschiedenen, im Bauwerk im Laufe seiner Geschichte verwendeten Baustoffe unentbehrlich.

- Wenn Bauteile in verschiedenen Perioden des Bauwerks, z. B. beim Erstbau, bei Umbauten oder Ergänzungen, entstanden sind, wirken sie oft wegen Fehlens des dafür erforderlichen Verbundes nicht zusammen. Daher sind sowohl sorgfältige Untersuchungen zur Bauwerksgeschichte als auch zur aktuellen Lastabtragung erforderlich, um hoch beanspruchte Bauteile zu identifizieren.

3 Versagen von Hallen und Dächern

3.1 Tabelle 3, allgemeine Betrachtungen

In Tabelle 3 werden für die Zeit zwischen 1908 und 2000 46 Hallen und Dächer erfaßt (Fall 3.7 betrifft 2 Bauwerke). Sie gegen die in Tabelle 4 erfaßten Hochbauten abzugrenzen, ist nicht immer zwingend, so daß manche Bauwerke aus Tabelle 3 auch in Tabelle 4 – und umgekehrt – stehen könnten. Die 1961 in [49] dokumentierten Einstürze von Stahlbauten werden nicht übernommen, einmal, weil sie dort ausführlich beschrieben sind, zum anderen, weil sie gegenüber anderen Versagensfällen für heutige Bauweisen keine zusätzlichen Lehren vermitteln.

Die Größe der Bauwerke, die Art des Versagens, die Folgen und die Ursachen sind sehr verschieden. Dennoch kann man etwa folgende allgemeinen Aussagen machen:

Hauptversagensursache	Fälle nach Tabelle 3	Anzahl	Weiteres siehe Abschnitt
Entwurfsfehler, zum Teil mit Verletzung elementarer Grundregeln	1, 4, 5, 7a, 12, 15, 16, 17, 18. 19, 24, 25, 26, 36, 39, 43	16	3.2.1
Mängel in der Ausführung	2, 3, 7b, 8, 14, 22, 29, 42	8	3.2.2
Fehler während der Ausführung (Montageunfälle)	6, 9, 10, 11, 13, 19, 27, 32, 38, 40, 45	11	3.2.3
Überlastung durch Schnee, Wasser	23, 30, 34, 44	4	3.2.4
Andere Überlastungen	28	1	3.2.5
Werkstoffversagen	31, 35	2	3.2.6
Mangelhafte Bauunterhaltung	21, 33, 37	3	–
Ungeklärt	41	1	–
Summe		46	

Die Dominanz von Entwurfs- und Ausführungsfehlern (24 der 46 erfaßten Fälle) ist genau so bemerkenswert wie die Tatsache, daß 7 Hallen betroffen sind, die mehreren Tausend Menschen Platz bieten. Oft war es nur dem Zufall zu verdanken, daß die Einstürze ohne oder ohne größere Menschenverluste blieben. Das gilt auch für die im Kapitel 2 beschriebenen Einstürze des Vierungsturmes in Beauvais (Fall 2.2) und des Kirchturmes in Goch (Fall 2.13).

Tabelle 3
Versagen von Hallen und Dächern
Abkürzungen siehe Abschn. 1.3
Ferner in Spalte Daten: l = größte Spannweite, h = Höhe über Grund, A = Grundrißfläche, Dimension m oder m²

Lfd. Nr.	Jahr	Bauwerk				Stichwörter zum Versagen	Pers.-sch.	Einsturz Zustand	Quellen
		Zweck, Art	Land	Ort	Daten				
3.1	1908	Stadthallendach	Deutschland	Görlitz	l = 23	Einsturz wegen Versagens eines stählernen Fachwerkträgers durch Bruch eines Knotenbleches, mit dem der Gurt gestoßen wurde (s. Abschn. 3.2.1.1)	5 T 11 V	Total Betrieb	EB 1911, 163 u. 217 Bild 3.1
3.2	1911	Produktionshallendach; Fachwerkträger auf Fachwerkquerträgern	Deutschland	Mannheim	l = 24	In einem aus einem Tragwerk übernommenen Fachwerkquerträger fehlt die gemäß statischer Berechnung vorgesehene Verstärkung von zwei Druckdiagonalen. Ferner ständige Belastung wegen anderer Ausführung von Bimsbetondielen 60 % höher als angenommen	0	Total Im Bau	B + E 1911, 401
3.3	1918	Hallendach in einem Heilstättengebäude	Deutschland	Unbekannt	l = 8	Einsturz wegen einer Vielzahl von Ursachen, u. a. Bauhöhe eines Betonbalkens 8 % zu klein, Betonqualität äußerst mangelhaft, Bewehrung nicht planmäßig verlegt und Deckenunterstützung entfernt, obwohl temporär große Lasten aus einer Betonmischbühne auf der Decke vorhanden waren	2 T 4 V	Total Im Bau	B + E 1918, 144
3.4	1922	Knickerbocker Theater, Dachkonstruktion	USA	Washington	l = 32 h = 11	Mehrere einander widersprechende Vermutungen (s. Abschn. 3.2.1.2)	97 T 100 V	Weitgehend	BI 1922, 513 Bild 3.2

3.1 Tabelle 3, allgemeine Betrachtungen

Tabelle 3 (Fortsetzung)

Lfd. Nr.	Jahr	Bauwerk Zweck, Art	Land	Ort	Daten	Stichwörter zum Versagen	Pers.-sch.	Einsturz Zustand	Quellen
3.5	1927	Dach über einem Kino	Deutschland	Frankfurt	l = 18	Einsturz vermutlich durch Ausknicken der 1 1/2steinigen Wände, auf denen die Dachbinder gelagert waren. Nach dem Ausbau einer Zwischendecke im Rahmen eines vorgesehenen Umbaus wich die Wand nach Schneefall aus (s. auch Bemerkung im Abschn. 3.2.1.2 zum Fall 3.4)	4 T	Total Umbau	SB 1932, H 5, 33 und H 8, 89
3.6	1937	Kaufhallendach, Stahlträger, 18 Fachwerkträger	USA	Los Angeles	l = 31	Stabilisierung während der Montage durch Seile nur von einer Seite. Einsturz nach Schlaffwerden eines Seiles		Total Im Bau	[12] 189
3.7	1940	2 Garagendächer in Zollinger-Bauweise	England	Birmingham Southampton	a: 42 × 41 b: 38 × 71	a) Ein 1933 errichtetes, 42 m weit gespanntes Dach mit einem Stich von 42/9 = 4,6 m stürzt unter einseitiger Schneelast (Verwehungen) bis rd. 1,5 kN/m² ein. Bogen war extrem flach, außerdem wurden Bemessungsregeln der halbseitigen Last nicht gerecht. b) Ein 1938 fertiggestelltes, 38 m weitgespanntes Dach, Stich 38/7 = 5,4 m, stürzt unter mäßiger Schneelast ein. Ursache: Mängel bei der Ausführung, wie Fehlen von Bolzen, nicht angezogene Bolzen und Dellen in der Dachfläche	0	Betrieb	[46]
3.8	1962	Garagen-Flachdecke, Rippendecke mit Vollbetonstreifen	USA	Manhattan	l = 15	Durchstanzen (s. Abschn. 3.2.2.1)	0	Teil Betrieb	[9] 86, [12] 269 Bild 3.8

Tabelle 3 (Fortsetzung)

Lfd. Nr.	Jahr	Bauwerk Zweck, Art	Land	Ort	Daten	Stichwörter zum Versagen	Pers.-sch.	Einsturz Zustand	Quellen
3.9	1963	Werkshalle für eine Schuhfabrik aus vorgefertigten, 32 t schweren Wellenschalen	Deutschland	Groitzsch	l = 30	Einsturz bei Montage, angeblich durch Luftdruck, erzeugt durch ein tieffliegendes Militärflugzeug		Total	Mündl. Informationen
3.10	1966	Stahl-„Dom", Kreisfläche stützenfrei überdacht	Jamaika	Kingsdom	$\varnothing = 91$	(s. Abschn. 3.2.3.1)			[12] 191 Bild 3.9
3.11	1967	Raumtragwerksfeld für Neue Messe	Deutschland	Düsseldorf	30 × 30	Beim Heben des am Boden zusammengebauten Feldes versagte ein auf Zug beanspruchter Bolzenanschluß, und das Tragwerk stürzte ab (s. Abschn. 3.2.3.2)	0	Teil	Eigenes Gutachen Bild 3.10
3.12	1969	Basketball-Arena	USA	Midwestern University	l = 55	Ursache: nicht berücksichtigte Exzentrizität (s. Abschn. 3.2.1.3)	0	Total Im Bau	[9] 225 Bild 3.3
3.13	1969	Kaufhaus, einstöckig, 66 m × 141 m, Stützen im Raster von 11 m × 13 m. Hauptträger rd. 50 cm hohe I-Träger, quer dazu Fachwerkleichtträger	USA	Pleinfield, New Yersey	l = 11	Einsturz bei Wind während der Montage, da Verschraubungen zum Teil nur mit einer Schraube unvollständig und Konstruktion daher nicht standsicher	0	Total	[9] 205

3.1 Tabelle 3, allgemeine Betrachtungen 49

Tabelle 3 (Fortsetzung)

Lfd. Nr.	Jahr	Bauwerk Zweck, Art	Land	Ort	Daten	Stichwörter zum Versagen	Pers.-sch.	Einsturz Zustand	Quellen
3.14	1971	Eissporthalle, 13 Spannbeton-fertigteilbinder, im Werk teilvor-gespannt, darauf Betonhohlplatten, 4,3 m gespannt, Mitwirkung als Obergurt der Bin-der durch dort ein-betonierte Dübel und Lochverguß	USA	Brock-port	l = 45	In drei Abschnitten hergestellte Teile der Binder auf Hilfsstützen gelegt, in den Drittels-punkten gekoppelt und Restvorspannung auf-gebracht. Kopplung durch Verschraubung der Spannglied-Köpfe und Ausbetonieren eines rd. 60 cm langen Spaltes. Versagen durch Bruch an der Koppelstelle. Ursachen u.a.: Beim Betonieren der Koppelstellen sind in den Untergurten Hohlräume mit Durchmessern bis 15 cm verblieben, in die Hüllrohre ist Beton eingedrungen und hat das Vorspannen behin-dert. Der dadurch zu kleine Ausziehweg wurde nicht bemerkt oder beachtet	? V	Teil Im Bau	[9] 143
3.15	1973	Camden School, Versammlungs-raum	England	London	l = 12	30 vorgespannte Betonträger mit High Alumi-nium-Zement und zu knapp bemessener Auf-lagernase verlieren nacheinander ihr Lager und stürzen ab. Hauptursache: Auflagernase plan-mäßig nur 38 mm, praktisch wegen Toleranz z.T. nur 25 mm. Bewehrungsüberdeckung 25 mm, Nase praktisch ohne Bewehrungs-wirkung	0	Total 20 J. i.O. Betrieb	NCE 1982, 06.05., 84
3.16	1978	Civil Center Coliseum	USA	Hartford	82 u. 64	3lagiges Raumfachwerk versagt unter mäßiger Schneelast (s. Abschn. 3.2.1.4)		Total Betrieb	ENR 1978, 26.01., 8; 09.02., 9; 06.04., 9; [47]; [11] 107. Bild 3.4

3 Versagen von Hallen und Dächern

Tabelle 3 (Fortsetzung)

Lfd. Nr.	Jahr	Bauwerk				Stichwörter zum Versagen	Pers.-sch.	Einsturz Zustand	Quellen
		Zweck, Art	Land	Ort	Daten				
3.17	1978	C. W. Post College Auditorium. Tragwerk über kreisrundem Auditorium für 3500 Menschen ist eine doppelschalige Schwedlerkuppel, Bauhöhe 61 cm, Stich 7,3 m, gebildet von 40 radial angeordneten Trägern	USA	Brookville	$\varnothing = 51$	Dach stürzt 8 Jahre nach Errichtung ein. Ursachen: einseitige Schneelast und nicht ausreichende Seitenaussteifung von Diagonalen	0	Total Betrieb	SB 1978, 378, [12] 204
3.18	1978	Junior High School, Dach	USA	Waterville, Maine		Verbindungen der stählernen Diagonalen mit den Holzgurten und gedrückte Diagonalen versagen wegen einseitiger Schneeanhäufung. Nachweis berücksichtigen nur konstante Schneelast, einseitige Schneelast bis zum 2,1fachen des angenommenen Wertes (s. Abschn. 3.2.1.5)		Teil Betrieb	[12] 26 und 180
3.19	1979	Crosby Kemper Memorial-Arena, Dachkonstruktion	USA	Kansas City	30	Durch Ermüdung infolge Windablösung geschwächte Bolzen versagen bei Wolkenbruch (100 l Wasser/qm in 30 min) (s. Abschn. 3.2.1.6)		Teil Betrieb	ENR 1979, 16.08., 10, 210; 1981, 28.05., 14; [12] 211 Bild 3.5

3.1 Tabelle 3, allgemeine Betrachtungen

Tabelle 3 (Fortsetzung)

Lfd. Nr.	Jahr	Bauwerk				Stichwörter zum Versagen	Pers.-sch.	Einsturz Zustand	Quellen
		Zweck, Art	Land	Ort	Daten				
3.20	1979	Stadiondach aus bogenförmigen Brettschichtbalken	USA	Rosemont, Illinois	88	Dacheinsturz bei der Montage (s. Abschn. 3.2.3.3)	5 T 16 V	Total Im Bau	ENR 1979, 23.08., 11 BI 1980, 210 [12] 170 Bild 3.11
3.21	1979	MIT, Kresge Auditorium. Dreipunktgelagerte Schale, zwischen 9 und 18 cm dick	USA	Boston		Mangelhafte Isolierung schädigt Betonschale im Auflagerbereich. Sperrung und Sanierung erforderlich	0	Kein 24 J. in Betrieb	ENR 1979, 06.12., 15
3.22	1979	Glashütte. Dachtragwerk	Ungarn	Unbekannt	29	Einsturz wegen Ausführungsmängeln und unplanmäßiger Staubbelastung (s. Abschn. 3.2.7.1)	0	Total Betrieb	Magyar Épitópar 1982, 310-313 Bild 3.18
3.23	1979	Überseezentrum. Hauptträger der Dachkonstruktion 3-Gurt-Rohrbinder	Deutschland	Hamburg	37	Dacheinsturz infolge Überlastung bei ungewöhnlicher Schneeverwehung (s. Abschn. 3.2.4.1)	0	Teil Betrieb	Eigenes Gutachten BI 1983, 1 Bild 3.14
3.24	1980	Olympia-Stadion. Teilüberdachung wird von 38 radial angeordneten Spannbeton-Trägern und dazwischen tangential liegenden Stahlträgern getragen	Kanada	Montreal		Inspekteure stellten bei den längsverschieblichen Lagern von 271 der 4000 Stahlträger fest, daß die Reibung zwischen den aus den Stahlträgern vorstehenden Rohren und den in den Spannbetonträgern einbetonierten größeren Rohren durch Korrosion so groß geworden war, daß sich Rohre wegen der laufenden Bewegungen gelockert hatten	0	Kein Betrieb	ENR 1980, 01.05., 16 19.06., 39

Tabelle 3 (Fortsetzung)

Lfd. Nr.	Jahr	Bauwerk				Stichwörter zum Versagen	Pers.-sch.	Einsturz Zustand	Quellen
		Zweck, Art	Land	Ort	Daten				
3.25	1980	Kongreßhalle, Hängedach zwischen zwei Randbögen	Deutsch-land	Berlin		Mehrere Ursachen, vor allem Spannglied-Bruch infolge Korrosion und Ermüdung (s. Abschn. 3.2.1.7)	5 V	Teil 23 J. in Betrieb	[48], BT 1983, 185 Bild 3.6
3.26	1980	High-School, Hörsaaldach	USA	Antik, Kalifor-nien	$l = 12$	Versagen von mit nachträglichem Verbund vorgespannten, I-förmige Verbund-Decken-trägern am Auflager im Bereich einer 18 cm tiefen Auflagerausklinkung. Vermutlich schwach gegen horizontale Lasten. hier u. U. durch Erdbeben verursacht		Teil 22 J. in Betrieb	BI 1981, 24, ENR 1980, 03. 04., 18
3.27	1980	Kaufhaus	USA	Brattle-boro		Stahlrahmen bricht bei Montage zusammen, Windgeschwindigkeit 8 m/s. Ursache: mangelhafte Aussteifung in Zwischen-zuständen	1 T 4 V	Teil	ENR 1980, 18. 09., 38, 30. 10., 16
3.28	1981	2stöckiges Kauf-haus, Dachkon-struktion auf einem Gebäude in Misch-konstruktion aus Fertigteilen und Ortbeton	USA	Holly-wood	$l = 12$	12 m × 18 m großes Loch im Dach infolge Scherbruch am Übergang vom Fertigteil zum Ortbeton. Ursache: Temperaturspannungen aus Betrieb einer Klimaanlage		Teil 11 J. in Betrieb	ENR 1983, 08. 09., 13
3.29	1981	Parkhaus, Dachdecke	USA	Chicago		9 m × 6 m großes Deckenteil stürzt ein, weil von den unterstützenden Kragträgern 2 voll und 1 zum Teil versagt. Ursache: Bügel-bewehrung fehlt	0	Teil 27 J. in Betrieb	ENR 1981, 28. 05., 15

3.1 Tabelle 3, allgemeine Betrachtungen

Tabelle 3 (Fortsetzung)

Lfd. Nr.	Jahr	Bauwerk Zweck, Art	Land	Ort	Daten	Stichwörter zum Versagen	Pers.-sch.	Einsturz Zustand	Quellen
3.30	1983	Eislauf-Arena	USA	Squaw Valley, Kalifornien	100	Dach stürzt unter angehäufter Schneelast (1,10 m hoch) ein (s. Abschn. 3.2.5.1)	0	Teil 23 J. in Betrieb	ENR 1983, 07.04., 11 Civ.Eng.1986, June, 62 SB 1984, 88 Bild 3.16
3.31	1983	Bahnstation, Decke	USA	New Jersey		Rd. 1000 m² großes Unterdeckenteil fällt in Schalterhalle. Grund: nicht geeignete Aufhänger für schwere Unterdecke an Stahltrapezblechdach	2 T 10 V	Teil Betrieb	ENR 1983, 18.08., 10 1984, 28.06., 16
3.32	1983	Dach eines 1stöckigen Kaufhauses	USA	Altamonte Springs, Florida		(12 m × 14 m)-Feld des Daches stürzt wegen Überlastung mit Baumaterial, vor allem Kies, ein	1 T 2 V	Teil Im Bau	ENR 1983, 04.08., 14
3.33	1984	Garage	USA	Minneapolis	55 × 46	Starke Bewehrungskorrosion durch Salzen gegen Vereisung. 12 Jahre keine Kontrollen	0	Weitgehend 30 J. in Betrieb	ENR 1984, 14.06., 11
3.34	1985	Silberdom-Stadion, druckluftgetragenes Dach	USA	Pontiac, Michigan	A = 40000	Dacheinsturz unter Schneeverwehungen, Dachhaut hing 30 m durch (s. Abschn. 3.2.4.2)		Teil 10 J. in Betrieb	ENR 1985, 14.03., 12 Bild 3.15
3.35	1985	Schwimmbad-Unterdecke	Schweiz	Uster bei Zürich		Aufhängungen einer Betonunterdecke versagen (s. Abschn. 3.2.6.1)	12 T	Total Betrieb	[52] Bild 3.17

Tabelle 3 (Fortsetzung)

Lfd. Nr.	Jahr	Bauwerk				Stichwörter zum Versagen	Pers.-sch.	Einsturz Zustand	Quellen
		Zweck, Art	Land	Ort	Daten				
3.36	1987	Dachkonstruktion der Halle 11 der Deutsche Messe AG Hannover	Deutschland	Hannover		Bruch eines Kragarmanschlusses nach Erhöhung der ständigen Last und wegen Schneeverwehungen (s. Abschn. 3.2.1.8)	0	Schaden	Eigenes Gutachten Bild 3.7
3.37	1997	University Arena, Überdachung des kreisförmigen Stadions mit rd. 8500 Plätzen mit bogenförmigen Spannbetonbindern, gespannt zwischen Druckring im Zentrum und Zugring außen am Kopf der Tribünen	USA	Virginia		Sperrung wegen Bruch von 30 der 670 Drähte $\varnothing$ 4,8 mm im Zugring. Ursache Korrosion	0	Kein 33 J. in Betrieb	ENR 1998, 31.08., 16
3.38	1997	Kirche, Holzrahmen	USA	Ranburne, Alaska		Vermutlich Einsturz wegen zu geringer Seitenaussteifung und zu großer Windlastabminderung für Montagezustand (s. Abschn. 3.2.3.4)	7 V	Total Im Bau	ENR 1997, 16.06., 8 Bild 3.12
3.39	1998	Sporthalle, Stabgitterkonstruktion für schalenförmige Stahl-Glas-Kuppel	Deutschland	Halstenbek	Ellipse 46 × 28 Stich 4,6 max. Krümmungsradius 58	Einsturzursache nicht geklärt. Als Verfasser schließe ich nicht aus, daß es sich um ein Problem der Extrapolation (vgl. Band 1, Abschn. 11.3.1) handelt, möglicherweise in bezug auf die Ausführungsgenauigkeit oder auf die Rechenannahmen	0	Total Im Bau	Verschiedene pers. Informationen, Tagespresse

3.1 Tabelle 3, allgemeine Betrachtungen

Tabelle 3 (Fortsetzung)

Lfd. Nr.	Jahr	Bauwerk Zweck, Art	Land	Ort	Daten	Stichwörter zum Versagen	Pers.-sch.	Einsturz	Zustand	Quellen
3.40	1999	Gemeindezentrum, Holzdach	Deutschland	Duisburg	A = 150	Einsturz durch lokale Kiesanhäufung bei Erneuerung der Dachpappendichtung	4 T	Total	Im Bau	Tagespresse
3.41	2000	Schlittschuh-Arena für Olympiade 2002. 12 Seilbinder, aufgehängt an 33 m hohen Pylonen, Stich der Tragseile, ⌀ rd. 9 cm, rd. 18 m, Rückverankerung am Kopf von je 5 rd. 23 m tief eingerammten I-Stahlpfählen. „Untergurte" der Seilbinder 91 cm hohe I-Stahlträger	USA	Salt Lake City, Utah	l = 94	8 Bolzen, ⌀ 38 mm, an einer Rückverankerung des letzten der 12 montierten Seilbinder abgeschert. Ursache (noch) nicht geklärt	3 V	Teil	Im Bau	ENR 2000, 15. 05., 16
3.42		Wolf Trap Farm Outdoor Theater, 4 Kastenträger 1,8 m hoch, 0,43 m breit	USA	Washington	l = 40	Risse im 75 mm dicken Untergurt eines der 4 Träger führen zu großen Durchbiegungen. Ursachen: unvollständige Schweißnaht, Einschlüsse von Aluminium unbekannter Herkunft in der Naht, Bruch bei –22 °C	0	Kein Betrieb		Civ. Eng.

Tabelle 3 (Fortsetzung)

Lfd. Nr.	Jahr	Bauwerk				Stichwörter zum Versagen	Pers.-sch.	Einsturz Zustand	Quellen
		Zweck, Art	Land	Ort	Daten				
3.43		Nassau Coliseum, Fachwerkträger im Abstand von rd. 6 m, Zwängungen infolge Temperatur und Durchbiegung sollte durch Langlochanschlüsse, angeordnet an einem Ende, verhindert werden	USA	New York, Long Island	l = 61	Nachgiebigkeit der Langlochverbindung war durch Verwendung vorgespannter Schrauben ausgeschaltet. Schrauben waren auf den Zeichnungen nicht spezifiziert. Außerdem lagen Bolzen am Ende von Langlöchern bereits an, bevor eine Bewegung eingetreten war. Schließlich waren Langlöcher nicht in der Bewegungsrichtung, sondern geneigt dazu orientiert. Folge: Ausknicken eines planmäßig nicht gedrückten Stabes			
3.44		Bahnsteigüberdachung	Deutschland	Traunstein		Einsturz unter übermäßiger Schneelast	0	Total Betrieb	Tagespresse
3.45		Halle für Spielautomaten		Unbekannt	l = 49	(s. Abschn. 3.2.3.5)		Total Im Bau	Civ. Eng. 1999, Man/Aug. 77 Bild 3.13

3.2 Versagensgruppen oder Einzelfälle

3.2.1 Entwurfsfehler

Von den 16 Fällen werden 8 näher beschrieben.

3.2.1.1 Stadthalle Görlitz, Fall 3.1, 1908

Die 23,4 m weit gespannten Fachwerkträger haben in der Mitte 2,3 m Systemhöhe, an den Enden 1,84 m. Im Abstand von 1,95 m sind Pfosten und dazwischen abwechselnd fallende und steigende Diagonalen angeordnet. In der angegebenen Quelle beschreibt M. Foerster auch verschiedene Mängel der Konstruktion, auf die der Einsturz allerdings nicht zurückgeht.

Dieser wurde durch den Bruch von Knotenblechen, die gleichzeitig als Stoßbleche für die Untergurte dienten, verursacht. Die 10 mm dicken horizontalen Winkelschenkel der Gurt-Doppelwinkel erhielten dabei keine Stoßteile. So mußte (Bild 3.1) das 15 mm dicke Knotenblech die außermittig angreifende Gurtkraft U_2 und die ebenfalls außermittig angreifende Horizontalkomponente der Diagonalkraft D_3 aufnehmen. Für das 400 mm hohe Knotenblech in Bild 3.1 ergeben sich unter Berücksichtigung des Schraubenlochabzuges im Knotenblech für die ermittelten Einwirkungen für den Einsturzzustand nach elastischer Berechnung untere Randspannungen von rd. 380 N/mm². Diese lagen über der festgestellten Zugfestigkeit des Werkstoffes der Knotenbleche, die wahrscheinlich aus alten schweißeisernen Kesselblechen gewonnen waren.

In der Zusammenfassung des Berichtes heißt es u.a. „... so ist jedoch eine solche Konstruktion nicht einwandfrei, da sie gegen den wichtigen Grundsatz des Eisenbaus verstößt, den Stoß von durchgehenden Stäben genau den Einzelteilen des Querschnittes anzupassen, d.h. im vorliegenden Fall, waagerechte und senkrechte Flansche je für sich zu stoßen."

Die Ursache des Einsturzes ist wiederholt in der Lehre erläutert worden. Sie ist nachhaltig bei Normenregelungen beachtet worden, z.B. rd. 80 Jahre nach dem Einsturz in DIN 18 800 Teil 1 von 1990 im Element 504 mit: „Die einzelnen Querschnittsteile sollen für sich angeschlossen oder gestoßen werden" und im Element

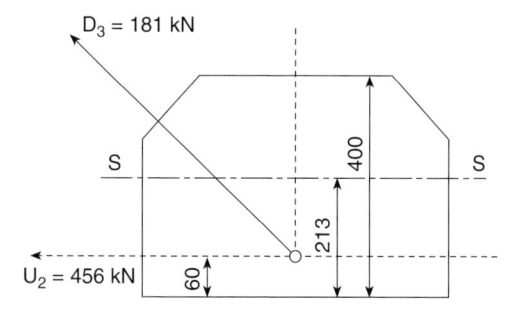

Bild 3.1
Stadthalle Görlitz, 1908, Fall 3.1
Knotenblech zur Aufnahme der Stabkräfte
U_2 und D_3

801 mit: „Die Beanspruchung von Verbindungen eines Querschnittsteiles soll aus den Schnittgrößenanteilen dieses Querschnittsteiles bestimmt werden."

3.2.1.2 Knickerbocker Theater, Washington, Fall 3.4, 1922

Die folgenschwere Katastrophe mit 97 Toten und rd. 100 Verletzten hat 1922 in den USA große Beunruhigung hervorgerufen, zumal zwei Monate zuvor das American Theater in Brooklyn eingestürzt war (hierüber habe ich keine weiteren Informationen bekommen können).

Es gibt mehrere einander widersprechende Vermutungen. Mit großer Wahrscheinlichkeit trifft folgende Erklärung zu:

Der rd. 17 m weit gespannte Hauptfachwerkträger der Dachkonstruktion (Bild 3.2) mit einem Untergurt aus 2 U-Profilen liegt auf der Nordseite auf einem I-förmigen Auflagerträger auf der rd 11 m hohen, 30 m langen und 45 cm dicken gekrümmten Wand aus Hohlziegeln ohne Pfeilervorlagen. Infolge der Schiefe der Auflagerung führt eine Durchbiegung des Hauptfachwerkträgers zu einer Exzentrizität der Lastübertragung in bezug auf den Fachwerkträgeruntergurt. Dieser versagt unter der zu übertragenden Kraft von 500 kN, indem er schließlich lokal einknickt.

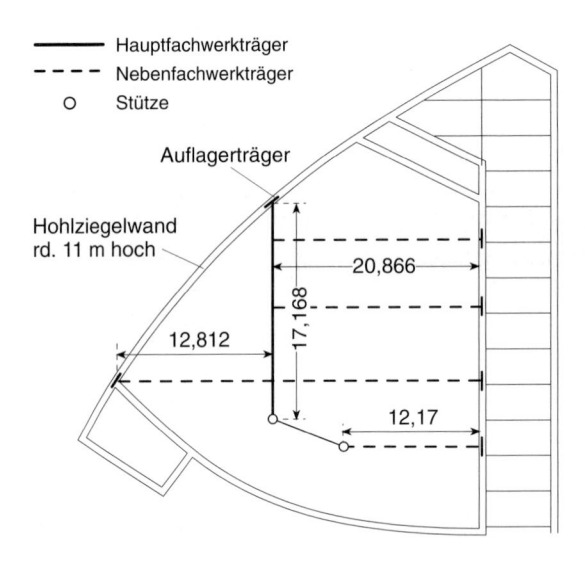

Bild 3.2
Knickerbocker Theater, Washington, 1922, Fall 3.4
System der Dachkonstruktion

Es werden schwere Bedenken gegen den Entwurf und die Ausführung vorgebracht. Es wird festgestellt, daß eine tragende Wand aus Hohlziegeln in der ausgeführten Art den Regeln der Baukunst widerspricht. Auch der Fall 5 geht auf eine mangelhafte ausgeführte tragende Wand zurück. Daß der Fachwerkhauptträger 24 cm niedriger als geplant ausgeführt wurde, ist nur einer von mehreren Mängeln, die nachträglich festgestellt wurden.

3.2.1.3 Basketball-Arena, Midwestern University, Fall 3.12, 1969

Die Arena wird von 55 m weit gespannten, im gegenseitigen Abstand von 2,4 m angeordneten Fachwerkträgern überspannt, die auf Fachwerkquerträgern am Hallenrand liegen; diese geben ihre Kräfte auf Stützen in den Hallenecken ab.

Ursache für den Einsturz (Bild 3.3 a) ist die nicht berücksichtigte Exzentrizität des Schnittpunktes der Systemlinien von Obergurt und Enddiagonalen gegenüber der Querträgerachse (Bild 3.3 b). Sie führen für die Auflagerkraft A (= Resultierende aus Obergurtkraft O und Diagonalkraft D) zu Außermittigkeitsmomenten A · e, die von den Querträgern nicht aufgenommen werden konnten.

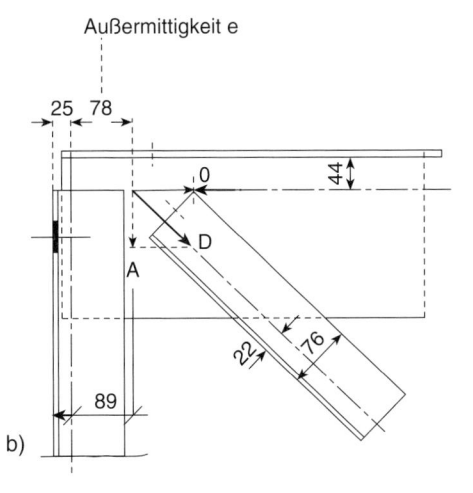

Bild 3.3
Basketball-Arena, Midwestern University, 1969, Fall 3.12
a) Tragwerk nach Montageeinsturz
b) Außermittige Lasteinleitung in Auflagerung der Fachwerkträger

3.2.1.4 Civil Center Coliseum, Hartford, Fall 3.16, 1978

Das Dach der 12 000 Menschen fassende Arena wird von einem dreilagigen Raumfachwerk, gelagert auf vier 26 m hohen Betoneinzelstützen, getragen (Bild 3.4b). Die Knoten bestehen aus zusammengeschweißten Blechen. Das rd. 10 000 m^2 große Dach versagte 6 Jahre nach seiner Errichtung unter mäßiger Schneelast (Bild 3.4a), 6 Stunden nachdem 5000 Menschen in der Arena ein Baseballspiel verfolgt hatten.

Abweichend von den Feststellungen der örtlichen Untersuchungskommission wird in [47] nachgewiesen, daß das Raumtragwerk als Gelenkfachwerk labil ist und dafür wegen der Singularität keine Stabkräfte berechnet werden können. Die Instabilität könnte durch den im Bild 3.4c gezeigten Randverband in Höhe des Obergurtes beseitigt werden. Es hätte auch andere Lösungen, z. B. durch Aktivierung der Scheibensteifigkeit des Daches, gegeben.

Der grundsätzliche Mangel des Systems ist wegen der scheinbar exakten Berechnung eines auch im Bereich der Knoten biegesteifen Tragwerkes unerkannt geblieben.

Die örtliche Untersuchungen stellen Unterschiede in der Planung und der Ausführung heraus (Bild 3.4c): die unplanmäßigen Exzentrizitäten führen an den Innenknoten zu einer Reduzierung der theoretischen Traglasten auf 58%, an den Randknoten sogar auf nur 28%. Es wird auch festgestellt, daß das Eigengewicht 20% größer als angenommen ist.

E. S. Ferguson berichtet in [10], S. 177, daß bald nach dem Einsturz des Hartford-Coliseums die Tragsicherheit eines weiteren großen Hallendaches für ein Museum unter dem Eindruck der Katastrophe durch eine Probebelastung überprüft wurde. Der Architekt kritisierte diese 40 000 $ teure Maßnahme für das 3 Mio-$-Gebäude mit den Worten: „Es ist unüblich, eine Belastungsprobe dieser Größe durchzuführen, weil sie offensichtlich ziemlich teuer ist." Dabei ging es um 1,3% der Gesamtkosten, ein kleiner Betrag in Anbetracht berechtigter Sorge um die Sicherheit des Tragwerkes.

3.2.1.5 Junior High School, Waterville, Fall 3.18, 1978

Obwohl beim Versagen die halbseitige Schneelast etwa doppelt so groß wie die Regelschneelast war, wird der Fall wegen der Bemessung von Diagonalen und ihrer Anschlüsse für volle, aber nicht für halbseitige Schneelast bei Entwurfsfehlern aufgeführt. Um diesen Fehler solcher Art zu verhindern, verlangt DIN 18800 Teil 1 im Element 713 allgemein: „Ergeben sich lokal vergleichsweise geringe Beanspruchungen, muß geprüft werden, ob sich durch kleine Veränderungen des Systems oder Lastbildes größere Beanspruchungen oder solche mit anderem Vorzeichen ergeben."

3.2 Versagensgruppen oder Einzelfälle

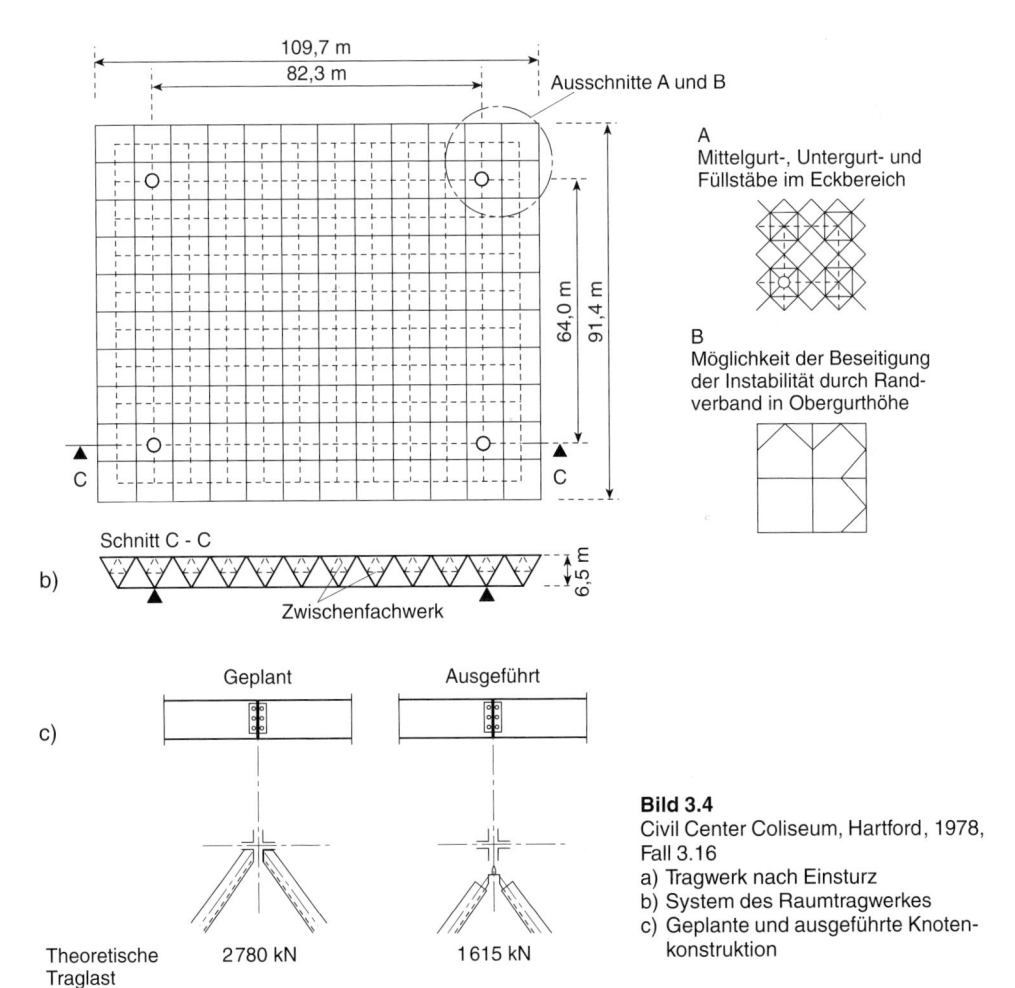

a)

109,7 m
82,3 m
Ausschnitte A und B

64,0 m
91,4 m

A
Mittelgurt-, Untergurt- und Füllstäbe im Eckbereich

B
Möglichkeit der Beseitigung der Instabilität durch Randverband in Obergurthöhe

b) Schnitt C - C
Zwischenfachwerk
6,5 m

c) Geplant — Ausgeführt

Theoretische Traglast: 2780 kN — 1615 kN

Bild 3.4
Civil Center Coliseum, Hartford, 1978, Fall 3.16
a) Tragwerk nach Einsturz
b) System des Raumtragwerkes
c) Geplante und ausgeführte Knotenkonstruktion

3.2.1.6 Crosby Kemper Memorial-Arena, Kansas City, Fall 3.19, 1979

Das Dach der Arena mit 17 600 Sitzplätzen wird von drei großen, außerhalb des Gebäudes liegenden Dreigurt-Rohrrahmen – lichte Weite 99 m, gegenseitiger Abstand 30 m, größter Rohraußendurchmesser 1,2 m – getragen. Sie sind beim Einsturz stehen geblieben (Bild 3.5 a). An diesen Hauptträgern sind die Fachwerkträger der sekundären Dachkonstruktion aufgehängt.

Die Aufhängung nach Bild 3.5 b verlangt zur Verbindung der 25-mm-Stirnplatte am unteren Ende der Aufhängungen und den auf den Obergurten der Fachwerkträger

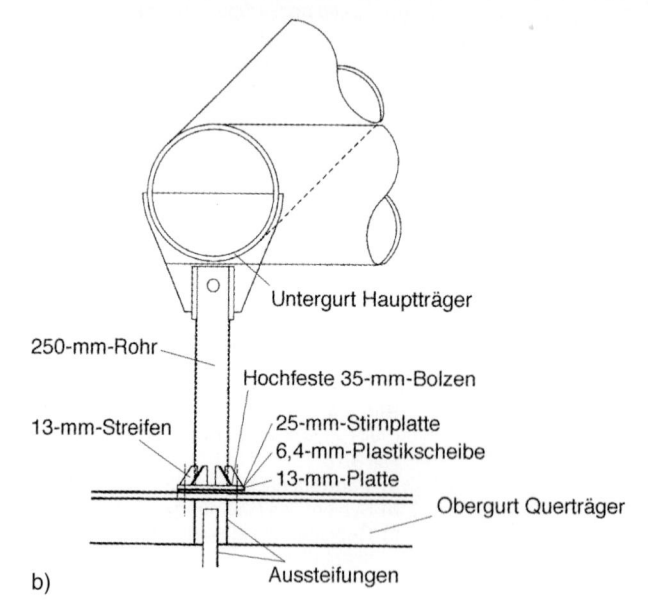

Bild 3.5
Mo's Kemper Arena Kansas City, 1979, Fall 3.19
a) Abgestürztes Dach
b) Ausbildung der Dachaufhängung

angeschweißten 13-mm-Platten je vier hochfeste, auf Zug beanspruchte 35-mm-Bolzen. Zwischen beiden Platten war aus nicht geklärten Gründen eine 6,4 mm dicke Plastikscheibe eingelegt worden.

Die hochfesten Bolzen der Stirnplattenverbindungen konnten wegen der Plastikscheibe nicht nennenswert vorgespannt werden. Sie sind damit sehr ermüdungsempfindlich gegen schwingende Beanspruchungen. Diese traten während der 5 Jahre zwischen Errichtung und Einsturz des Tragwerks infolge Windablösungen – wie die Untersuchungen ergeben haben – „mit vielen Zyklen" auf. Hinzu kamen Bolzenbiegebeanspruchungen aus Horizontalverschiebungen des Tragwerks infolge statischer Windlast.

Die ermüdungsgeschwächten Bolzen versagten schließlich bei einem Wolkenbruch mit 100 l Wasser/(qm und 30 min) und führten zum Totalabsturz der sekundären Dachkonstruktion.

Der Fall 3.19 wird wegen der empfindlichen Schraubenverbindung als entwurfsbedingt angesehen, obwohl letztlich ein Wolkenbruch mit ungewöhnlich großem Wasseranfall die Katastrophe auslöste.

3.2.1.7 Kongreßhalle Berlin, Hängedach, Fall 3.25, 1980

Die Kongreßhalle wurde 1957 gebaut. Bild 3.6a zeigt das Bauwerk und Bild 3.6b das Tragwerkskonzept.

Die Spannweite der Bögen beträgt 78 m, ihre Mittellinien liegen im Scheitel 61 m auseinander, das Bauwerk ragt rd. 26 m über das Gelände. Zum Entwurf ist mehrfach kritisch Stellung genommen worden, hier soll allein auf das Detail eingegangen werden, das letztlich Ursache für den Teilabsturz des Daches (Bild 3.6a) war.

Die beiden weit auskragenden Bögen am Gebäuderand werden durch Spannglieder in den Außendachplatten, die ihre Kräfte auf den Ringbalken und von dort auf den Innenbereich des Gebäudes (Innendach, Stützen) abgeben, rückverankert und damit im Gleichgewicht gehalten (Bild 3.6b).

In [48] wird über die Untersuchungen zur Schadensursache berichtet. Hier soll daraus unter Beschränkung auf die Hauptgründe kurz zusammengefaßt berichtet werden:

Das Versagen ist im Verhalten des Vordaches zu finden. Dabei handelt es sich nicht um eine Spannbetonkonstruktion, da die Spannglieder den weitaus größten Teil ihrer Kräfte nicht in den Beton des Vordaches einleiten, sondern gegen Bogen und Ringbalken verankert sind (Bild 3.6d). Das Vordach biegt sich unter Querlasten mit seinen Spanngliedern wegen seiner geringen Biegesteifigkeit ähnlich wie ein Zugseil durch. Durch die Einspannung entstehen an den Enden relativ große Knicke nicht nur aus veränderlichen Querlasten (Wind, Schnee) auf das Vordach selbst, sondern auch aus den Verformungen des Bogens infolge dieser Lasten und Temperaturänderungen sowie aus Kriechen und Schwinden.

64 3 Versagen von Hallen und Dächern

a)

Labels in diagram b):
- Außendachplatten
- Ringbalken
- Aussteifungsstreifen
- Bogen
- Ost
- Stützen
- Wände
- Zugband
- Widerlagerscheiben mit Fundamentplatten und Nebenfundamenten auf Pfählen
- West

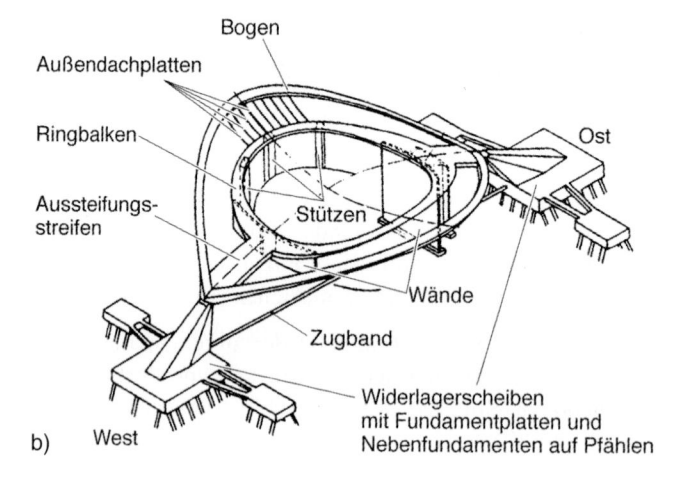

b)

Bild 3.6
Kongreßhalle Berlin, 1980, Fall 3.25
a) Bauwerk
b) Tragwerkskonzept
c) Schadensbild
d) Konstruktion im Bereich Bogen–Ringbalken

3.2 Versagensgruppen oder Einzelfälle

c)

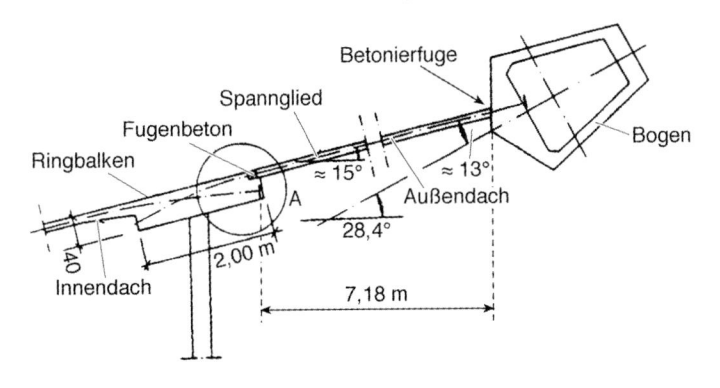

Betonierfuge, Spannglied, Fugenbeton, Ringbalken, Bogen, ≈ 15°, ≈ 13°, A, Außendach, 28,4°, 2,00 m, 40, Innendach, 7,18 m

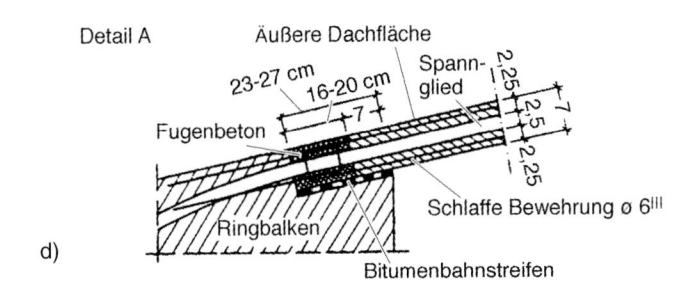

Detail A — Äußere Dachfläche
23-27 cm, 16-20 cm, Spannglied, 2,25, 2,5, 2,25, 7, 7
Fugenbeton, Ringbalken, Schlaffe Bewehrung ø 6^{III}, Bitumenbahnstreifen

d)

Im Laufe der 24 Jahre zwischen Errichtung und Absturz haben sich im Anschlußbereich infolge der Zwangsknicke der Betonplatten Quer- und Längsrisse gebildet. Die durch diese eindringende Feuchtigkeit führte besonders am tiefer liegenden Ringbalken zu Korrosion an den Spanndrähten. Die Spanndrähte mit ihren dadurch versprödeten Oberflächenbereichen ertrugen die Knicke aus Änderungen der Einwirkungen nur in begrenzter Anzahl und versagten schließlich. Der Ausfall weniger Spannglieder konnte zunächst noch durch andere aufgefangen werden. Nach Bruch von etwa 10 bis 13 Spanngliedern war dies nicht mehr der Fall und der Bogen stürzte ab (Bild 3.6 c).

Daher fassen die Gutachter in [48] die Ursache wie folgt zusammen:

Der Einsturz des südlichen Außendachs und Randbogens der Kongreßhalle in Berlin wurde durch konstruktive Mängel bei der Planung und Bauausführung der Außendächer und als Folge davon durch korrosionsbedingte Brüche ihrer den Randbogen tragenden Spannglieder verursacht.

Sie weisen auf Lehren hin, die aus diesem Versagensfall gezogen werden müssen, u. a.:

- Der Teileinsturz der Kongreßhalle war eindeutig die Folge einer ganz spezifischen Problematik dieses Bauwerks. Der Schaden entwickelte sich mittelbar aus einem durch gestalterische Randbedingungen erzwungenen inhomogenen und verwickelten Tragwerksentwurf, der unter einem qualitätsfeindlichen Termindruck ausgeführt werden mußte, hatte aber unmittelbar eine örtlich eng begrenzte Fehlerquelle.

- Als Folge dieses Schadens darf deshalb keinesfalls nach genaueren Berechnungen gerufen werden. Er betont vielmehr wieder die Wichtigkeit des aus einem transparenten Kraftfluß heraus entwickelten Tragwerksentwurfs und des konstruktiven Details. Dies gilt um so mehr, je empfindlicher die verwendeten Werkstoffe sind.

- In der täglichen Praxis darf es keinen Trennungsstrich zwischen Planung und Bauausführung geben. Die Ingenieure in der technischen Bauüberwachung müssen mit dem Entwurf, dem Kraftfluß und allen konstruktiven Details des jeweiligen Bauwerks eng vertraut sein. Es ist schlimm, daß häufig nur die Übereinstimmung der Ausführung mit den Plänen überprüft wird. Eine optisch gleiche Abweichung kann einmal völlig unbedeutende, ein andermal fatale Folgen haben, und mancher Planungsmangel kann durch die Anschauung vor Ort noch entlarvt werden.

- Bauwerke sind keine Maschinen, die erst in Serie gehen, wenn sie den Prüfstand überlebt haben. Jedes einzelne ist ein Prototyp, und keines gleicht dem anderen. Ihre Sicherheit und Qualität können deshalb nicht allein durch Normen und Vorschriften gewährleistet werden, sondern letztlich nur durch die Sorgfalt und das Qualitätsbewußtsein aller Beteiligten. Dafür muß man sie aber von übergroßem Zeit- und Kostendruck befreien.

3.2.1.8 Dach einer Messehalle, Hannover, Fall 3.36, 1987

Die zur Längsachse symmetrische, 140,8 m breite Messehalle 11 der Deutschen Messe Hannover hat 62,5 m breite Seitenfelder und ein 15,8 m breites Innenfeld (Bild 3.7a). Das Dach wird von statisch bestimmt gelagerten Fachwerkträgern, die im gegenseitigen Abstand von 6,25 m angeordnet sind, getragen. Die Träger kragen in das Innenfeld 5,30 m aus und tragen dort ein großes Raupenoberlicht (Bild 3.7a und b).

Nach der Arbeitspause zu Weihnachten/Sylvester 1986/87 wurde festgestellt, daß die Berandung des Oberlichtes in einem Bereich nicht mehr gerade war. Man erkennt dies im Bild 3.7b vorn links. Die Ursache dafür war ein Abreißen von zwei Stirnplattenanschlüssen für den Obergurt oberhalb der Innenstütze auf der Innenfeldseite.

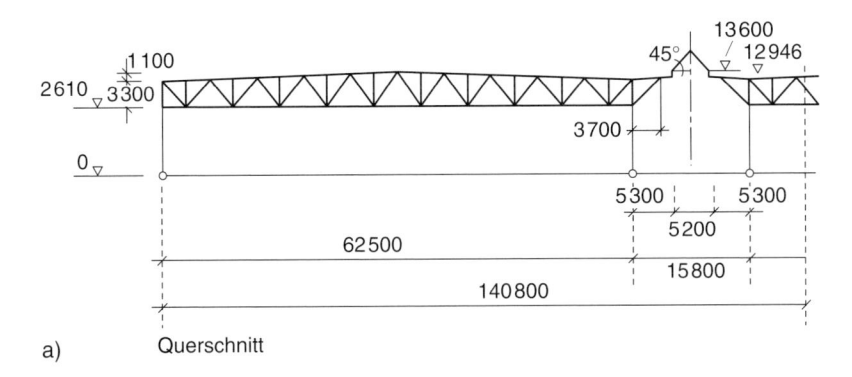

Bild 3.7
Messehalle Hannover, 1987, Fall 3.36
a) Hauptträgersystem
b) Oberlicht von Innen nach Eintritt des Schadens
c) Messerartiges Einschneiden von Setzbolzen in das Dachtrapezblech

Die Untersuchungen ergaben:

- Das Versagen der Schraubenanschlüsse ist zum einen auf deren unzureichende Bemessung zurückzuführen, da eine größere Erhöhung der ständigen Lasten durch nachträgliche Änderung der Bauwerksplanung (Einbau schwerer Glasspiegeltafeln in die Oberlichter) im Gegensatz zu anderen Detailnachweisen hier nicht verfolgt wurde.

- Zum anderen hatten ergiebige Schneefälle an drei Tagen ab Sylvester zusammen nicht nur im Mittel 51 cm Neuschnee und dazu noch 37 mm Regen gebracht, sondern Verwehungen hatten auch zu großen Lastkonzentrationen im Schatten der Oberlichter geführt. Sie wurden unmittelbar am Oberlichtrand mit maximal 80 cm Höhe und rd. 4 m davon entfernt mit 30 cm und die Schneerohwichte mit 2,8 kN/m^3 abgeschätzt. Damit waren die Schneelasten, die zu Beanspruchungen des Stirnplattenanschlusses führten, erheblich größer als die ohne Verwehungen angesetzte Regelschneelast mit 0,75 kN/m^2.

Der Schaden wird hier Entwurfsfehlern zugeschrieben, da auf der einen Seite die Erhöhung der ständigen Last nicht bei allen davon betroffenen Bauteilen berücksichtigt und auf der anderen Seite mögliche Schneeverwehungen hinter den etwa 3 m hohen Oberlichtern nicht verfolgt wurden. Hinzu kommt, daß Außermittigkeiten im Anschluß nicht berücksichtigt wurden.

Es ist interessant, warum die beiden Kragarme nicht abgestürzt sind. Der Obergurtstab des Fachwerks wurde durch das auf Zug aktivierte Trapezblech der Dachhaut ersetzt, indem sich nebeneinander eine ausreichende Anzahl von Setzbolzen auf den Pfetten bis zu rd. 15 cm weit messerartig in das Blech einschnitten (Bild 3.7c).

3.2.2 Fehler in der Ausführung

3.2.2.1 Garagen-Flachdecke in Manhattan, Fall 3.8, 1962

Eine 15 m weit gespannte, 41 cm dicke Rippendecke trägt über einer Tiefgarage 0,92 m Erdauflast. Vollbetonstreifen sollten sich auf einem 25 cm breiten Kragen abstützen (Bild 3.8). Entsprechend war der Durchstanznachweis geführt worden.

Die Angaben auf den Zeichnungen waren nicht eindeutig, so daß der Kragen nicht ausgeführt wurde, die Durchstanzfläche wurde deutlich kleiner. Der Einsturz erfolgte durch Schubbruch. Er wurde mit verursacht durch Vergrößerung der Erdlast infolge Durchfeuchtung wegen nicht funktionierender Entwässerung.

In den amerikanischen Berichten wird ein ähnlicher Fall erwähnt: Einsturz einer Rippendecke, weil im Bereich eines Vollbetonstreifens auf einer Seite einer Stütze eine in den Sicherheitsnachweisen nicht berücksichtigte Aussparung für eine Entwässerungsleitung vorhanden war. Auch das führte zu einem Schubbruch wegen Reduktion der Durchstanzfläche.

3.2 Versagensgruppen oder Einzelfälle

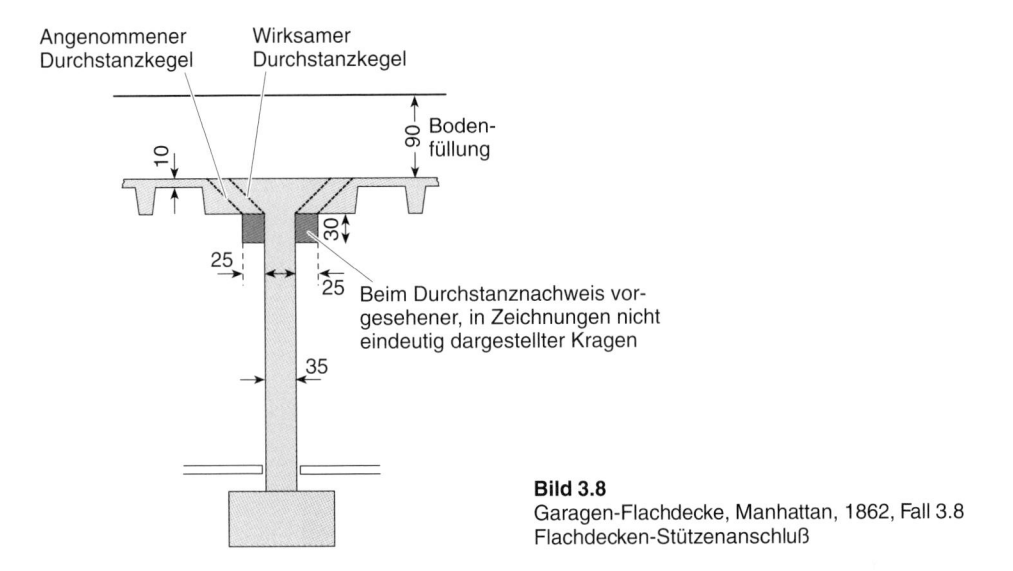

Bild 3.8
Garagen-Flachdecke, Manhattan, 1862, Fall 3.8
Flachdecken-Stützenanschluß

3.2.3 Fehler bei der Ausführung (Montageunfälle)

3.2.3.1 Stahl-„Dom", Kingsdom, Fall 3.10, 1966

Nach Montage von 15 der 24 zur stützenfreien Überdachung einer Kreisfläche, $\varnothing$ = 91 m, radial angeordneten Träger zwischen dem – für die Montage durch eine Holzkonstruktion gestützten – Zentralring und dem außen auf Betonstützen gelagerten Zugring brach die gesamte Konstruktion zentralsymmetrisch unter Verdrehen des Druckringes ein (Bild 3.9 a). Ursache: Versagen des Abstützturmes. Es wird vermutet, daß die Konstruktion allein deswegen nicht eingestürzt wäre und daß erst ein nachfolgender Seitenstoß auf einen Träger durch einen Kran das „Korkenzieher"-ähnliche Versagen auslöste. In Bild 3.9 b ist ein anderer ähnlicher Montageunfall, hier bei einer Holzkonstruktion, wiedergegeben. Beide veranlassen zu dem an sich selbstverständlichen Hinweis, daß die Stabilität hinsichtlich aller Ausweichmöglichkeiten – hier des Verdrehens des Druckringes im Zentrum – untersucht werden muß.

3.2.3.2 Halle der Neuen Messe Düsseldorf, Fall 3.11, 1967

Für die Dachkonstruktion zur Erweiterung der Neuen Messe in Düsseldorf waren im Grundriß quadratische Raumtragwerkseinheiten mit 30 m Kantenlänge vorgesehen. Die Knoten waren Stahlkugeln, an die jeder Stab mit einem zentrisch angeordneten Bolzen angeschlossen wurde. Das Tragwerk entsprach der Packung „Halboktaeder-Tetraeder", d. h. Obergurte und Untergurte waren parallel zueinander angeordnet und um ein halbes Raster gegeneinander versetzt. Da die Dachelemente doppeltsymmetrisch waren, konnten sie mit zwei an einander diagonal gegenüberlie-

Bild 3.9
Versagen infolge Instabilität in bezug auf Verdrehen
a) Stahl-"Dom", Kingsdom, 1966, Fall 3.10
b) Holz-„Dom", Louisiana, 1964 (nach [12], Seite 432)

genden Ecken angeordneten Kränen (Bild 3.10b) angehoben werden. Dabei wurden sie mit leichten Leinen von Hand in der Waage gehalten.

In der Ecke war die Struktur nach Art eines Dreibocks statisch bestimmt (Bild 3.10a), die Untergurte erhielten beim Anheben Zugkräfte. Gleich nach dem Freiheben eines Elementes riß der Bolzen eines Untergurtstabes aus dem Eckknoten heraus (Bild 3.10c), und das Tragwerk stürzte auf den Boden.

3.2 Versagensgruppen oder Einzelfälle

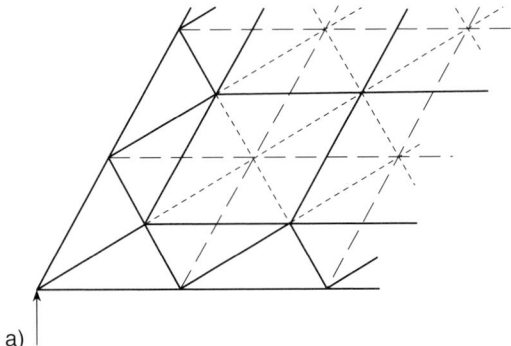

Bild 3.10
Neue Messe Düsseldorf, 1967, Fall 3.11
a) System an der Tragwerksecke
b) Anschlag des Kranhakens
c) Ausgerissener Bolzen M 33 eines Untergurtstabes

Ursache für das Versagen des Untergurtanschlusses unter den relativ kleinen Eigengewichtslasten der Stahlkonstruktion war die Verwechslung eines Bolzens: anstelle des mit einem Gewinde M 36 vorgesehenen wurde ein kleinerer M-33-Bolzen eingebaut. Man mag zunächst erstaunt sein, daß der Monteur das nicht bemerkt hatte. Da aber der Flankendurchmesser 33 mm für M 33 größer als der Kerndurchmesser 30,8 mm für M 36 ist, fällt die kleinere Schraube nicht in das Gewindeloch für die größere hinein, im Gegenteil, sie täuscht wegen der unterschiedlichen Ganghöhen nach einigen Umdrehungen festen Sitz vor.

Zugversuche mit M-33-Schrauben in M-36-Gewindebohrungen zeigten deutlich nacheinander das Abscheren der einzelnen Gewindegänge, indem die Versuchslast bis zu sechsmal auf etwa ein Sechstel der Traglast des M-33-Bolzens anstieg.

Die aus dem Vorfall sofort gezogene Lehre war folgende Ergänzung der Allgemeinen bauaufsichtlichen Zulassungen für Raumtragwerke mit Zentralbolzenanschluß:

Die Abstufung der verschiedenen Bolzendurchmesser in einem Bauwerk muß so erfolgen, daß der Gewindenenndurchmesser eines Bolzens kleiner ist als der Kerndurchmesser des nächstgrößeren. Deshalb dürfen innerhalb eines Bauwerks Bolzen mit folgenden Durchmessern nicht zusammen verwendet werden:

$$24 + 27,\ 27 + 30,\ 30 + 33,\ 33 + 36,\ 48 + 52\ \text{und}\ 52 + 56$$

Eine ähnliche Maßnahme hätte verhindert, daß bei der Montage einer Stahlhalle mit Zweigelenkrahmen die Eckstiele für die Seite mit einem auskragenden Vordach mit denen der anderen Seite ohne dieses verwechselt worden wären. Sie waren verschieden bemessen, hatten aber normierte Eckstöße. So waren auch die Schraubenbilder der Stirnplattenschlüsse der beiden Stiele an den Riegel gleich. Ein kleiner Unterschied bei der Anordnung nur einer Schraube hätte die falsche Montage nicht ermöglicht.

3.2.3.3 Stadion, Rosemont, Fall 3.20, 1979

Das Dach wird von 16 Stück 88 m weit gespannten, bogenförmigen, rd. 1,9 m hohen und 0,3 m breiten Brettschichtbalken getragen. 0,9 m hohe Holzpfetten sollten die Bögen stabilisieren. Das Dach stürzt kurz vor Fertigstellung ein (Bild 3.11).

Ursache: Im Montagezustand wurde zunächst in den Bogen-Pfetten-Verbindungen nur einer von drei Bolzen eingebaut, die anderen sollten nach Belastung der Pfetten und zwängungsfreiem Eintreten der Durchbiegungen von Bögen und Pfetten folgen. Beim letzten Bogen fehlten beim Einsturz außerdem mehrere Pfetten.

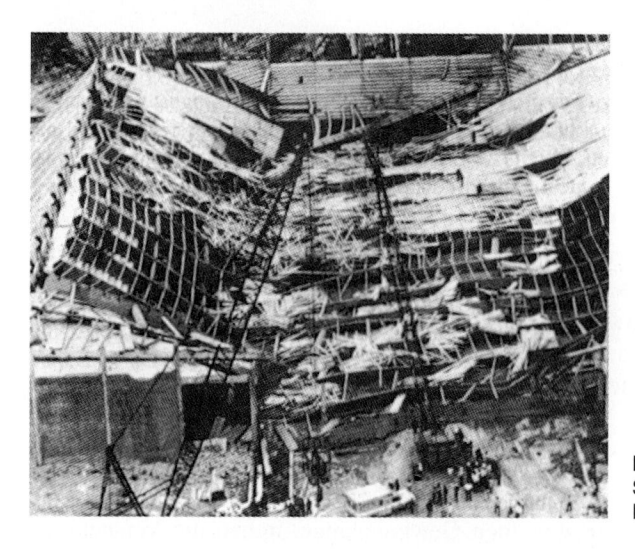

Bild 3.11
Stadion, Rosemont, 1979, Fall 3.20
Eingestürztes Dachtragwerk

3.2.3.4 Kirche, Holzrahmen, Ranburne, Fall 3.38, 1997

Von diesem Versagensfall bei der Montage wird hier lediglich mit Bild 3.12 das Ausmaß des Schadens gezeigt. Damit soll deutlich gemacht werden, welche Folgen das Fehlen ausreichender Seitenstabilisierung bei vielen nebeneinander liegenden Traggliedern haben kann.

3.2 Versagensgruppen oder Einzelfälle 73

Bild 3.12
Kirche, Ranburne, 1997, Fall 3.38
Eingestürzte Holz-Fachwerkbinder

3.2.3.5 Halle für Spielautomaten, Ort und Jahr unbekannt, Fall 3.45

Die einfeldrige Halle wurde durch 49 m weit gespannte Fachwerkbinder überspannt. Sie stürzte beim Bau ein (Bild 3.13), weil der Entwerfer keine ausreichenden Angaben zur Seitenstabilisierung gemacht hatte und diese daher auf der Baustelle mangelhaft blieb.

Bild 3.13
Halle für Spielautomaten, Fall 3.45

3.2.4 Überlastung durch Schnee, Wasser

Extreme Schneelasten in verschiedenen Regionen haben wiederholt Diskussionen über die Frage nach der Angemessenheit der Regelschneelasten nach den Baubestimmungen ausgelöst, z. B. in [50]. In Norddeutschland traf dies u. a. für die Winter 1978/1979 und 1986/1987 zu, neben anderen gehen die Versagensfälle 3.22 und 3.35 darauf ganz oder z.T. zurück.

Von der amerikanischen Ostküste wird in [51] berichtet, daß dort in der zweiten Hälfte des Januar 1978 bei Schneestürmen 79 größere Dachkonstruktionen versagt haben, der Fall 3.15 ist auch dadurch mitverursacht. In Engineering News Record wird sogar von 140 größeren Tragwerken und 700 bis 800 kleineren gesprochen. Es wird dort herausgestellt, daß vorwiegend leichte Dachkonstruktionen betroffen waren, also vor allem industriell vorgefertigte oder solche mit Leichtbaupfetten. Sie haben im Gegensatz zu schweren Dächern aus den Sicherheitsmargen für das kleine Eigengewicht keine stillen Reserven für übermäßige Schneelasten. In dem Bericht wird herausgestellt, daß in schneereichen Regionen unausgeglichenen Schneemassen infolge Tauen und Wiederfrieren, Schneeverwehungen und -rutschungen oft zu wenig Aufmerksamkeit geschenkt wird. Dazu gehören auch Verwehungen von hohen Gebäuden oder Gebäudeteilen auf niedrigere und Ablagerungen im Windschatten von Aufbauten, aber auch vor ihnen. Die Regelschneelasten der Codes gelten für ebene Dächer, auf unebenen Dächern kann sich dagegen Schnee lokal bis zum Mehrfachen der Regelschneelasten sammeln.

Die Versagensfälle 3.22, 3.29 und 3.33 belegen dies eindrucksvoll, zu zwei von ihnen werden nachfolgend genauere Angaben gemacht. Dazu gehören aber auch z. B. die Fälle 3.29 und 3.35 (s. Abschnitte 3.2.1 und 3.2.5).

3.2.4.1 Überseezentrum, Hamburg, Fall 3.23, 1979

Die Lagerschuppen des Überseezentrums in Hamburg bestehen aus vier 127 m und drei 84 m langen, hintereinander angeordneten, 74 m breiten Hallen (Bilder 3.14a und d). Alle Hallen werden durch zwei Reihen trapezförmiger, 37 m weit gespannter Stahlrohr-3-Gurt-Fachwerkbinder mit mittigen Satteldachoberlichtern überspannt. Letztere erstrecken sich bis rd. 5 m vor die Hallenenden.

An der 514 m langen Wasserseite der Hallen schließt sich ein über die Kaimauer hinausragendes Vordach an, dessen Tragkonstruktion auf der Hallenseite auf einer über das Hallendach hochgezogenen Betonabgrenzungswand zwischen Hallen- und Vordachbereich lagert (Bild 3.14d). Am Übergang der Hallen gegen das Vordach entsteht hierdurch für die Dachhäute ein Höhensprung mit senkrechtem Abschluß gegen das Vordach, der im First der Hallenbinder 0,95 m und an deren Traufen 3,25 m beträgt.

Starke Schneefälle im Abstand von einigen Wochen um den Jahreswechsel 1978/ 1979, in beiden Fällen mit starkem Wind in der in Bild 3.14a eingetragenen Richtung, führten zu starken Schneeverwehungen (Bild 3.14b). Diese waren über die gesamte Hallenfläche durch die Oberlichter bedingt, deren Firstlinie eine Abrißkante für den Wind bildete, so daß sich der Schnee im Windschatten ablagerte. Besonders große Schneehöhen gab es auf der Dachhaut der Lagerschuppen vor dem Vordach.

3.2 Versagensgruppen oder Einzelfälle

Innerhalb von einer Woche stürzten 30 Fachwerkbinder, alle unmittelbar am vordachseitigen Ende der Hallen, ein, maximal 4 Binder in einem Feld hintereinander (Bild 3.14c).

Unmittelbar danach wurden in den zwei nicht eingestürzten Bereichen vor dem Vordach folgende Schneehöhen und -lasten festgestellt:

– Schneehöhen vor der Abgrenzungswand örtlich bis 3 m
– Raumgewichtslast im Mittel 2,45, maximal 3,2 kN/m^3

Die Schneelasten wurden dadurch bestätigt, daß noch unter ihrer Wirkung in mehrere Fachwerkstäbe von drei Bindern Kugeln für Setzdehnungsmessungen eingeschlagen wurden und aus der Differenz der Messungen mit Schnee und nach dessen Abtauen die Stabkraftänderungen bestimmt werden konnten. Eine statische Berechnung für die ermittelte Schneelast lieferte für die Stabkräfte gute Übereinstimmung mit den gemessenen Stabkraftveränderungen. Zusätzlich wurden der Rückgang der Durchbiegungen durch Abtauen gemessen und mit den Rechenwerten für die ermittelte Schneelast verglichen; auch hierdurch wurde letztere bestätigt.

Alle Untersuchungen bestätigten, daß das Versagen der Dachbinder allein durch Überlastung der Konstruktion durch Schnee verursacht worden ist.

3.2.4.2 Silberdom-Stadion, Pontiac, Fall 3.34, 1985

Über dem 1975 errichteten, 40 000 m^2 großen Stadion befindet sich ein luftgetragenes Dach. Es wird durch ein Netz von Stahlseilen gehalten, die in einem Druckring am Außenrand des Bauwerkes verankert sind. Das Dach erhebt sich rd. 60 m über die Spielfläche und rd. 15 m über die Seilverankerungspunkte.

Das Dach hatte schon einmal ein Jahr nach Fertigstellung unter einem Tornado versagt. Der Einsturz im Jahr 1985 geschah nach einem starken Sturm, der große Mengen Schnee auf das Dach trieb. Die Last zerriß sieben von den 100 teflonbeschichteten Fiberglas-Feldern (Bild 3.15) und zerstörte zwei Fertigbetonbalustraden sowie ungefähr 1000 Sitze im Stadion. Das Dach hing danach rd. 30 m durch. Danach zerriß der Wind zusätzlich 18 Felder.

Das Dach war für Lasten aus Wind oder Schnee von 1 kN/m^2 entworfen. Auf dem Feld am Rand, das zuerst zerriß, lagen mindestens 2,1 m Schnee und Eis. Arbeiter hatten auf dem Dach gearbeitet, um die Anhäufung zu entfernen, aber „ihnen wurde kalt und sie gingen sich aufzuwärmen, bevor der Zusammenbruch erfolgte".

Es wird nicht ausgeschlossen, daß Bedienungsfehler das Versagen verursachten. Schnee und Eis werden normalerweise auf von Luft gestützten Dächern entfernt, indem die Temperatur im Raum und auch der Druck unter der Kuppel erhöht werden. Es bleibt offen, ob der Druck so hoch war wie er sein sollte. Der Betreiber geht dagegen davon aus, daß die Temperatur der Verkleidungen zur Zeit des Unfalls ungefähr 27 °C und der Druck um 0,5 kN/m^2 betragen haben.

An normalen sonnigen Tagen wurde der Druck auf 0,2 kN/m^2 gehalten.

76 3 Versagen von Hallen und Dächern

a)

b)

c)

3.2 Versagensgruppen oder Einzelfälle

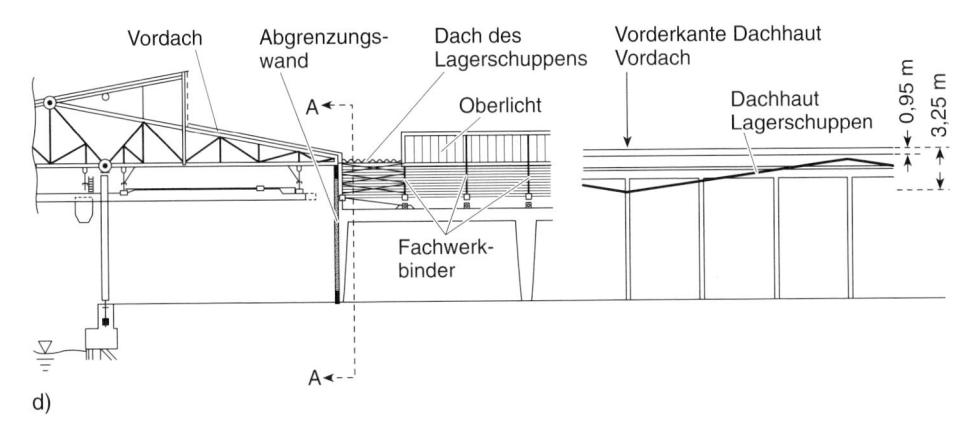

Bild 3.14
Überseezentrum, Hamburg, 1978, Fall 3.23
a) Übersicht, Luftaufnahme
b) Schneeverwehungen
c) Zerstörter Fachwerkbinder
d) Situation am Anschluß Lagerhalle gegen Vordach

Bild 3.15
Silberdom-Stadion, Pontiac, 1985, Fall 3.34
Abgesacktes Dach mit zerstörten Fiberglas-Feldern

3.2.5 Überlastung durch andere Einwirkungen

3.2.5.1 Eislauf-Arena, Squaw Valley, Fall 3.30, 1983

Das Dach der 1960 erbauten, 73 m breiten Halle wird zu beiden Seiten des Firstes von 91 m langen, 1,10 m hohen stählernen Kastenträgern getragen, die an 18 m hohen, am Hallenrand stehenden Pylonen zweimal aufgehängt sind (Bild 3.16a). Im First ist eine Dilatationsfuge angeordnet.

Das Dach wurde für eine Schneelast von ca. 2,5 kN/m² bemessen. Diese Annahme setzte eine intakte Schneeschmelzanlage voraus. Heute sind für die Region am Lake Tahoe Schneelasten von 12 kN/m² vorgeschrieben.

Bild 3.16
Eislauf-Arena, Squaw Valley, 1983, Fall 3.30
a) Gebäude vor dem Einsturz
b) Gebäude nach dem Einsturz

3.2 Versagensgruppen oder Einzelfälle   79

Eine nach einigen Jahren aufgebrachte Glasfiberschicht hatte neben dem zusätzlichen Gewicht auch einen Dämmeffekt gegenüber der automatischen Schmelzanlage, so daß nun der Schnee von Hand beseitigt werden mußte. Der Betreiber der Eishalle setzte hierfür einen Traktor ein. Die rauhe Oberfläche der Glasfiberschicht behinderte dabei das Wegschieben der Schneemassen, und es kam häufig zu Schneekonzentrationen, vor allem im Bereich der Auffahrtsrampe für den Traktor. Die tatsächlich vorhandenen Schneelasten werden auf 10 kN/m^2 geschätzt mit örtlich schweren Lastkonzentrationen.

Das Unglück (Bild 3.16b) ereignete sich, nachdem sich das Management kurz davor entschlossen hatte, das Stadion zu schließen, da man ein Durchhängen des Daches unter den Schneemassen beobachtet hatte. Daher gab es keine Verletzten oder Toten.

Der Fall 3.29 wird nicht unter Überlastung durch Schnee eingeordnet, da dies die Folge anderer Maßnahmen war.

3.2.6 Werkstoffversagen

3.2.6.1 Schwimmbad-Unterdecke, Uster, Fall 3.35, 1985 [52]

1,16 m unter der Ortbetondecke über der Schwimmhalle war eine 8 cm dicke Sichtbetondecke, ebenfalls aus Ortbeton aufgehängt, der Zwischenraum diente der Luftführung in der Halle. Der Werkstoff der Aufhängebügel $\varnothing$ 10 mm war der als „korrosionsfest" angesehene austenitische Chrom-Nickelstahl (alte Bezeichnung V2A-Stahl, heute präzise Werkstoff Nr. 1.4301). Von 207 vorhandenen Bügeln brachen 92 spröde (Bild 3.17b) und 14 zäh. Sie versagten 13 Jahre nach Inbetriebnahme wegen Spannungsrißkorrosion infolge eines sauren, chloridhaltigen Feuchtigkeitsfilmes, der sich durch die laufend abgeführte Luft auf der Metalloberfläche gebildet und zu lokalen Anfressungen geführt hatte.

Die 160 t schwere Unterdecke stürzte in das Schwimmbecken (Bild 3.17a) und erschlug 12 Menschen.

Die folgenschwere Katastrophe hat zu umfangreichen Untersuchungen und zu starken Restriktionen für die nichtrostenden Stähle geführt. Die verschiedenen Werkstoffe dürfen nach den heutigen Bauregeln (Allgemeine bauaufsichtliche Zulassung für „Edelstahl") in der Bundesrepublik Deutschland nur dann verwendet werden, wenn die ihnen zugeordnete „Widerstandsklasse für den Korrosionsschutz der für das Bauwerk zutreffenden „Anforderungsklassen für den Korrosionsschutz" entspricht. Sogenannter „nichtrostender" Stahl kann unter bestimmten Bedingungen eben doch korrodieren, die ausgewählte Stahlsorte muß daher zur Vermeidung von Mißverständnissen und Risiko auf jeden Fall zweifelsfrei mit der entsprechenden Werkstoff-Nummer bezeichnet werden.

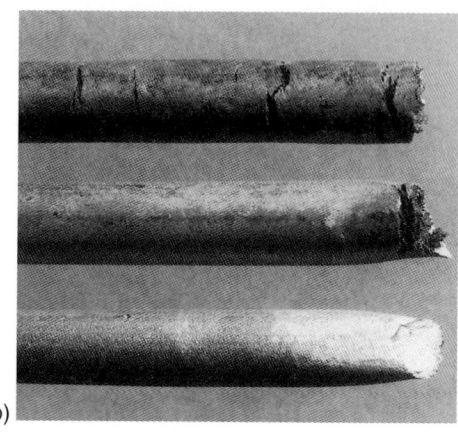

Bild 3.17
Schwimmbad-Unterdecke, Uster, 1985, Fall 3.35
a) Abgestürzte Unterdecke
b) Bruchbild eines Aufhängebügels

3.2.7 Mangelhafte Bauunterhaltung

3.2.7.1 Glashütte in Ungarn, Fall 3.22, 1979

Das Dach über den Öfen wird von 29 m weit gespannten Dreigelenkfachwerkträgern mit Zugband, gegenseitiger Abstand 6 m, getragen (Bild 3.18a) und hat im Firstbereich große Öffnungen zum Luftabzug. Die Diagonalen sind Rohre, die Obergurte Stahlbetondruckstäbe zusammen mit Stahlwinkeln $50 \times 50 \times 5$ und einer an die Stahlrohrknoten angeschweißten Platte 100×5, die Untergurte Stahlwinkelprofile und die Zugbänder Stahlvollrundstäbe (Bild 3.18b). Die Planung sah vor, daß der Obergurtbeton im Bereich der Lüftungsöffnung (Knoten 14 bis 20) mit 30 cm anstelle sonst 20 cm Breite ausgeführt wird.

Die 300 mm hohen Stahlbetonpfetten haben U-Querschnitt (Bild 3.18c), ihre Endbereiche sind massiv und so ausgebildet, daß sie direkt auf den Obergurten der Fachwerkträger liegen.

Jeweils in einer Betriebspause, in der der Staub beseitigt werden sollte, versagten 15 Jahre nach Errichtung im Abstand von 3 Monaten zwei Binder, im ersten Fall durch Sprödbruch des Zugbandes, im zweiten durch Bruch des Betonobergurtes 16–18. Als Ursache werden angegeben:

- mangelhafte Betonqualität (Schlamm in den Zuschlagstoffen, Nester im Obergurt, Risse wegen unzureichender Nachbehandlung),
- mit 20 cm Breite zu schmale Querschnitte der Betonobergurte im Bereich zwischen den Knoten 14 und 20,

3.2 Versagensgruppen oder Einzelfälle

– 130 mm zu hohe Lage der Zugbänder wegen Fehler bei den Aufhängungen,
– zu kleine Auflagerlängen der Pfetten, z.T. nur 30 mm, daher waren einige der Befestigungsschrauben (Bild 3.18 c) nicht eingebaut.

Der Fall wird hier in die Kategorie „Mängel in der Ausführung" eingeordnet, da diese unter den Ursachen dominieren. Es gab aber auch andere Fehler:

Im Entwurf:

- Die Betriebsstaublast war nicht berücksichtigt worden.
- Die im Betrieb bis 80 °C hohe Temperatur ebenfalls nicht, obwohl diese bei der 70 m langen Halle bei den Bindern im Hallenendbereich zu Seitenverschiebungen bis 20 mm führt.
- Für die Obergurte waren keine Verbundmittel zwischen den Stahlteilen und Beton vorgesehen.

In der Unterhaltung:

- Die Staublast von i. M. 3 cm und bereichsweise maximal 12 cm Höhe wurde nicht laufend geräumt.

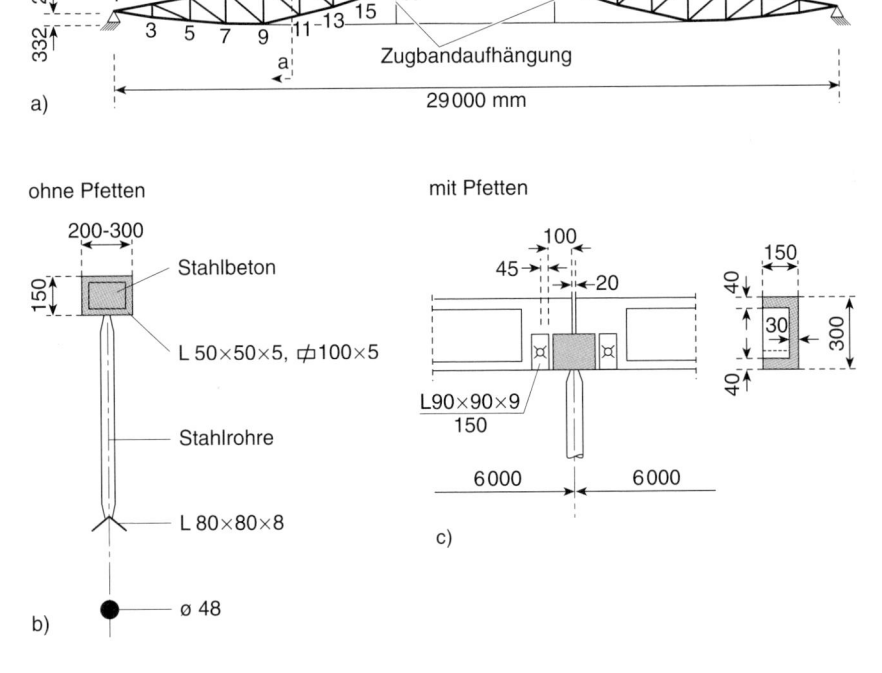

Bild 3.18
Glashütte, Dachtragwerk, Ungarn, 1979, Fall 3.22

Das Versagen wurde nach dem Untersuchungsbericht im 1. Fall wahrscheinlich durch Ausknicken des ohne Verbundmittel ausgeführten, durch Staublast und zu geringer Bauhöhe höher als geplant und durch die Seitenverschiebung exzentrisch beanspruchten Obergurtes 6–8 ausgelöst. Im 2. Fall versagte der Stab 16–18, der zusätzlich zu den zuvor genannten Mängeln zu schmal war.

3.3 Lehren

Außer aus den bei einzelnen Versagensfällen angegebenen Lehren kann man allgemein lernen:

- Aus dem Alter eines Bauwerkes auf dessen Tragsicherheit zu schließen, ist oft unberechtigt und kann gefährlich werden. Es muß vielmehr durch sorgfältige Überwachung der Bausubstanz verhindert werden, daß diese nicht unerkannt – vor allem auch nicht lokal – an Qualität verliert.
- Beim Tragsicherheitsnachweis sind alle Möglichkeiten von Schneeverwehungen, -rutschungen und damit -ablagerungen, auch durch Nachbargebäude bedingt, zu berücksichtigen. Das gilt auch für Staub, der sich auf Bauwerken ablagern kann.
- Räumen von Schnee oder Staub oder Abtauen von Eis darf nur dann unterstellt werden, wenn die dafür vorgesehenen Vorkehrungen (Einrichtungen, deren Aktivierung, ihr Betrieb) den gleichen Sicherheitsansprüchen gerecht werden, wie die Tragwerke selbst.
- Beim Tragsicherheitsnachweis sind die Bauzustände sorgfältig zu analysieren, und es ist dabei besonders für ausreichende Sicherheit gegen Instabilitäten zu sorgen.
- Alle die Tragsicherheit betreffenden Informationen müssen den Ausführenden eindeutig in einer Form bekannt sein, die für sie unmißverständlich sind. Zweifel daran müssen durch eine Bauüberwachung durch Personen, die das Tragwerk in allen Einzelheiten „verstehen", ausgeräumt werden.

4 Versagen von Hochbauten, außer Hallen

4.1 Tabelle 4, allgemeine Betrachtungen

In Tabelle 4 werden 30 Bauwerke für die Jahre 1909 bis 2000 erfaßt. Die Größe der Bauwerke, die Art des Versagens, die Folgen und die Ursachen sind sehr verschieden. Dennoch kann man etwa folgende allgemeine Aussagen machen:

Hauptversagensursache	Fälle nach Tabelle 4	Anzahl	Weiteres siehe Abschnitt
Entwurfsfehler, zum Teil mit Verletzung elementarer Grundregeln	1, 8, 10, 11, 12, 15, 17, 19, 24, 27	10	4.2.1
Mängel in der Ausführung	7, 9	2	
Fehler während der Ausführung (Montageunfälle)	2, 3, 4, 5, 6, 16, 20, 23, 25, 26	10	4.2.2
Grobe Fehler beim Umbau	13, 18	2	4.2.3
Überlastung durch Schnee, Wasser	14	1	4.2.4
Mangelhafte Bauunterhaltung	22	1	
Ungeklärt	21, 28, 29, 30	4	
Summe		30	

Die Dominanz von Fehlern im Entwurf und bei der Ausführung (jeweils 10 der 30 erfaßten Fälle) ist genau so bemerkenswert wie die Tatsache, daß im Betonbau 4 Einstürze (Fälle 4.5, 4.6, 4.8, 4.15) durch Durchstanzversagen verursacht oder mitverursacht worden sind.

Tabelle 4
Versagen von Hochbauten, außer Hallen
Abkürzungen siehe Abschnitt 1.3
Ferner in Spalte Daten: l = größte Spannweite, h = Höhe über Grund, A = Grundrißfläche, $\varnothing$ = Durchmesser, Vo = Volumen,
Dimension m, m², m³ oder m⁵, st = stöckig

Lfd. Nr.	Jahr	Bauwerk				Stichwörter zum Versagen	Pers.-sch.	Einsturz	Quellen
		Zweck, Art	Land	Ort	Daten				
4.1	1909	Gasbehälter, 3fach teleskopierbare Glocke, mit auf Betonfundament, $\varnothing$ 74 m, aufliegenden Radialbindern gestützt	Deutschland	Hamburg	Vo = 2·10⁵ $\varnothing$ = 58	Knicken von Stahlstützen unter dem Behälter wegen kritikloser Anwendung der Eulerformel, zusätzlich reduzierte Knicklänge angenommen und Zweiteiligkeit nicht angemessen berücksichtigt	20 T 50 V	Total Wenige Tage nach Inbetriebnahme	EB 1911, 178
4.2	1928	Stahlbetonbauten, u. a. in der Porič-straße	Tschechien	Prag		"Große Eisenbetonkatastrophe": offensichtlich auch durch zu kurze Zeiten für das Betonabbinden verursacht		Total Im Bau	BI 1928, 849 SB 1928, 231
4.3	1929	IG-Farbenhaus, Stahlskelett	Deutschland	Frankfurt	8st	Durch Fehlen eines Montageverbandes Einsturz bei einer Windböe. Verband sollte aus einem fertigen Teil des Skelettes ausgebaut und wiederverwendet werden	2 T 2 V	Total Im Bau	SB 1931. 4
4.4	1962	Schwesternhaus Rockaway, Tragwerk aus Mehrgeschoßrahmen und Betonfertigteildeckenplatten	USA	New York	8st	Im Montagezustand fehlte Aussteifung durch Mauerwerksscheiben in den Außenwänden, daher Einsturz bei mäßigem Wind (rd. 7 m/s) und starkem Regen	0	Total Im Bau	[9] 209
4.5	1970	Hochhaus	USA	Boston	17st	(s. Abschn. 4.2.2.1)	4 T 20 V	Teil Im Bau	[9] 67 Bild 4.5

4.1 Tabelle 4, allgemeine Betrachtungen

Tabelle 4 (Fortsetzung)

Lfd. Nr.	Jahr	Bauwerk				Stichwörter zum Versagen	Pers.-sch.	Einsturz	Quellen
		Zweck, Art	Land	Ort	Daten				
4.6	1973	Skyline Plaza Apartment Building, Ortbeton	USA	Fairfax County, Virginia	28st	(s. Abschn. 4.2.2.2)	14 T 34 V	Teil Im Bau	Concr. Intern. 1983, July, 35, [9] 62 Bild 4.6
4.7	1979	Colleg Physical Education Building	USA	Nassau	A = 6,5	Absturz eines Fassaden-Betonplatte, 1,8 m × 3,6 m, 4,5 t schwer, von 2. Geschoß auf Fußweg. Ursache entweder Materialfehler oder inkorrekter Einbau	0		ENR 1979, 29.03., 11; 23.08., 11–12
4.8	1981	Verwaltungsbau, 5stöckig	USA	Cocoa Beach, Florida	l = 8	(s. Abschn. 4.2.1.1)	11 T 23 V	Total Im Bau	BI 1982, 450; [9] 72 Bild 4.1
4.9	1981	Decke in einer dreistöckigen Garage	USA	Houston	l = 18	T-förmiger Fertigteilträger stürzt wegen Versagen der 20-cm-Auflagernase mit 8 m breitem Plattenbereich ab. Ursache: wegen fehlender Kontrolle nicht erkannter, bei der Fertigung oder beim Transport entstandener Riß	0	Teil 3. J. in Betrieb	ENR 1981, 27.08., 26
4.10	1981	Betondecke in der einstöckigen Zion Luther Kirche. Decke aus vorgespannten 20-cm-Hohlplatten mit 7 cm Aufbeton; auf einer Seite gestützt auf einem 24 m langen I-Träger.	USA	Ainsworth, Nebraska		Mit Decke stürzen 200 Personen 3 m tief ab. Ursache: Knicken einer der drei Stahlrohrstützen	17 V	Betrieb	ENR 1981, 05.11., 13

Tabelle 4 (Fortsetzung)

Lfd. Nr.	Jahr	Bauwerk Zweck, Art	Land	Ort	Daten	Stichwörter zum Versagen	Pers.-sch.	Einsturz	Quellen
		Dieser liegt an den Enden auf Betonstützen und in der Mitte und etwa in den Viertelspunkten auf schlanken Stahlrohrstützen, Außen-Ø 76 mm							
4.11	1981	Great Ormond Street Kinderkrankenhaus	England	London	10st 60 × 30	Verformungen und Risse in einem neuen Flügel des Krankenhauses veranlaßten Nachprüfung. Sie ergab, daß die Auflagerkragen für die Deckenplatten an den Stützen infolge Verwechslung der Gewichtes in t mit einer Last in kN nur auf 10% der Lasten bemessen waren. Die Überprüfung ergab weitere, die Standsicherheit gefährdende Mängel	0	Kein	ENR 1981, 27.08., 40
4.12	1983	Mehrgeschoßbau	USA	St. Louis	10st	Gemauerte Giebelwand vermutlich bei Blitzeinschlag wegen Fehlens eines Blitzableiters abgesprengt und eingestürzt		Betrieb	ENR 1983, 04.08., 12
4.13	1983	Apartementhäuser	Ägypten	Kairo und Alexandria		Wildes Aufsetzen weiterer Stockwerke führt zur Überlastung der vorhandenen Bauten, in Kairo 4 anstelle der 2 genehmigten und in Alexandria sogar 6 anstelle von 1 und in Kairo 10 anstelle von 6 bei einem Neubau. Es wird über weitere derartige Fälle mit zusammen 1400 Toten oder Verletzten in einem Jahr berichtet	36 T 26 V		ENR 1983, 08.09., 16

4.1 Tabelle 4, allgemeine Betrachtungen   87

Tabelle 4 (Fortsetzung)

Lfd. Nr.	Jahr	Bauwerk Zweck, Art	Land	Ort	Daten	Stichwörter zum Versagen	Pers.-sch.	Einsturz	Quellen
4.14	1987	Lagerhalle, Haupttragwerk: stählerne Zweigelenkrahmen	Deutschland	Bad Lauberg	I=20	Halle stürzt unter außergewöhnlich großer Schneelast ein (s. Abschn. 4.2.4.1)	0	Total 16 J. in Betrieb	SB 1987, 218 Bild 4.8
4.15	1987	Apartementhaus L'Ambiance Plaza, Errichtung im Hubplattenverfahren	USA	Bridgeport, Connect.	16st	(s. Abschn. 4.2.1.2)	28 T ?? V	Im Bau	[9] 78, Bild 4.2
4.16	1987	Zuschauertribüne für Husky-Stadion. 9 hintereinander stehende Tribünenquerrahmen aus Stahlrohren und -walzprofilen, 15 Stockwerke hoch	USA	Seattle		Versagen hing von einer Verbindung zwischen auskragenden Dachbinder und der Unterkonstruktion aus. Der Schaden wurde vermutlich dadurch ausgelöst, daß am Vortag infolge Bruch einer Huböse ein etwa 2,70 m × 15,2 m großes Tribünenstück aus dem Kran auf einen der Querrahmen fiel und Bauteile beschädigte. Zum Zeitpunkt des Einsturzes sorgten für die Standsicherheit Abspannseile; Aussteifungen und Stöße waren z.T. nicht verschweißt	0		SB 1987, 284 Bilder 4.9
4.17	1993	2stöckiges Post Office	USA	Chicago		Teile der Stahlrahmenkonstruktion stürzen bei Montage ein. Ursache: Versagen von Schrauben in einem Anschluß, in dem Riegel auf den abstehendem Schenkel eines mit dem anderen Schenkel an den Stützenflansch angeschraubten Winkelprofils aufgelagert werden	2 T 5 V	Im Bau	ENR 1993, 15.11., 9

Tabelle 4 (Fortsetzung)

Lfd. Nr.	Jahr	Bauwerk Zweck, Art	Land	Ort	Daten	Stichwörter zum Versagen	Pers.-sch.	Einsturz	Quellen
4.18	1993	Royal Plaza Hotel	Thailand	Bangkok		Durch 2malige Aufstockung des zunächst 6stöckigen Baus wird dessen Tragkraft erschöpft (vgl. Abschn. 4.2.3.1)	137 T 227 T		Struct. Eng. Int. 1995, Nr. 2, 55 Bild 4.7
4.19	1995	Olympia-Station, Beleuchtungsturm im Tribünenbereich	USA	Atlanta		(vgl. Abschn. 4.2.1.3)	1 T	Teil Im Bau	BI 1996. 94; SB 1997, 46; ENR 1995, 14.10., 10 Bild 4.3
4.20	1996	Coca Cola Fabrik	Phillippinen	Manila		Mehrere Fachwerkträger versagen beim Einbau. Ursache nach Bildeinsicht: Fehlen von Seitenaussteifungen in der Bauphase	7 T 20 V	Total Im Bau	ENR 1996, 27.05., 5
4.21	1996	Wassersport-Zentrum. Temporäres Dach für 10000 Zuschauer der Olympischen Spiele	USA	Atlanta	$l = 53$ $A = 5100$	Fachwerkträger, auf einer Seite auf permanenter Konstruktion, auf der anderen auf 40 m hohen Stützen gelagert, versagen bei Montage des 2. von insgesamt 11 Trägern. Ursache unklar		Teil Im Bau	ENR 1996, 01.04., 11
4.22	1997	Balkonabsturz in einem historischen Gebäude der Universität von Virginia	USA	Virginia	$l = 5$	Balkon stürzt infolge Korrosion einer Aufhängestange 4 m ab. Stange seit Errichtung des Bauwerkes im Jahr 1822 vermutlich ausgewechselt	1 T 18 V	Im Betrieb	ENR 1997, 09.06., 9
4.23	1997	Glockenturm des Dr. Pepper Baus	USA	Dallas		2. Unfall des Abbruchunternehmers innerhalb einer Woche, hier bei einem Glockenturm (1. Unfall mit 3 Toten)	1 T	Beim Abbruch	ENR 1997, 17.02., 10

4.1 Tabelle 4, allgemeine Betrachtungen

Tabelle 4 (Fortsetzung)

Lfd. Nr.	Jahr	Bauwerk Zweck, Art	Land	Ort	Daten	Stichwörter zum Versagen	Pers.-sch.	Einsturz	Quellen
4.24	1998	Wohnhaus in Holzbauweise, 2geschossig	Deutschland	Nordr.-Westfalen		Einsturz 2 Tage nach Richtfest beim Dacheindecken. Statische Untersuchungen haben den Bauzustand nicht erfaßt. Zusammentreffen mehrerer Ursachen wie Fehlen einer Stütze im Bauzustand, Giebelstützen mit anderen Abmessungen und anderem Werkstoff als geplant, mangels ausreichender Angaben in den Unterlagen unzureichende Ausbildung der Deckenscheibe über dem Erdgeschoß	0	Total Im Bau	BI 1999, 527
4.25	2000	Einbau eines Wärmerückgewinners in ein Kraftwerk	USA	Milford, Connect.		Stahlrahmen versagt, nachdem Monteure temporäre Aussteifungsdiagonalen entfernt hatten. Konstruktion bringt darauf einen zum Einsturz	2 T 2 V	Teil Im Bau	ENR 2000, 14.02., 14

Weitere Fälle ohne präzise Angaben, z.T. auch ohne Angabe von Zeit und Ort

| 4.26 | | Vorgespannte Gründungsplatte für ein 5stöckiges Gebäude, 92 cm dick | USA | Washington | | Beim Vorspannen hebt sich Platte bereichsweise an und bricht | 0 | Teil | [9] 164 |
| 4.27 | | Wohnhaus | Unbekannt | | 4st | (s. Abschn. 4.2.1.4) | | Teil | Civ. Eng. 1999, May, 73 Bild 4.4 |

Tabelle 4 (Fortsetzung)

Lfd. Nr.	Jahr	Bauwerk				Stichwörter zum Versagen	Pers.-sch.	Einsturz	Quellen
		Zweck, Art	Land	Ort	Daten				
4.28	1911	Mehrgeschoßbau	USA	Ohio		2 Tage nach Ausschalen eingestürzt. Zwei Ursachen möglich: Beton wegen kalter Jahreszeit nicht ausreichend erhärtet oder Decke mit 6 m weit gespannter Platten mit 20 cm Dicke zu schlank.			
4.29	1986	Hotel New World	Singapore	Singapore	4st	Zusammenbruch ohne Vorankündigung		Total	Proc. Intn. Civ. Eng. 114, (1996) May, 73-80 Bild 4.10
4.30	1997	Byscane Kennel Club	USA	Miami		Einsturz beim Abbruch. Ursache unbekannt	2 T		ENR 1997, 09.06., 10

4.2 Versagensgruppen oder Einzelfälle

4.2.1 Entwurfsfehler

Über 4 Fälle wird genauer berichtet.

4.2.1.1 Verwaltungsbau, 5stöckig, Cocoa Beach, Fall 4.8, 1981

Das 5stöckige, 74 m lange und 18 m breite Verwaltungsgebäude wurde in Ortbeton hergestellt (Bild 4.1a). Die rd. 20 cm dicken und in einer Richtung 8,43 m weit gespannten Betonplatten wurden als Flachdecken von ungewöhnlich kleinen Stützen 254/457 getragen. Der Rohbau war fast fertig, Arbeiter waren dabei, noch kleine Teile der Decke über dem 5. Stockwerk zu betonieren, als der Totaleinsturz erfolgte (Bild 4.1b), ausgehend vom Durchstanzversagen der Platte im Bereich des Kopfes einer Innenstütze über dem 4. Stockwerk.

Hauptursache für den Einsturz ist Unvollständigkeit des Nachweises der Tragsicherheit, denn für die bei der Planung des Gebäudes gewählte Plattendicke von 20 cm wurde kein Durchstanznachweis geführt. Er hätte nach den Baubestimmungen auf eine Mindestdicke von 28 cm geführt. Daher wird der Versagensfall als entwurfsbedingt eingeordnet.

Zusätzlich wurden folgende Mängel festgestellt:

- Die Abstützungen auf Decken unter den zu betonierenden entsprachen nicht den Regeln, vielmehr wurden Schalung und Schalungsstützen zu früh entfernt.
- Bei der Herstellung der Decken wurden zu niedrige Abstandshalter für die Oberbewehrung verwendet, dadurch wurde die Betondeckung von 1,9 cm auf 4,5 cm vergrößert und damit die statische Nutzhöhe mit 2,5 cm um mehr als 15% verkleinert. Auch dieser Fehler geht in den Widerstand gegen Durchstanzen ein.
- Im Bereich des primären Versagens war auf dem Dach Beton gelagert. Dadurch wirkten über die Abstützungen im 4. Stockwerk größere Lasten auf die darunter liegende Decke, die sie nach dem Ausbau der Schalungsstützen allein tragen mußte.

In [9] wird berichtet, daß schon während des Baus große Durchbiegungen der Platten und spinnenartige Risse in der Umgebung der Stützen auftraten. Diese wurden nicht als Warnungen für Schwächen des Tragwerkes beachtet.

4.2.1.2 L'Ambiance Plaza Appartementhaus, Bridgeport, Fall 4.15, 1987

Das Tragwerk besteht aus zwei miteinander verbundenen rechteckigen Türmen (Ost und West), jeder ungefähr 35 m × 19 m groß (Bild 4.2a). Es war für die Errichtung im Hub-Decken-(= Lift-Slab-)Verfahren mit Stahlstützen und vorgespannten Betonplatten entworfen worden.

Bild 4.1
Verwaltungsbau, 5stöckig, Cocoa Beach, 1981, Fall 4.8
a) Bauwerk kurz vor dem Einsturz
b) Bauwerk nach dem Einsturz

4.2 Versagensgruppen oder Einzelfälle

Die 18 cm dicken, nachträglich vorgespannten Deckenplatten wurden auf der Kellergeschoßdecke, eine Tafel ohne Schalung auf der anderen, hergestellt. Sie wurden später mit Pressen in die richtige Höhenposition gehoben. Dabei wird die Last von den Tafeln auf die Stahlstützen durch stählerne, in die Platten einbetonierte, die Stützen umgreifende Kragen-Konstruktionen übertragen (Bild 4.2 b). Schraubenmuttern auf den Hubstangen greifen unter die sogenannten Lift-Winkel. Die Tafeln blieben – in der Folge von oben nach unten – vorübergehend auf an die Stützen angeschweißten Nocken liegen, die später nach Ausrichtung auf die genaue Höhenlage durch angeschweißte Stahlkonsolen ersetzt wurden.

Für dieses Projekt wurden zwei Hubeinrichtungen verwendet:

1. ein Standard-Hebebock mit 150 t und
2. ein „Super"-Hebebock mit 300 t Hebekapazität

Nachdem mehrere Deckentafeln vorübergehend auf Nocken abgesetzt waren, stürzte die ganze Konstruktion plötzlich ein (Bild 4.2 d). Dabei verloren 28 Bauarbeiter ihr Leben, viele wurden verletzt. – Der ganze Zusammenbruch dauerte nur ungefähr 5 Sekunden. Einwirkungen von außen lagen nicht vor, auch der Wind spielte mit der festgestellten Geschwindigkeit z. Zt. des Zusammenbruchs mit ungefähr 10 m/s keine Rolle.

Augenzeugen berichteten, daß der Zusammenbruch oben im Westturm mit einem lauten Knall begann, sich horizontal zum Ostturm fortsetzte und dann senkrecht fortschritt. Dies wird auch durch die meisten Untersuchungen bestätigt, die als Ausgangspunkt des Zusammenbruchs den Deckenanschluß an eine der beiden Stützen E/3.8 oder E/4.8 (Bild 4.2 a) im 9., 10. oder 11. Geschoß des Westturmes erkannt haben. Es gibt dagegen keine Übereinstimmung bei den Sachverständigen, ob zunächst die Hubeinrichtung oder ein Betontafelanschluß so versagt hat, wie es Bild 4.2 c zeigt.

Das National Bureau of Standards (NBS) kommt zum Ergebnis, daß die wahrscheinlichste Ursache des Zusammenbruchs das Versagen des Hebungssystems im Westturm während der Plazierung einer Packung von drei oberen Deckenplatten war. Der Zusammenbruch begann danach wahrscheinlich unter dem am meisten belasteten Hebebock auf der Stütze E/4.8 oder dem Nachbarbock E/3.8. Es wird auch auf vorgefundene übermäßige Verformungen der „Lift-Winkel" (Bild 4.2 b) in der Kragenkonstruktion hingewiesen, von der die Last der drei im Hub befindlichen Platten in die Hubstangen eingeleitet worden war. Diese Verformungen wurden in Laborversuchen unter der Last zum Zeitpunkt des Unfalls bestätigt, allerdings ohne die Mitwirkung des die Kragen umgebenden Betons.

In einer in [9] beschriebenen Untersuchung werden das Ergebnis des NBS angezweifelt und einzelne Annahmen der Untersuchung kritisiert. Beim eigenen Vorgehen des Verfassers von [9] wurden zunächst alle möglichen Ursachen verfolgt, vom Nachgeben der Gründung über lokale Instabilität des ganzen Systems bis hin zu Vorspannungsfehlern in den Deckentafeln. Wichtig war zu versuchen, Ursache und Folgen zu identifizieren. Die Schwierigkeit dabei wird z. B. deutlich, wenn man an

94   4 Versagen von Hochbauten, außer Hallen

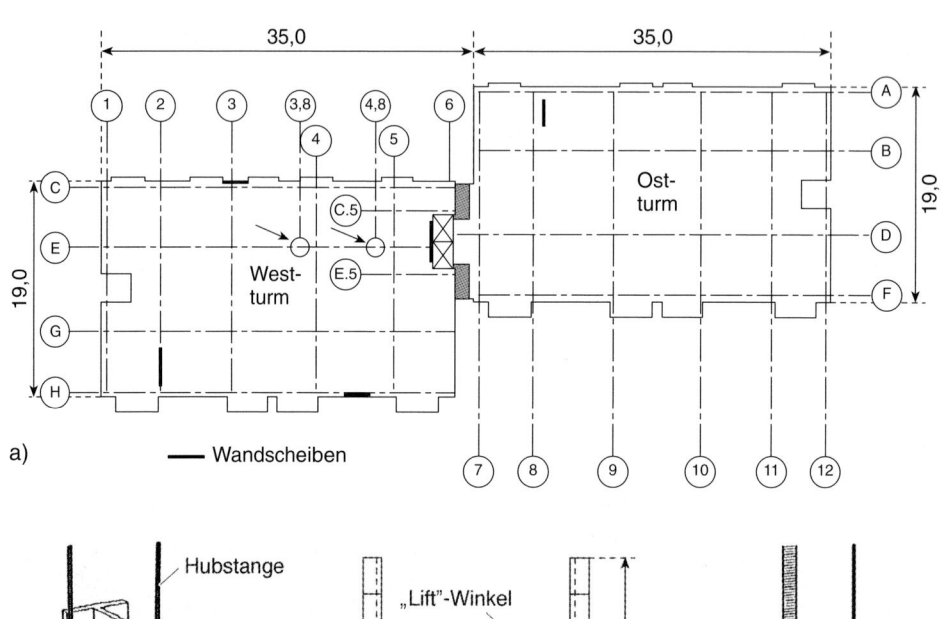

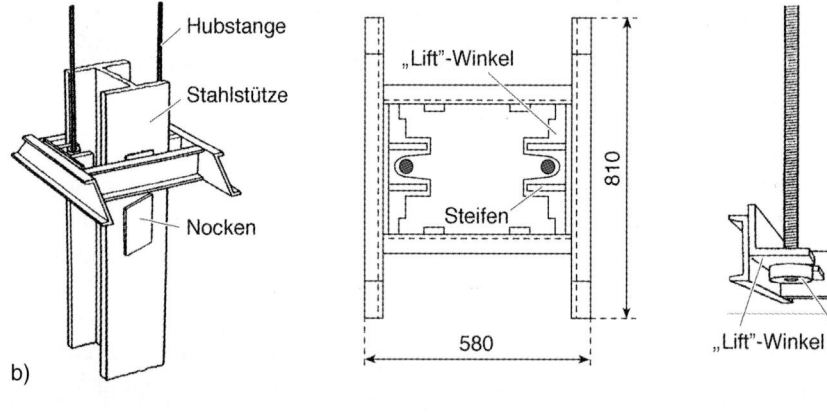

Bild 4.2
Appartementhaus L'Ambiance Plaza,
Bridgeport, 1987, Fall 4.15
a) Grundriß
b) Anschlußkragen, Aufhängung beim Hub
c) Aus Betonplatte herausgebrochener Kragen
d) Eingestürztes Gebäude

4.2 Versagensgruppen oder Einzelfälle

d)

die vielen gebrochenen Schweißnähte, an die aus den Platten herausgestanzten Kragen (Bild 4.2 c) und an die geknickten Stahlstützen (Bild 4.2 d) in den vorgefundenen Trümmern denkt.

Die Untersuchungen in [9] kommen zu folgendem Ergebnis:

1. Es gab mehrere Unzulänglichkeiten im Entwurf, u. a. Abweichungen von der kodifizierten Regel, nach der mindestens zwei Bewehrungsstäbe in jeder Richtung durch den kritischen Durchstanzbereich durchzuführen sind.

2. Die Errichtungsprozedur sah das Betonieren der Wandscheiben nachträglich vor, wodurch vorübergehend große Bereiche ungestützt blieben. Das führte zu unplanmäßigen horizontalen Verformungen.

3. Da das Versagen nur einer Stütze progressives Versagen vieler anderer auslöst, kann individuelles Versagen vieler anderer Elemente des stützenden Systems im Bereich der Stützen E/4.8 und E/3.8 nicht ausgeschlossen werden.

4. Die Festigkeit des gebrochenen Betons an den beiden verdächtigen Stützen wurde bei der NBS-Untersuchung nicht festgestellt.

5. Das NBS-Untersuchung ging von vielen Annahmen in bezug auf Exzentrizität und Kragen-Tafel-Verbindung aus, die nicht durch festgestellte Fakten begründet waren.

6. Der Knall, der von Augenzeugen gehört wurde, ist kein bestimmter Beweis für die Versagensursache.

7. Die Tatsache, daß der Zusammenbruch weniger als 10 Sekunden dauerte, ist eine klare Anzeige einer eingebauten Schwäche in der Struktur selbst. Die Tatsache spricht nicht für einen Fehler bei der Errichtung.

Die Untersuchungen in [9] konnten wie andere wegen der ungewöhnlich prompten Präsentation der NBS-Untersuchungen nicht abgeschlossen werden. Da die NBS-Untersuchungen nicht auf die Ursache geführt haben, bleiben die Tatsachen, von denen wir für die Zukunft Lehren ableiten können, verborgen. Daher würde eine gesetzliche Reglung zur möglichst vollständigen Klärung von Unfallursachen durch kompetente Sachverständige begrüßt werden, auch, weil sie die Grundlage für die Entschädigung der Familien der Verunglückten schaffen würde.

Nach dem Zusammenbruch wurden nach der Sicherheit des seit über 40 Jahren benutzten Hub-Tafel-Verfahrens gefragt. Es war das erste Versagen eines großen derartigen Tragwerkes, mehrere hundert Bauwerke waren mit Erfolg so fertiggestellt worden. Die Kritiker des Verfahrens wurden darauf hingewiesen, daß es auch bei der Herstellung von mehrstöckigen Gebäuden in Ortbeton immer wieder Zusammenbrüche gegeben hat.

4.2.1.3 Beleuchtungsturm für Olympiastadion in Atlanta, Fall 4.19, 1995

In Atlanta ist 1995 die Tragkonstruktion eines der vier Beleuchtungstürme für das neue Olympiastadion beim Bau eingestürzt (Bild 4.3). Ein Bauarbeiter kam dabei zu Tode.

Die Konstruktion der 46 m hohen Türme besteht aus drei ebenen, in radialer Richtung angeordneten, 11,50 m breiten Fachwerkstützen an der Stadionrückseite. Von diesen Stützen kragen Fachwerkträger 27 m aus, die in Querrichtung durch leichte Träger seitlich ausgesteift sind.

An der Kragarmspitze ist in Querrichtung die Konstruktion zur Aufnahme der Beleuchtung angeordnet, sie ist im Bild 4.3 abgestürzt auf der Tribüne zu erkennen.

Beim Unfall knickten die drei Kragarmuntergurte in der Nähe des Stützenanschlusses aus. Als Ursache wird ein deutlich zu geringer Ansatz für die Lasten aus der Beleuchtungstragkonstruktion angegeben: mit rd. 83 kN war die Belastung 48 kN größer als im Entwurf angenommen. Dies war – so wird angegeben – Entwurfsverfassern 10 Tage vor dem Unfall bekannt, wurde aber von ihnen als unbedeutend angesehen und veranlaßte sie daher nicht zu Verstärkungen an der Tragkonstruktion.

4.2.1.4 Vierstöckiges Wohnhaus, Ort und Jahr unbekannt, Fall 4.27

Dieser Fall wird wegen unvollständiger Anweisung an die Baustelle in die Gruppe der Entwurfsfehler eingeordnet. Trotz des unbedeutenden Bauwerkes macht er deutlich, wie wichtig vollständige und eindeutige Anweisungen der Entwerfer an die Ausführenden sind.

Ein vierstöckiges Miethaus hatte an einigen Außenwänden Baumängel. Dadurch führte eindringendes Wasser zum Verfall der Enden einiger Fußbodenbalken. die

Bild 4.3
Beleuchtungsturm für Olympiastadion in Atlanta, 1993, Fall 4.18

Bild 4.4
Wohnhaus (Ort unbekannt), Fall 4.27

auf diesen Wänden gelagert waren. Einige der Wände waren außerdem zwischen den Fußböden ausgebaucht.

Es wurde beschlossen. die betroffenen Balken zu ersetzen und die Wände zu stabilisieren. Das Vorgehen wurde wie folgt spezifiziert:

– alle zu sanierenden Zwischenbalken sollten 1,1 m von der Wand unterstützt,
– die verrotteten Enden 1,0 m vor der Wand abgeschnitten,
– neue Hölzer an gekürzten Balken angeschlossen und
– die Wand im Bereich der neuen Holzenden erneuert werden.

Während des Ersatzes der Zwischenbalken stürzte eine Wand ein (Bild 4.4). Die Ursache lag in der Beseitigung der seitlichen Stützung der Wand durch gleichzeitigen Ausbau aller Balkenenden einer Decke, wodurch die Knicklänge der Wand auf das Zweifache einer Stockwerkshöhe anwuchs. Hinzu kam die Außermittigkeit durch die Ausbauchung. Eine Anweisung in der Spezifizierung, gleichzeitig immer nur einen von drei Balken zu ersetzen, hätte den Einsturz verhindert.

Der Fall hat Ähnlichkeit mit dem im Abschnitt 2 behandelten Einsturz des Roten Turmes in Jena (Fall 2.14).

4.2.2 Fehler bei der Ausführung (Montageunfälle)

In der Frühzeit des Stahlbetonbaus gibt es viele Versagensfälle aufgrund von zu frühem Ausschalen bei noch zu geringer Betonfestigkeit. Dazu paßt die Tatsache, daß diese Unfälle fast ausschließlich in der kalten Jahreszeit geschahen. Sie nehmen – wie im Abschnitt 1.2 berichtet – in der „Unfallstatistik des Deutschen Ausschusses für Eisenbeton", die ab 1912 in der Zeitschrift Beton + Eisen über viele Jahre regelmäßig erschien, großen Raum ein.

Es ist erstaunlich, daß noch 1970 und auch danach, derartige Fehler zu folgenschweren Einstürzen (Fälle 4.5 und 4.6) führen. Daher soll über sie hier ausführlicher berichtet werden. Auch der im Abschnitt 4.2.1 beschriebene Fall 4.8 geht z.T. auch auf diesen Mangel zurück.

4.2.2.1 Hochhaus in Boston, Fall 4.5, 1970

1970 stürzte in zwei aufeinander folgenden Phasen etwa die Hälfte eines 17stöckigen, in Ortbeton hergestellten Gebäudes in Boston ein. Dabei starben 4 Menschen, 20 wurden verletzt.

Das rd. 55 m lange und maximal rd. 26 m breite Gebäude (Bild 4.5a) hat Ortbeton-Flachdecken.

Mit umfangreichen Untersuchungen wurde versucht, die Ursache des Einsturzes zu klären. Dabei wurden viele verschiedenartige Möglichkeiten betrachtet, wie z.B. Mängel bei der Baugenehmigung, ungenügende Betonfestigkeit, unzulängliche Bemessung, zu schwache Einrüstung, zu frühe Ausrüstung und Versäumnisse bei der Bauaufsicht.

Es war ein besonderes Merkmal des Zusammenbruchs, daß es eine frühe Warnung für das bevorstehende Versagen gab: ein lokales Anfangsversagen ermöglichte einigen Arbeitern, das Gebäude zu verlassen, bevor ungefähr 20 Minuten später der eigentliche Zusammenbruch dadurch begann, daß ein Teil der Dachecke auf die darunter liegende Decke fiel. Darauf geschah mit zeitlichem Abstand der Totaleinsturz etwa einer Gebäudehälfte, indem nacheinander weitere Deckentafeln versagten, die auf die darunterliegenden fielen, bis sich schließlich alle auf der Erdgeschoßdecke stapelten, nur der Fahrstuhlschacht blieb davon verschont (Bild 4.5b).

Die von mehreren Fachleuten bestätigte Analyse besagt, daß die Deckenplatten durch Durchstanzen infolge voreiliger Beseitigung der Unterstützung zusammen mit ungenügender Betonfestigkeit, die auch durch niedrige Temperaturen im Januar bedingt war, versagten. Die Aufzeichnungen der Beton-Untersuchungen zeigten zur Zeit des Zusammenbruchs Festigkeiten von nur 5 kN/cm^2.

4.2 Versagensgruppen oder Einzelfälle

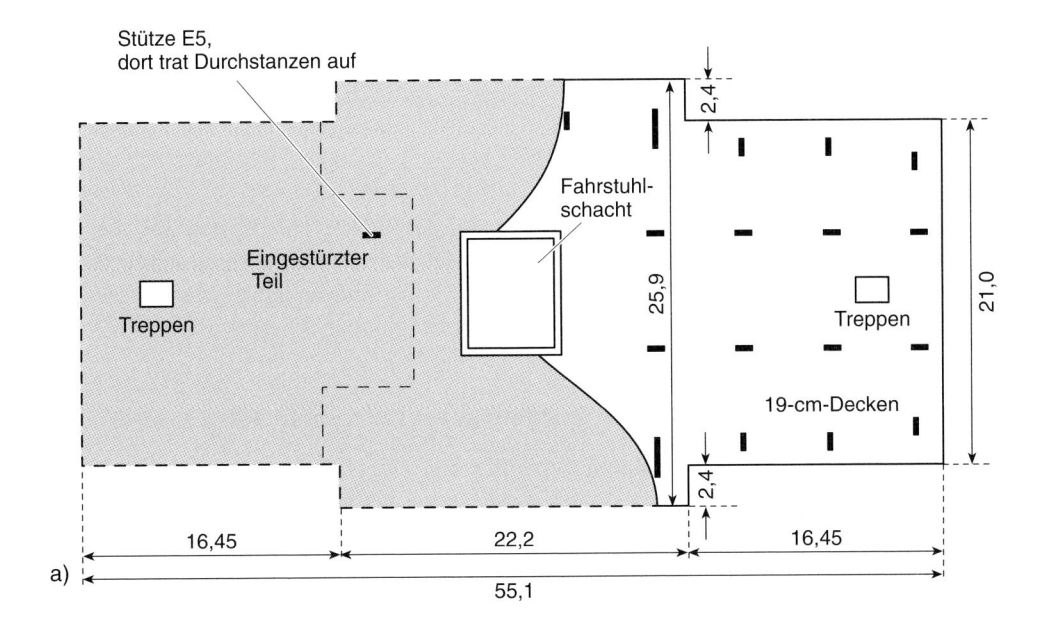

Bild 4.5
Hochhaus in Boston, 1970, Fall 4.5
a) Grundriß
b) Blick nach dem Einsturz gegen den stehengebliebenen Teil

Das Ausmaß des Zusammenbruchs wird deutlich, wenn man von ungefähr 11000 m² bis zum Keller hinunter abgestürzten und wie Fladen aufeinander liegenden Deckenplatten sowie von rd. 8000 t Absturzmasse erfährt.

Die stehengebliebene Struktur mußte niedergerissen werden, eine Reparatur war technisch und wirtschaftlich sinnlos.

Für Lehren aus dem Einsturz ist das an den Bürgermeister von Boston gegebene Resümee wichtig: „Es muß eingesehen werden, daß keine Gruppe allein durch Gesetze, Vorschriften oder Verfahren Gebäudeeinstürze verhindern kann. Die bestehenden Baubestimmungen müssen nur von allen Beteiligten respektiert werden."

4.2.2.2 Skyline Plaza Apartment Building in Fairfax County, Fall 4.6, 1973

1973 stürzten Teile des 28stöckigen Skyline Plaza Wohngebäudes in Fairfax County, Virginia, beim Bau ein. Bei dem Unglück starben 14 Menschen, 34 wurden verletzt.

Das 117,5 m lange und 23,14 m breite Gebäude (Bild 4.6a) mit Ortbeton-Flachdecken steht auf einer 1,2 m dicken Gründungsplatte. Die fertige Struktur sollte 26 von Oberkante zu Oberkante 2,7 m hohe Stockwerke bekommen und damit rd. 70 m hoch werden.

Die Deckenplatten sind rd. 20 cm dick. Das Bauwerk ist mit einem 13-mm-Expansionsgelenk in Achse H (Bild 4.6a) in zwei Teile geteilt. Die Stützen stehen über die ganze Gebäudehöhe aufeinander. In Gebäudequerrichtung gibt es acht innere Wandscheiben (Bild 4.6a), die sich jeweils etwa über die halbe Gebäudebreite erstrecken, davon je ein Paar unmittelbar neben der Expansionsfuge.

Für die Stützen wurde normalfester Beton, dessen Festigkeit abhängig von der Höhe verändert wurde, verwendet. Die Platten wurden aus Beton mit Leichbetonzuschlägen mit einer planmäßigen Endfestigkeit von rd. 21 kN/cm² hergestellt.

Eine Decke wurde in vier, in Größe und Konfiguration nicht gleichen Abschnitten hergestellt (Bild 4.6.a). Die dafür vorgesehene Rate von einem Abschnitt je Tag und damit einer Decke je Woche wurde in der Praxis nicht ganz regelmäßig eingehalten. Fertigstellungsdaten für die Decken über dem 20. bis 23. Stockwerk sind in Bild 4.6b eingetragen. Für den Einsturz ist von Bedeutung, daß beim Betonieren der Decke über dem 24. Stockwerk am 28. Februar der Beton der darunter liegenden Decken z.T. erst 1 bzw. 2 Tage alt war. Der Beton wurde mit zwei Kletterkranen gefördert. Da es keine Erkenntnisse gibt, daß ihr Betrieb zum Einsturz beigetragen hat, wird hier auf weitere Angaben, wie z.B. Standort und Lagerung, verzichtet.

Die Schalung für die Decken bestand aus 16-mm-Sperrholzplatten, gelagert im Abstand von 0,4 m auf Holz-Zwischenbalken 76/102, die sich auf Holzträgern 76/152, angeordnet im Abstand von 1,8 m, stützten. Diese Holzträger waren auf Holzstützen 76/102 gelagert.

4.2 Versagensgruppen oder Einzelfälle

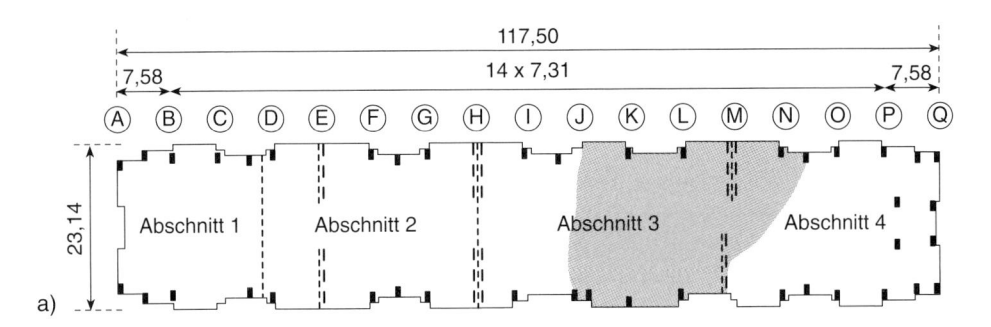

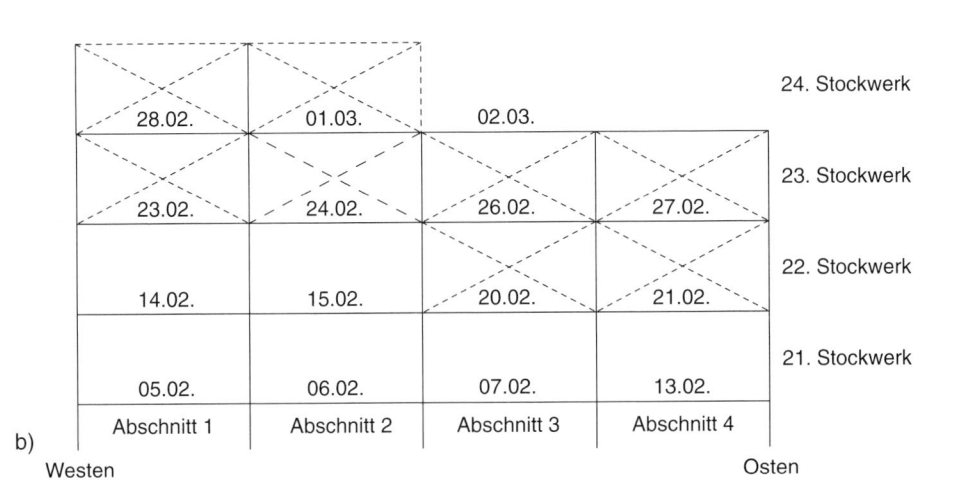

Bild 4.6
Skyline Plaza Apartment Building, Fairfax County, 1973, Fall 4.6
a) Grundriß
b) Vorhandene Schalungen zum Zeitpunkt des Einsturzes
c) Schadensbild

Wie üblich wurde der Zentrumsbereich jedes Deckenabschnittes zuerst ausgeschalt und ausgerüstet, indem etwa 10 Balken ausgebaut wurden. Danach wurden die Stützen entfernt. Die Fläche, die vorab von der Schalung befreit wurde, war damit immer etwa 6 m mal 11 m groß.

In einem Luftbild des Gebäudes, das ungefähr 3 Std. vor dem Zusammenbruch aufgenommen wurde, erkennt man an dunkler Farbe, daß Abschnitt 3 sowie Randbereiche des Abschnittes 2 über dem 23. Stockwerk frisch betoniert sind und daß im Abschnitt 4 die Schalung für die Decke über dem 23. sowie im Abschnitt 1 über dem 24. Stockwerk noch frei von Beton ist.

Der Betonierzustand zum Zeitpunkt des Einsturzes geht auch aus Bild 4.6b hervor. Man erkennt die Betonierdaten der einzelnen Decken und Abschnitte sowie die vorhandenen Schalungen. Sie entsprachen im Abschnitt 3 nicht den auf den Plänen festgehaltenen Forderungen der Planer, daß „jede Platte, die gerade hergestellt wird, von zwei Platten darunter zu unterstützen ist".

Auch aus Bild 4.6c geht die Anordnung der Schalungsstützen am 2. März nach dem Einsturz hervor. Die Ziffern kennzeichnen die Decke über dem jeweils genannten Stockwerk. Es ist zu erkennen, daß sie in den Abschnitten 1 und 2 im 23. und 24. Stockwerk vorhanden waren. Einige Schalungsstützen sind auch in den Abschnitten 2 und 3 im 22. Stockwerk zu erkennen, jedoch im Abschnitt 2 nur im Bereich des westlichen Endes. Obwohl auch am südlichen Rand des Abschnittes 3 im 22. Stockwerk einige Schalungsstützen zu sehen sind, zeigt eine nähere Untersuchung anderer Fotos, daß sie im zentralen Teil dieses Abschnitts fehlten. Schalungsstützen waren im Abschnitt 4 im 22. und 23. Stockwerk vorhanden, keine gab es im 21. Stockwerk.

Nach den Konstruktionsdokumenten sollten während des Betonierens der Decke über dem 23. Stockwerk im Abschnitt 3 Schalung mit Stützen im 22. Stockwerk und Stützen im 21. Stockwerk vorhanden sein. Arbeiter gaben dazu widersprüchliche Berichte über die Situation im 22. Stockwerk. Sie behaupteten, daß die Schalung ganz entfernt, zum Teil entfernt oder nicht entfernt war. Ein Arbeiter, der im Abschnitt 3 im 21. Stockwerk arbeitete, behauptete, daß er kurz vor dem Absturz eine Abbaukolonne im 22sten Stockwerk habe arbeiten hören. Etwa zur gleichen Zeit stellte er fest, daß seine Abstützungen im 21. Stockwerk anfingen umzufallen, so daß es hier gerade vor dem Zusammenbruch keine Abstützungen im Abschnitt 3 gab.

Zur Zeit des Zusammenbruchs am 2. März wurde nach dem Betonieren der Decke über dem 23. Stockwerk im Abschnitt 3 auf dem frisch gegossenen Beton gearbeitet. Ein Betonarbeiter beobachtete zunächst große Durchbiegungen in der Mitte des Abschnittes 3, die Aussagen zahlreicher Beschäftigter stimmen hiermit überein.

Zusammengefaßt war die vermutliche Situation zur Zeit vor dem Zusammenbruch so, wie sie im Bild 4.6b dargestellt ist: Schalung war überall im 23. Stockwerk vorhanden, das 22. Stockwerk war im Abschnitt 4 ebenfalls eingeschalt, aber in den Abschnitten 1 und 2 abgesehen von einem kleinen Bereich im Westen, nicht. Soweit es den kritischen Abschnitt 3 betrifft, wird gefolgert, daß die Schalung gerade im 22. Stockwerk ausgebaut wurde. Der Foto-Beweis legt nahe, daß mindestens das zentrale Teil in Richtung zum Abschnitt 4 entschalt war. Es gab keine nennenswerte Anzahl von Abstützungen im Rest des Gebäudes.

Die Ergebnisse von Druckfestigkeitsprüfungen des Betons, der im Abschnitt 3 der oberen Stockwerke verwendet wurde, ergaben, daß der Beton für die Stützen und Decken den für ein Alter von 28 Tagen geltenden Anforderungen entsprach. Aus verschiedenen Untersuchungen mit Berücksichtigung der mit rd. 5 bis 7 °C relativ niedrigen Temperatur beim und nach dem Betonieren wurde schließlich die Festigkeit zum Zeitpunkt der Katastrophe im Bereich zwischen 6,6 und 10 kN/cm^2 abgeschätzt.

Unter Einbeziehung umfangreicher Analysen der Struktur mit verschiedenen Annahmen für die vorhandene Unterstützung der frisch betonierten Bereiche im Abschnitt 3 kommt die Untersuchungskommission zum Ergebnis, daß die wahrscheinliche Ursache ein Durchstanz-Versagen in der Deckenplatte im 23. Stockwerk war. Der kritische Zustand wurde erzeugt, durch

– voreilige Beseitigung der Abstützungen unter dieser Deckenplatte zur Zeit, als das 24. Stockwerk betoniert wurde, und
– die noch geringe Betonfestigkeit in diesem Teils des 23. Stockwerkes, das nicht unterstützt war.

Der als nicht ausreichend festgestellte Bereich entspricht dem Schadensbild. Es wird auch festgestellt, daß die Betonstützen den auftretenden Lasten auf alle Fälle widerstehen konnten.

4.2.3 Grobe Fehler beim Umbau

4.2.3.1 Royal Plaza-Hotel in Bangkok, Fall 4.18, 1993

Das ursprüngliche Gebäude für einen Massagesalon wurde mit 3 Geschossen auf einem Kellergeschoß genehmigt und 1983 gebaut (Bild 4.7a). 1985 wurde es verlängert und bereichsweise bis um 2 Stockwerke erhöht. 1990 wurde beantragt, es in den im Bild 4.6a dargestellten Zustand zu vergrößern.

Die eingereichten Unterlagen enthalten weder Angaben zu Verstärkungen der Gründung und Stützen noch Erklärungen, wie die aufgestockte Struktur das gleiche Sicherheitsniveau behalten könnte wie die bestehende. Auf Wunsch der Behörden wurde der Boden untersucht, um zu bescheinigen, daß die Sicherheitsreserve der bestehenden Gründung ausreichte, die drei zusätzlichen Stockwerke zu tragen. So wurde die Aufstockung genehmigt.

Im August 1993 brach das Bauwerk mit Ausnahme des baulich unabhängigen Fahrstuhlschachtes in weniger als 10 Sekunden völlig zusammen (Bild 4.7b). Dabei starben 137 Menschen, 227 wurden verletzt.

Der Zusammenbruch geschah vorwiegend unter den Eigenlasten in senkrechter Richtung, das Bauwerk hatte keine Zeit, seitwärts zu fallen.

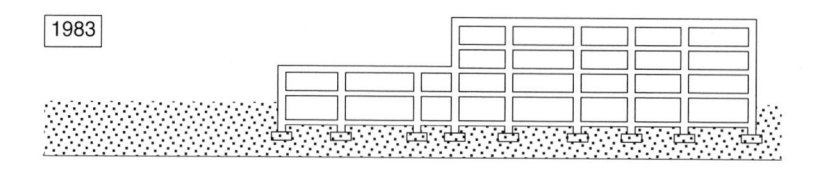

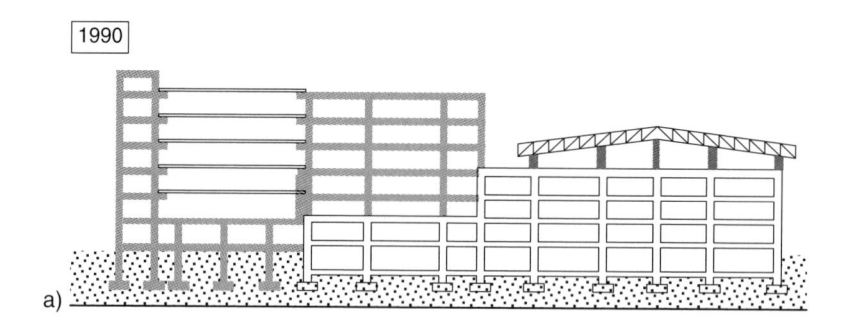

Bild 4.7
Royal Plaza-Hotel in Bangkok, 1993, Fall 4.17
a) Ursprünglicher Zustand 1983 und Zustand 1990
b) Eingestürztes Bauwerk

4.2 Versagensgruppen oder Einzelfälle

Der Zusammenbruch des Hotels 3 Jahre nach der Aufstockung ohne eine außergewöhnliche Einwirkung ist ungewöhnlich, weil Gebäude in den meisten Fällen beim Bau oder unmittelbar nach Fertigstellung sowie im allgemeinen nach längerer Nutzungsdauer nur infolge extremer Einwirkungen, wie Erdbeben, Orkan usw. versagen.

Über die Untersuchungen zur Klärung der Einsturzursache wird in der in Tabelle 4 angegebenen Quelle berichtet. Das Ergebnis wird dort als trivial bezeichnet: Die Struktur war minderwertig und besaß den zu großen Mangel an Sicherheit durch die Aufstockung. Eine Umverteilung von Lasten bei Ausfall einer Stütze auf andere war nicht möglich, da alle Stützen zu schwach waren. Daher mußte ein lokales Stützenversagen zum Gesamteinsturz führen, dies in der Form, daß alle Teile im wesentlichen senkrecht fielen. Alle Stützen im Erdgeschoß versagten sekundenschnell, und die 7000-t-Masse des Gebäudes war plötzlich ungestützt.

Beim Aufräumen wurde festgestellt, daß alle Stützen in ihren unteren Bereichen in lockere Teile zerbarsten, ähnlich wir bei einem Betonwürfel im Druckversuch.

Auch wenn die grundsätzliche Ursache des Einsturzes zweifelsfrei bekannt ist, kann es lehrreich sein, den genauen Ausgangspunkt des Versagens zu kennen. Dafür wurde die Festigkeit des Stützenbetons und der Bewehrung untersucht, sie waren im Gebäude gleichmäßig gut und in Ordnung. Laborversuche bestätigten auch, daß der Boden im Bereich des Zusammenbruchs hinreichend tragfähig und daß auch eingetretene Stetzungen unbedeutend waren. Die Gründung wurde nach dem Abräumen in einem guten Zustand vorgefunden.

Auslösend für den Einsturz war mit großer Wahrscheinlichkeit das Kriechen derjenigen Erdgeschoßstützen, die die Zusatzlast von 3 Stockwerken tragen mußten. Damit trugen einige von ihnen im Erdgeschoß ständig bis zu 80 % ihrer statischen Traglast. In diesem Dauerüberlastungszustand entstanden über 3 Jahre Mikrorisse, und die Kriechverformungen wurden allmählich größer. Durch die Verkürzungen wurden Lasten hin und her verteilt, bis schließlich im Erdgeschoß die meisten Stützen geschädigt waren und eine von ihnen ihre Kapazität überschritt und versagte.

Nach dem Einsturz wurde die Sicherheit von 218 dubiosen Gebäuden in Thailand untersucht, für mehrere mußten Verstärkungen gefordert werden.

4.2.4 Überlastung durch Schnee, Wasser

4.2.4.1 Lagerhalle, Bad Lauterberg, Fall 4.14, 1987

Das Haupttragwerk der 48 m langen Halle bestand aus 20 m weit gespannten Zweigelenkrahmen. Sie versagten unter einer nachträglich festgestellten Schneelast vom 2,8 kN/m^2. Der Bemessung lag eine Last von 1,09 kN/m^2 für Eigengewicht und Schnee zugrunde. Wenn man den Zusammenbruch als Traglastversuch interpretiert, kann man auf eine Tragsicherheit der Zweigelenkrahmen von 2,80/1,09 = 2,56 schließen.

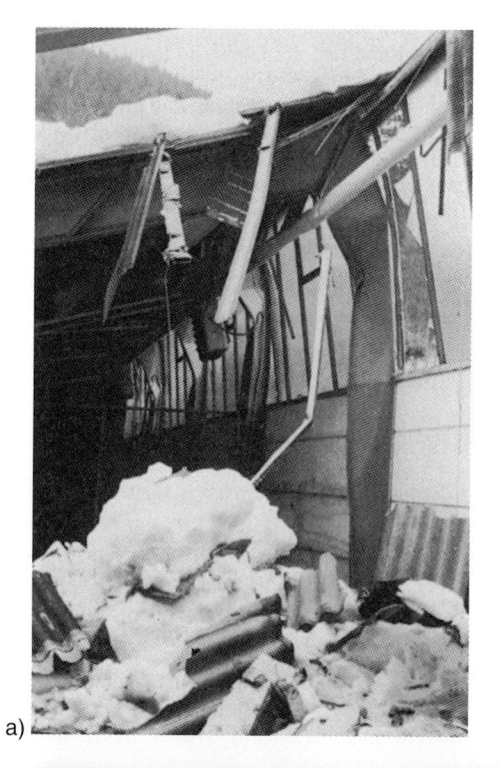

Bild 4.8
Lagerhalle, Bad Lauterberg, 1987, Fall 4.14
a) Rahmenstiel nach Versagen
b) Rahmenriegel nach Versagen

Die Rahmen haben durch Einknicken des Stützeninnenflansches mit Beulen des Stegbleches versagt (Bild 4.8). Darauf beulte das Stegblech des Riegels. Die Rahmenecken mit Gehrungsstoß blieben an allen Stützen wegen der aussteifenden Wirkung der Stirnplatten unversehrt.

Mit Hinweis auf die Ausführungen im Abschnitt 3.2.4 wird angegeben, daß die Regelschneelast in der Region des Bauwerks nach diesem Einsturz und anderen Schadensfällen im Winter 1986/87 von 0,75 auf 1,40 kN/m^2 erhöht wurde.

4.2.4.2 Zuschauertribüne für Husky-Stadion in Seattle, Fall 4.16, 1987 und Hotel New World, Singapore, Fall 4.29, 1986

Für beide Einstürze liegen über die Angaben in Tabelle 4 hinaus keine Informationen vor. Da aber zugängliche Bilder einen Eindruck von den Folgen der groben Fahrlässigkeit vermitteln, folgen die Bilder 4.9 und 4.10 (siehe S. 108 und 109).

4.3 Lehren

Außer aus den bei einzelnen Versagensfällen angegebenen Lehren kann man allgemein das lernen, was im Abschnitt 3.3 steht:

1. Das Alter eines Bauwerkes ist keine Garantie für dessen Tragsicherheit.
2. Möglichkeiten von Schneeverwehungen und -rutschungen – auch Staub – sind beim Tragsicherheitsnachweis sorgfältig zu berücksichtigen.
3. Die Wirksamkeit von Einrichtungen oder Anweisungen zum Räumen von Schnee oder Staub oder zum Abtauen von Eis ist im allgemeinen fragwürdig.
4. Bauzustände sind auch bei Hochbauten sorgfältig zu analysieren.
5. Alle die Tragsicherheit betreffenden Informationen, die die Ausführung berühren, müssen den Ausführenden vollständig und unmißverständlich bekannt sein.

Darüber hinaus veranlaßt die große Anzahl der durch Fehler bei der Ausführung verursachten Einstürze an eine der Mahnungen zu erinnern, die im Abschnitt 3.2.1.7 aus [48] übernommen wurden und die verkürzt lautet:

In der Praxis darf es keine Trennung zwischen Planung und Bauausführung geben. Die Ingenieure in der technischen Bauüberwachung müssen mit dem Entwurf, dem Kraftfluß und allen konstruktiven Details des Bauwerks eng vertraut sein. Eine optisch gleiche Abweichung kann in einem Fall völlig unbedeutende, in einem anderen fatale Folgen haben, und mancher Planungsmangel kann durch die Anschauung vor Ort noch entlarvt werden.

Bild 4.9
Zuschauertribüne für Husky-Stadion in Seattle, 1987, Fall 4.16
a) Vor dem Zusammenbruch
b) und c) Beim Zusammenbruch
d) Nach dem Zusammenbruch

4.3 Lehren

Bild 4.10
Hotel New World, Singapore, 1986, Fall 4.29
a) Vor dem Zusammenbruch
b) Nach dem Zusammenbruch

5 Versagen von Funkmasten und -türmen

5.1 Tabelle 5, allgemeine Betrachtungen

Bemerkung zu den Bezeichnungen Mast und Turm: ich spreche im allgemeinen verkürzt von Masten, wenn es sich um abgespannte Tragwerke handelt, sonst von Türmen. In Zitaten behalte ich aber die dort verwendeten Bezeichnungen bei.

In Tabelle 5 sind insgesamt 156 Einstürze oder Teileinstürze von Funkmasten oder -türmen erfaßt. Im 1. Teil stehen Versagensfälle, über die ich aus den angegebenen Quellen mehr oder weniger ausführliche Informationen bekommen konnte. Im 2. Teil werden Einstürze aufgelistet, zu denen die Angaben trotz großer Bemühungen spärlich blieben, die aber dennoch bei der Antwort auf Fragen zur Häufung von Ursachen helfen.

Wenn der Monat des Einsturzes bekannt ist, wird er angegeben, um mit der Jahreszeit eine grobe Zuordnung zur allgemeinen Wettersituation zu ermöglichen.

Einige Informationen in Tabelle 5 stammen aus dem Internet [55], sie haben die Quellenangabe „Internet".

Wichtig waren drei in der Working Group „Masts and Towers" der IASS „International Association for Shell and Spatial Structures" erarbeitete, mir von Mitgliedern zur Verfügung gestellte Quellen:

- Zusammenstellung, Fassung 1999, über 167 Einstürze und Schadensfälle außerhalb der ehemaligen UdSSR von J. Laiho, Technische Sektion Maste und Sender der Finish Broadcasting Company [56]. Von den 167 Fällen habe ich 41 übernommen und mit der Quellenangabe „Laiho" versehen.

- Ergänzung [57] zu [56] durch 13 Fälle von G. Fecke, Unna. Die 8 übernommenen Fälle habe ich in Tabelle 5 durch „Fecke" gekennzeichnet.

- Zusammenstellung, Fassung 1999, über 92 Versagens- oder Schadensfälle vorwiegend in der ehemaligen UdSSR, von M. M. Roitshtein, Moskau [58]. Sie ist Quelle für 73 in Tabelle 5 übernommene und mit „Roitshtein" bezeichnete Fälle.

Aus den genannten 4 Quellen wurden Fälle, zu denen ich über andere inhaltsreichere Unterlagen verfüge und die vor allem im Teil 1 stehen, ferner reparierbare Schäden, darunter auch „Fasteinstürze" (vgl. Abschnitt 5.2.10), und Einstürze, zu denen es keine klaren Angaben zur Ursache gibt, nicht übernommen.

Das Versagen der im allgemeinen hohen Bauwerke geht vorwiegend auf relativ wenige, gleichartige Ursachen zurück. Dies geht aus der folgenden Zusammenstellung hervor. Damit der Leser die Einordnungen prüfen kann, sind jeweils wieder die Fallnummern der Tabelle 5 genannt.

Hauptversagensursache	Fälle nach Tabelle 5	Anzahl	Weiteres siehe Abschnitt
Grundsätzlich zu geringer Windlastansatz	1, 2, 3, 4, 10	5	5.2.1
Außergewöhnliche Windlasten	28, 78, 96, 101, 131, 148, 155	7	5.2.2
Außergewöhnliche Vereisung	8, 13, 21, 27, 40, 42, 66, 70, 89, 142, 149, 150	12	5.2.2
Außergewöhnliche Vereisung mit Windlast	38, 54, 68, 71, 92, 95, 97, 106, 107, 141	10	5.2.2
Dynamische Probleme	6, 7, 12, 17, 22, 36, 37, 49, 50, 51, 53, 56, 57, 58, 63, 69, 75, 100, 105, 112, 120, 123, 128	23	5.2.3
Fremdeinwirkung	16, 20, 35, 59, 72, 73, 82, 88, 117, 119, 138, 146, 147, 153	14	5.2.4
Entwurfs- und Konstruktionsfehler	55, 62, 87, 90, 99, 109, 130, 133	8	5.2.5
Mängel in der Ausführung	41, 43, 45, 74, 94, 104, 132, 139	8	5.2.6
Fehler während der Ausführung (Montageunfälle)	11, 14, 15, 18, 19, 23, 24, 25, 26, 29, 31, 33, 34, 39, 44, 46, 48, 52, 60, 61, 64, 65, 67, 77, 79, 80, 81, 83, 86, 91, 93, 98, 102, 103, 110, 111, 113, 115, 118, 121, 122, 134, 135, 143, 152, 154	46	5.2.7
Mangelhafte Bauunterhaltung	145	1	
Probleme aus Mängel bei der Beherrschung der elektrischen Energie	9, 114, 125, 129, 136, 144	6	5.2.8
Werkstoffmängel	5, 30, 32, 47, 76, 84, 85, 108, 116, 124, 126, 127, 137	13	5.2.9
Ungeklärt	140, 151	2	
Summe		155	

5.1 Tabelle 5, allgemeine Betrachtungen

Die Anzahl der Versagensfälle von Funkmasten und -türmen ist mit den 155 hier erfaßten und den 152 zusätzlich in den Unterlagen [56–58] genannten, also zusammen über 300 erschütternd groß. Es gibt wohl trotz der sehr großen, aber nicht bestimmbaren Anzahl von Objekten auf der Welt kaum eine Gruppe von Bauwerken mit einer derart hohen Schadensquote. Dies erstaunt um so mehr, als Bauherrn, Entwerfer und Ausführende durchweg Spezialisten für dieses Sondergebiet des Bauwesens sind oder – wie man leider für die Verhältnisse in Deutschland sagen muß – z.T. waren: Das Aufgeben der bei der Deutschen Bundespost vorhandenen zentralen Betreuung von Funkbauwerken durch erfahrene Fachleute infolge neuer Organisationen bei der Deutschen Telekom führt dazu, daß auf der Seite des Bauherrn heute oft Personen verantwortlich sind, die in ihrer vorhergehenden Berufstätigkeit nie mit diesen in vielerlei Hinsicht besonderen Bauwerken zu tun hatten und dies voraussichtlich auch nie wieder der Fall sein wird. Mit einer Analyse von Versagensfällen werden sie sich daher kaum befassen. Erfreulicherweise sieht dies bei den Rundfunkanstalten durch eine gute Zusammenarbeit nach wie gut aus.

Erstaunlich ist auch, daß bei den 155 Fällen 15 Maste mit Höhen zwischen 579 und 644 m (Fälle 18, 23, 24, 27, 73, 81, 91, 92, 95, 123, 141, 143, 149, 149, 150) und 7 mit Höhen zwischen 457 und 510 m (Fälle 13, 26, 62, 90, 96, 106, 143, 148) waren. Dies ist aber an der großen Anzahl von Masten allein in den USA zu messen. Sie wird von amerikanischen Kollegen mit mehreren Hundert Objekten mit Höhen über rd. 500 m geschätzt.

Tabelle 5 – Teil 1
Versagen von Funkmasten und -türmen
Abkürzungen siehe Abschnitt 1.3
Ferner in Spalte Daten: h = Höhe im m, n = Anzahl der Abspannungen übereinander
In Spalte Zweck: AT = Antennenträger, ATR = für Richtfunk, SS = Selbststrahler, SSR = für Richtfunk

Lfd. Nr.	Jahr	Monat	Bauwerk					Stichwörter zum Versagen	Pers.-sch.	Einsturz	Quellen
			Kurzbeschreibung	Land	Ort	Zweck	Daten				
5.1	1912	März	Stahlgittermast für Schirmantenne, isoliert, 3 fach abgespannter „Obermast" mit Kugelgelenk auf – in 75 m Höhe abgespannten – „Untermast" aufgesetzt	Deutschland	Nauen	SSR	h = 200 n = 4	Zunächst 100 m hoher Mast wird zur Verbesserung der Sendeleistung auf 200 m erhöht. Bei „heftigem" Sturm, es werden 27 m/s angegeben, zusammengebrochen (s. Abschn. 5.2.1.1)	0	Total	[53], EB 1912, 239 Bild 5.1
5.2	1925		3 Fachgittertürme	Deutschland	Norddeich	SSR	h = 150	Einsturz unmittelbar nach Fertigstellung. Windlast größer als nach Vorschrift (s. Abschn. 5.2.1.2)	0	Total	BI 1925, 1025, und 1926, 1/und 711
5.3	1930		Hölzener Fachwerkturm	Deutschland	München Stadelheim	SS	h = 75	Nicht ausreichende Windlastannahmen (s. Abschn. 5.2.1.2)	0	Total	Bauen mit Holz 1992, 642
5.4	1934		Hölzener Fachwerkturm	Deutschland	Langenberg	SS	h = 160	Einsturz bei außergewöhnlichem Sturm (s. Abschn. 5.2.1.2)	0	Total	BT 1935, 749, 1936, 211

5.1 Tabelle 5, allgemeine Betrachtungen

Tabelle 5 – Teil 1 (Fortsetzung)

Lfd. Nr.	Jahr	Monat	Bauwerk					Stichwörter zum Versagen	Pers.-sch.	Einsturz	Quellen
			Kurzbeschreibung	Land	Ort	Zweck	Daten				
5.5	1960	Feb.	Stahlgittermast, isoliert, in 3 Richtungen abgespannt	Deutschland	Mainflingen	SSR	$h = 132$ $n = 4$	Einsturz bei schwachem Wind und bei $-10\,°C$ (s. Abschn. 5.2.9.1)	0	Total	Vermerk des Fernmeldetechnischen Zentralamtes Darmstadt Bild 5.12
5.6	1962	Feb.	Rohrmantelmast	Tschechien	Suchá	AT	$h = 300$ $n = 4$	Antennenaufsatz bricht 2 Jahre nach Inbetriebnahme wegen Ermüdungsbruch in seinem Anschluß an den Mastkopf infolge Querschwingungen ab und stürzt ab (s. Abschn. 5.2.3.1)	0	Antenne total	Unterlagen von J. Kozák, Bratislava
5.7	1966		„Blechschalen"-Turm	Tschechien	Buková hora		$h = 190$	Der 1960 fertiggestellte Turm mußte gesprengt werden (s. Abschn. 5.2.3.2)	0	Total	Unterlagen von J. Kozák, Bratislava Bild 5.4
5.8	1970	Nov.	Stahlgittermast mit dreieckigem Schaftquerschnitt, Standort in 700 m ü. NN	Finnland	Ylläs, Lappland	AT	$h = 213$ $n = 4$	Über oberste Abspannung 20 m auskragende TV-Antenne stürzt unter großer exzentrischer Vereisungslast ab. Zerstörung von Abspannseilen durch die abstürzende Mastspitze, völliger Zusammenbruch	0	Total	Bericht des Staatl. Finn. Rundfunks
5.9	1970		Mast	Deutschland	Burg	SS	$h = 350$	Einsturz im Augenblick des Zuschaltens eines Senders	0	Total	Information von K. Schaefer, Schöneiche

Tabelle 5 – Teil 1 (Fortsetzung)

Lfd. Nr.	Jahr	Monat	Bauwerk					Stichwörter zum Versagen	Pers.-sch.	Einsturz	Quellen
			Kurzbeschreibung	Land	Ort	Zweck	Daten				
5.10	1972	Nov.	Stahlgitterturm	Deutschland	Königs Wusterhausen	SS	h = 243	Entwurf, Werkstoff und unzureichende Lastannahme, extremer Wind (s. Abschn. 5.2.1.3)	0	Total	Unterlagen von K. Schaefer Bei Oehme: Fall 428 Bild 5.2
5.11	1973		Stahlgittermast	USA	Rowley, Iowa		h = 580	Einsturz bei Umbauarbeiten	5 T ? V	Total	Tagespresse
5.12	1974		Zylindrischer Stahlturm auf Betonturm	Deutschland	Hoher Bogen			Querschwingungen (s. Abschn. 5.2.3.3)	0	Antenne Total	[54, 64] Bild 5.5
5.13	1978	März	Gittermast mit Gurten aus 12,7-cm- und Horizontalen aus 5,1-cm-Rundstäben sowie Diagonalen aus 1,6- bis 2,5-cm-Rundstangen. Geschraubte Konstruktion, Schaftbreite 2,4 m, in 115 m Höhe	USA	Bluffs, Illinois	AT	h = 484 n = 7	Extreme Vereisung der Fachwerkstäbe radial bis 13 cm und der Abspannseile radial bis 8 cm sowie schwere Last auf dem Eisschild infolge Eisregen, Gesamtmenge 27 l/qm, Windgeschwindigkeit z. Zt. des Einsturzes nur 4 m/s Antennenspiegel wurde nicht benötigt, aber nicht demontiert.	0	Total	Broadcast Eng. 1979, Jan., 62

5.1 Tabelle 5, allgemeine Betrachtungen

Tabelle 5 – Teil 1 (Fortsetzung)

Lfd. Nr.	Jahr	Monat	Bauwerk Kurzbeschreibung	Land	Ort	Zweck	Daten	Stichwörter zum Versagen	Pers.-sch.	Einsturz	Quellen
			Antennenspiegel, 3,7 m × 4,6 m, und darüber Eisschild, 4,6 m × 4,6 m								
5.14	1978		Mast für Richtfunkverbindung Berlin–Westdeutschland	Deutschland	Berlin-Frohnau	AT	h = 344 n = 4	Beim Ziehen fällt letztes Abspannseiles der obersten Pardune aus dem Kranhaken (s. Abschn. 5.2.7.2)	0	kein	Kenntnis als Prüfingenieur
5.15	1978	Juli	Stahlgittermast mit dreieckigem Schaftquerschnitt	Finnland	Sodankylä		h = 32 n = 2	Schrägzug bei Ziehen des obersten 4-m-Schusses führt zum Ausknicken von Gurtstäben	2 T	Total	Notiz unbekannter Herkunft, Pressemeldungen
5.16	1978	Mai	Stahlgittermast für Doppelkegel-Reusenantenne	Deutschland	Zehlendorf bei Oranienburg		351	1962 fertiggestellter Mast stürzt ein, weil ein wegen Triebwerksschaden unkontrollierbar gewordenes Militärflugzeug eines der drei obersten Abspannseile durchtrennt	0	Total	Information durch K. Schaefer
5.17	1979		Dreistieliger Rohrgittermast	Tschechien	Krašov		h = 320	Fast 20 Jahre nach der Errichtung und einigen Umbauten sowie Ergänzung durch eine 20 m lange Spitzenantenne ist der obere Teil des Mastes infolge Ermüdungsbruch einer Abspannlasche abgestürzt	0	Teil	Unterlage von J. Kozák, Bratislava

Tabelle 5 – Teil 1 (Fortsetzung)

Lfd. Nr.	Jahr	Monat	Bauwerk					Stichwörter zum Versagen	Pers.-sch.	Einsturz	Quellen
			Kurzbeschreibung	Land	Ort	Zweck	Daten				
5.18	1982	Dez.	Stahlgittermast	USA	Houston	AT	h = 602	Versagen einer Klemme beim Ziehen der 6 t schweren Antenne führt zu deren Absturz, wodurch in etwa 300 m ein Abspannseil durchschlagen wird. Monteure handelte gegen Anweisungen Bei Oehme Fall 548: Einsturz bei Antennenmontage, Zerschlagen eines Abspannseiles durch abstürzende Antenne	5 T 3 V	Total	ENR 1982, 16.12., 17 SB 1983, 220
5.19	1982		Mast, dreistielig, Eckstiele massiv rund, Ø etwa 20 cm, Schüsse rd. 12 m lang, 4,5 t schwer, Montage mit Kletterkran, Stöße mit verschraubten Flanschen	USA	Missouri City, Tennessee	AT	h = 305	Nach Montage des 1. der beiden Antennenabschnitte in rd. 300 m Höhe wurde 2. Teil wegen Antennenfeldern an diesem Teil in horizontaler Lage gezogen. Dabei kollidierten die Kranseile mit den Antennefeldern Die Monteure beschlossen darauf, die Antenne in vertikaler Position zu ziehen und verlängerten dafür den Anschlag für das Kranseil durch eine angeschraubte Konstruktion. Die Verschraubung brach; die Antenne brachte beim Fallen den Mast zum Einsturz	? T	Total	Internet Http://ethics.amu.edu/ethics/tvtower/zv3.htm
5.20	1982	Dez.	Stahlgittermast	USA	Lawrence, Kansas		h = 185 n = 6	Vermutlich Vandalimus durch Durchtrennen von 3 Abspannseilen	0	Total	ENR 1982. 16.12., 17
5.21	1983	März	Mast auf dem Winn Mountain	USA	Maine	AT	h = 397	17 Jahre alter Mast bricht unter Eisansatz bis 25 cm Dicke bei Regen und Frost zusammen	0	Total	ENR 1983, 24.03., 29

5.1 Tabelle 5, allgemeine Betrachtungen

Tabelle 5 – Teil 1 (Fortsetzung)

Lfd. Nr.	Jahr	Monat	Bauwerk					Stichwörter zum Versagen	Pers.-sch.	Einsturz	Quellen
			Kurzbeschreibung	Land	Ort	Zweck	Daten				
5.22	1985	Jan.	Rohrmantelmast	Deutschland	Bielstein	AT	h = 298 n = 5	Abriß einer Abspannlasche durch Ermüdungsbruch, mit verursacht durch Mängel bei einem Schweiß-Anschluß (s. Abschn. 5.2.3.4)	0	Total	Gutachten S. Krug Bild 5.6
5.23	1988	Juni	Stahlgittermast, dreieckiger Schaftquerschnitt mit Eckstielen aus Rund-Vollprofilen ⌀ 160 mm, Horizontalen Doppelwinkel 65 mm, Diagonalen Rundstahlstangen ⌀ 15 bis 25 mm, angeschweißt an Bleche für Schraubanschluß	USA	Colony, Montana	AT	h = 611 n = 10	Einsturz beim Austausch von Fachwerkdiagonalen im Mastschaft, da in den vorhandenen Rissen im Bereich ihres Schweißanschlusses festgestellt waren. Temporär waren zum Ersatz Kettenzüge eingebaut	3 T	Total	ENR 1988, 09.06., 10 New Civil Eng. 1988, 09.06., 5

Tabelle 5 – Teil 1 (Fortsetzung)

Lfd. Nr.	Jahr	Monat	Bauwerk					Stichwörter zum Versagen	Pers.-sch.	Einsturz	Quellen
			Kurzbeschreibung	Land	Ort	Zweck	Daten				
5.24	1991	Aug.	Stahlgittermast, dreieckiger Querschnitt, Seitenlänge 4,8 m. Eckstiele Rohre 245 × (9-34), Horizontalen Rohre 89 mm, Diagonalen Stangen ⌀ 30 mm, angeschweißt an Bleche für Schraubanschluß	Polen	Gabin, westlich Warschau	SS	h = 646 n = 5	Einsturz bei Seilaustausch. Ursache: abweichend von der Montageanweisung wurde eine Verbindung eines Seiles mit Seilklemmen falsch ausgeführt und versagte wegen 4mal so großer Last wie vorgesehen durch Gleiten. – Kein nennenswerter Wind (s. Abschn. 5.2.7.1)	0	Total	BI 93/226 Bild 5.10
5.25	1996	Sept.	Mittelwellensender, Stahlgittermast	Deutschland	Langenberg	SS	h = 162 n = 3	Fehler beim Austausch einer Abspannung, nicht genauer bekannt	0	Total	Tagespresse
5.26	1996	Okt.	Stahlgittermast	USA	Cedar Hill, Texas	AT	h = 470	Einsturz beim Zeihen einer neuen Spitzenantenne trotz größerer Windgeschwindigkeit. Ursache unbekannt	3 T	Total	ENR 1996, 21.10., 7
5.27	1997	Okt.	Stahlgittermast, dreieckiger Querschnitt	USA	Raymond		h = 610	Bruch eines 31 Jahre alten Abspannseiles, das in Kürze mit allen anderen ausgewechselt werden sollte. Bruch kann durch großes Stück herunterfallendes Eis ausgelöst sein	3 T	Total	ENR 1997, 03.11., 14. Siehe auch Http:/www.xs4all.ml/hnetten/disaster.html

5.1 Tabelle 5, allgemeine Betrachtungen

Tabelle 5 – Teil 2
Versagen von Funkmasten und -türmen
Abkürzung für Bauwerk: M = Mast, T = Turm, A = Antenne
t = Temperatur in °C, v = Windgeschwindigkeit in m/s, h = Höhe in m

Lfd. Nr.	Jahr	Monat	Ort	Land	Bau-werk	Höhe	Stichwörter zum Versagen	Quelle
5.28	1944		Insel in Pazifik	UdSSR	M	22	Sturm, Abspannung gerissen, Mast eingestürzt	Roitshtein
5.29	1944			UdSSR	M	205	Absturz eines Mastenabschnittes während der Montage, Montagefehler	Roitshtein
5.30	1946			UdSSR	M	205	Sprödbruch eines Ankers mit C > 0,6	Roitshtein
5.31	1948			UdSSR	M	200	Mast stürzt wegen Montagefehler ein	Roitshtein
5.32	1949	Dez.	Hamburg	Deutschland	M	200	Großer Lunker im Gußkörper eines Isolatorgehänges (s. Abschn. 5.2.9.2)	Fecke und NDR
5.33	1952	Dez.	Region Moskau	UdSSR	M	186	8 Maste eines Kurzwellensystem mit 13 Masten stürzten bei Sturm und Schnee ein, Montagefehler	Roitshtein
5.34	1955		Insel Sakhalin	UdSSR	M	200	Mast stürzt bei Sturm wegen zu schwacher Hilfsabspannungen	Roitshtein
5.35	1956		Olpe	Deutschland		50	Vandalismus	Tagespresse
5.36	1957	Jan.	Region Samara	UdSSR	M	200	t = −43, v = 10, Bruch einer Spannschraube in einer Abspannung, Ermüdungsbruch durch Schwingungen	Roitshtein
5.37	1957	Okt.	Region Samara	UdSSR	M	200	Bruch einer Spannschraube in einer Abspannung, Ermüdungsbruch durch Schwingungen	Roitshtein
5.38	1958	März	St Johns, Florida	USA	M	94	Versagen von 2 Masten infolge Überlastung durch Eis und Sturm	Laiho

Tabelle 5 – Teil 2 (Fortsetzung)

Lfd. Nr.	Jahr	Monat	Ort	Land	Bauwerk	Höhe	Stichwörter zum Versagen	Quelle
5.39	1958	Juli	Vologda	UdSSR	M	40	20 m × 20 m große abgespannte Antenne. Ausknicken von Abstützungen beim Vorspannen wegen Montagefehler	Roitshtein
5.40	1959	Nov.	Boonville, New York	USA	M	76	Überlastung durch Eis	Laiho
5.41	1959	Dez.	Kurgan; Ural	UdSSR	M	180	v = 2 bis 6. Einsturz wegen lokalen Beulens des Zylinderschaftes in 51 m Höhe, Herstellungsfehler	Roitshtein
5.42	1960	Dez.	Pyhätunturi	Finnland	M	74	Überlastung durch Eis	Laiho
5.43	1961		Carolina Beach	USA	M		Spitzenantenne ergänzt ohne Berücksichtigung in der Planung	Fecke
5.44	1962		Ejde, Färöer	Dänemark			Seil gleitet aus Endverankerung	Fecke
5.45	1962	Feb.	Region Samara	UdSSR	M	252	v = 2 bis 6. Einsturz wegen lokalen Beulens des Zylinderschaftes wegen Schweißeigenspannungen	Roitshtein
5.46	1962	Okt.	Vilnius-Tallin Funkverbindung	UdSSR	M	76	t = −13, Montagekran stürzt ab und durchschlägt Abspannung, Montagefehler	Roitshtein
5.47	1962	Nov.	Beylorussia	UdSSR	M	200	Sprödbruch eines Verbindungankers, ausgelöst durch Schweiß-Mangel wegen zu hohen Kohlenstoffgehaltes. Herstellungsfehler	Roitshtein
5.48	1963	Dez.	Karelien	UdSSR	M	200	Mast stürzt durch Fehler beim Austausch eines Abspannseiles ein	Roitshtein
5.49	1964	Jan.	Ural	UdSSR	M	117	Einsturz wegen Ermüdungsbruch einer Spannschraube in einer Abspannung infolge Schwingungen	Roitshtein
5.50	1964	Jan.	Süd-Petersburg	UdSSR	M	257	Einsturz wegen Ermüdungsbruch eines Isolators in einer Abspannung infolge Schwingungen	Roitshtein

5.1 Tabelle 5, allgemeine Betrachtungen

Tabelle 5 – Teil 2 (Fortsetzung)

Lfd. Nr.	Jahr	Monat	Ort	Land	Bauwerk	Höhe	Stichwörter zum Versagen	Quelle
5.51	1964		Iwo Jima	Pazifik			Eiisolator-Anschluß versagt infolge Ermüdung	Fecke
5.52	1964		Yap, Carolinen	Pazifik			Mast stürzt bei Montage wegen falschem Vorgehen ein	Fecke
5.53	1964	Nov.	Region Samara	UdSSR	M	252	Einsturz wegen Ermüdungsbruch eines Isolators in einer Abspannung infolge Schwingungen	Roitshtein
5.54	1964	Dez.	Region Krasnodar	UdSSR	M		4-Mast-Langwellensender. Eissturm führt zu lokalem Stabilitätsversagen von Schaftbauteilen	Roitshtein
5.55	1965		Feldberg, Schwarzwald	Deutschland	T	50	Eislast auf einem horizontal eingebauten Seilnetz führt zu Teileinsturz (s. Abschn. 5.2.5.1)	Fecke Bild 5.9
5.56	1965	Jan.	Region Samara	UdSSR	M	252	$t = -23$, $v = 14$. Einsturz wegen Ermüdungsbruch eines Isolators einer Anspannung infolge Schwingungen	Roitshtein
5.57	1965	Feb.	Region Gorky	UdSSR	M	200	Einsturz wegen Ermüdungsbruch einer Ankerschraube, Schweißfehler bei der Herstellung	Roitshtein
5.58	1965	März	Emley Moor	England	M	384	Querschwingungen des Rohrzylinderschaftes verursachen Einsturz	Laiho
5.59	1965	Apr.	Mt. Gambler	Australien	M	150	Kollision durch Flugzeug. Mast nicht eingestürzt, Flugzeugführer tot	Laiho
5.60	1965	Juli	Nordsibirien	UdSSR	A	40	20 m × 20 m großer Richtfunk-Antennenspiegel. Durch Fehler bei der Montage eingestürzt	Roitshtein
5.61	1966	Feb.	Nordsibirien	UdSSR	A	39	30 m × 30 m großer Richtfunk-Antennenspiegel. Bei der Montage wegen schlecht geschweißtem Seilschuhs	Roitshtein
5.62	1966	Apr.	Roswell, New Mexico	USA	M	560	Windlast mit $v = 22$ führt zum Versagen des Schaftes in 410 m Höhe	Laiho

Tabelle 5 – Teil 2 (Fortsetzung)

Lfd. Nr.	Jahr	Monat	Ort	Land	Bauwerk	Höhe	Stichwörter zum Versagen	Quelle
5.63	1966	Nov.	Waltham	Gr. Brit.	M	290	Ermüdung, Bolzen versagt	Laiho
5.64	1966	Dez.	Ferner Osten	UdSSR	M	300	t = −22. Wegen Überbeanspruchung der Befestigung eines Montageteiles fällt dieses herunter und zerschlägt spröden Ankerschuh	Roitshtein
5.65	1967	Mai	Ivano-Urevetz	UdSSR	M	80	Bruch der Spitzenantenne, Montagefehler	Roitshtein
5.66	1967	Nov.	Aberdeen	Schottl.	M	82	Überlastung durch Eis	Laiho
5.67	1967	Nov.	Ferner Osten	UdSSR	M	50	20 m × 20 m großer Richtfunkantennenspiegel durch Fehler bei der Montage eingestürzt	Roitshtein
5.68	1967	Dez.	Trois Rivieres	Kanada	M	300	Vereisung mit Wind	Laiho
5.69	1968	Feb.	Beylorussia	UdSSR	M	252	Ermüdungsbruch eines Isolatorgehänges in einer Anspannung infolge Schweißdefekten bei der Herstellung	Roitshtein
5.70	1968	Feb.	Süd Petersburg	UdSSR			40 mm dicke Vereisung der Dachantenne (Entwurfswert 10 mm). Bruch eines Antennenisolators	Roitshtein
5.71	1968	März	Quebec City	Kanada		76	Vereisung mit Wind, v bis 22	Laiho
5.72	1968	Juli	Sioux Falls, Dakota	USA	M	60	Farmer zerstört mit Traktor eine Abspannung	Laiho
5.73	1968	Nov.	Galesburb, N. Dakota	USA	M	627	Hubschrauber trennt Abspannseil	Tagespresse
5.74	1968	Dez.	Chacaluco	Argent.	M	251	Antennenspiegel abgestürzt, Zerstört Abspannung	Laiho
5.75	1969		Ukraine	UdSSR	M	70	v = 10. Schwingungen mit großen Amplituden, Versagen durch Ermüdung	Roitshtein
5.76	1969	Feb.	Halbinsel Taimyr	UdSSR	M	50	t = rd. −40 °C. Sprödbruch im Montagegerüst bringt 30 m × 30 m Richtfunkantennenspiegel zum Absturz	Roitshtein

5.1 Tabelle 5, allgemeine Betrachtungen

Tabelle 5 – Teil 2 (Fortsetzung)

Lfd. Nr.	Jahr	Monat	Ort	Land	Bauwerk	Höhe	Stichwörter zum Versagen	Quelle
5.77	1969	März	Yoshckar-Ola	UdSSR	M	102	Instabilität bei Montage mit Kletterkran, Montagefehler	Roitshtein
5.78	1969	Mai	Dallas, Texas	USA	M	470	Zu große Windlast im Gewittersturm	Laiho
5.79	1969	Sept.	Angarsk	UdSSR	M	259	Bruch einer Montagehilfskonstruktion führt zum Bruch einer Verankerungsschraube. Montagefehler	Roitshtein
5.80	1969	Okt.	Astrakhan-Elista	UdSSR	M	143	Bruch einer Montagehilfskonstruktion führt zum Bruch eines Abspannseiles. Montagefehler	Roitshtein
5.81	1970		Walker, Iowa	USA	M	600	Bei Verstärkung des Mastes zur Aufnahme weiterer Antennen mußten u.a. Diagonalen ausgewechselt werden. Bei dieser Arbeit in rd. 150 m Höhe gaben die temporären Diagonalen nach, als die alten ausgebaut wurden. Mast stürzte ein	Internet
5.82	1970		Hiawatha, Iowa	USA	M	335	Sportflugzeug kollidiert bei schlechter Sicht mit Mastschaft unterhalb oberster Abspannung. Flugzeug verliert rd. 1 m einer Tragfläche und stürzt ab. Alle Insassen kommen zu Tode	Internet
5.83	1970	Aug.	Halbinsel Taymir	UDSSR	M	50	30 m × 30 m großer abgespannter Richtfunkantennenspiegel bei Montage wegen Instabilität wegen Fehlens von Hilfsabspannungen eingestürzt	Roitshtein
5.84	1971		Ferner Osten	UdSSR	M	259	Bruch eines Keramikteiles in einem Isolator	Roitshtein
5.85	1971	Feb.	Viadicuacasus	UdSSR	M	182	Bruch einer Seilschlinge bei der Hubschraubermontage der Spitzenantenne	Roitshtein
5.86	1971	Sept.	St. Paul, Minnesota	USA	M	419	Bei Hub einer Bühnenkonstruktion stürzt Mast ein	Laiho

Tabelle 5 – Teil 2 (Fortsetzung)

Lfd. Nr.	Jahr	Monat	Ort	Land	Bau-werk	Höhe	Stichwörter zum Versagen	Quelle
5.87	1972	Juli	Angarsk	UdSSR	M	80	Bruch der überbeanspruchten Antennenbefestigung in einer Kurzwellenanlage infolge Entwurfsfelers	Roitshtein
5.88	1972	Juli	Kishiney	UdSSR	M	259	Durch Flugzeugkollision Bruch eines Seiles in der 5. Abspannung	Roitshtein
5.89	1972	Dez.	Stavropol	UdSSR	M	152	Einsturz durch schwere Vereisung	Roitshtein
5.90	1973	Juni	Orlando, Florida	USA	M	487	Mast stürzt infolge Konstruktionsfehler	Laiho
5.91	1973	Okt.	Cedar Rapids, Iowa	USA	M	600	Seilzustand verlangte Auswechseln, dabei eingestürzt	Laiho
5.92	1973	Okt.	Des Moines, Iowa	USA	M	600	Wind und Eis beim Bau	Tagespresse
5.93	1974		Ort unbekannt	Damalige DDR		20	Spannschlösser nach Wartung nicht gesichert, darauf bei Windeinwirkung eingestürzt bei t = −9	[5] Fall 431
5.94	1974	Jan.	Volgograd	UdSSR	M	205	Ermüdungsbruch eines Isolators in einer Abspannung infolge Herstellungsfehler. Obere Abschnitte abgestürzt	Roitshtein
5.95	1975		Sioux Falls, S. Dakota	USA	M	604	Starker Eissturm	Laiho
5.96	1975		Salem, S. Dakota	USA	M	477	Sturm	Laiho
5.97	1975	Nov.	Nordsibirien	UdSSR	M	39	Bei v = 40 und Eislast neigt sich Tragturm eines 30 m × 30 m großen Richtfunkantennenspiegels	Roitshtein
5.98	1976	Feb.	Kazakhstan	UdSSR	M	259	Mast stürzt wegen schwerer Montagefehler ein	Roitshtein
5.99	1976	März	Beylorussia	UdSSR	T	40	Versagen einer Rohrdiagonale wegen Eisbildung im Rohrinneren	Roitshtein
5.100	1976	Sept.	Karigasniemi	Finnland	M	56	Querschwingungen bringt Kopfabschnitt zum Absturz	Laiho

5.1 Tabelle 5, allgemeine Betrachtungen

Tabelle 5 – Teil 2 (Fortsetzung)

Lfd. Nr.	Jahr	Monat	Ort	Land	Bau-werk	Höhe	Stichwörter zum Versagen	Quelle
5.101	1976	Dez.	Pic de Nore	Frankreich	M	80	Wind v = 78 verursacht Einsturz des Richtfunkantennenspiegels	Laiho
5.102	1977			UdSSR	M	207	Mast bricht bei Montage wegen Fehler beim Austausch von Hilfsabspannungen zusammen	Roitshtein
5.103	1977	März	Region Ivanovo	UdSSR	M	331	Montagekletterkran stürzt ab und zerstört Abspannseil. Schlechte Qualität der Montage	Roitshtein
5.104	1977	Okt.	Region Surgut	UdSSR	M	80	Gußteile einer Hilfsabspannung versagen wegen Schweißnahtdefekten, Herstellungsfehler	Roitshtein
5.105	1978		Insel Saint Nose	UdSSR	M	50	Bei starkem Eiswind verursachen Schwingungen Versagen des Stützturmes eines 30 m × 30 m großen Richtfunkantennenspiegels	Roitshtein
5.106	1978	Feb.	Angora, Neu-England	USA	M	457	Eissturm	Laiho
5.107	1978	März	Argentan, Illinois	USA	M	401	Eissturm	Laiho
5.108	1978	Apr.	Insel Sachalin	UdSSR	M	55	Mast stürzte wegen Bruch von Asbestzement-Rohren infolge schlechter Qualität ein	Roitshtein
5.109	1978	Juni	Sibirien	UdSSR	T	60	t < −10. Bruch eines Rohrstabes wegen innerer Vereisung	Roitshtein
5.110	1978	Aug.	Region Moskau	UdSSR	M	250	Mast bricht bei Montage zusammen wegen unausgeglichenem Vorspannens von Abspannungen mit Hilfe eines Traktors	Roitshtein
5.111	1978	Nov.	Insel Sachalin	UdSSR	M	259	Mast bricht bei Montage zusammen wegen unausgeglichenem Anspannens von Abspannungen mit Hilfe eines Traktors	Roitshtein

Tabelle 5 – Teil 2 (Fortsetzung)

Lfd. Nr.	Jahr	Monat	Ort	Land	Bauwerk	Höhe	Stichwörter zum Versagen	Quelle
5.112	1979	Dez.	Sunne	Schweden	M	320	Querschwingungen bringen die obersten 60 m des Mastes zum Absturz	Laiho
5.113	1980	Jan.	Mayen	Norwegen	M		Mangelhafte Befestigung von Hilfsseilen versagt bei Sturm	Fecke
5.114	1980	März	Insel Sachalin	UdSSR	M	55	Bei v >50 brechen Seile der 2. und 3. Abspannebene der Maste einer Kurzwellenanlage wegen Kurzschluß	Roitshtein
5.115	1980	Juni	Kazakhstan	UdSSR	M	56	Mast stürzt bei Montage infolge Bruch einer Seilverankerung ein. Grund: Falsches Vorgehen der Monteure	Roitshtein
5.116	1981		Alma-Ata, Kazakhstan	UdSSR	T	380	Risse in einer Strebe wegen schlechter Werkstoffqualität	Roitshtein
5.117	1981	Okt.	Dudelange	Luxembourg	M ?	301	Mirage-Flugzeug trifft Mast	Laiho
5.118	1981	Dez.	Kirkutsk	UdSSR	M	55	Mast bricht bei Montage wegen Fehler der Monteure zusammen	Roitshtein
5.119	1982		Lawrence, Kansas	USA	M	184	Vandalismus: Zerschneiden von Abspannseilen	ENR 1982, 16.12., 18
5.120	1982	Jan.	Region Süd-Petersburg	UdSSR	M	257	$v = 10$ bis 12, $t = -24$. Mast stürzt ein wegen Seilbruch infolge Isolatorermüdung	Roitshtein
5.121	1982	Aug.	Igevsk	UdSSR	M	345	$v = 7$. Mast war bis 246 m Höhe errichtet. Halber Mast stürzte ein wegen unausgeglichener Vorspannung der Abspannseile	Roitshtein
5.122	1982	Dez.	Huntsville, Alabama	USA	M	548	Beim Antenneziehen versagt Ankerschlaufe	Laiho

5.1 Tabelle 5, allgemeine Betrachtungen

Tabelle 5 – Teil 2 (Fortsetzung)

Lfd. Nr.	Jahr	Monat	Ort	Land	Bauwerk	Höhe	Stichwörter zum Versagen	Quelle
5.123	1983		Rowley, Iowa	USA	M	609	Einsturz durch hohen Eisansatz am Mast und an den Seilen sowie dadurch möglichem Galopping bis zum Seilbruch	Intenet
5.124	1983	Feb.	Süd-Petersburg	UdSSR	M	257	Sprödbruch eines Anspannseiles infolge Spannungsrißkorrosion	Roitshtein
5.125	1983	März	Azerbaijan	UdSSR	M	76	Gewitter führt wegen elektrischer Überlastung zu Kurzschluß und zum Verbrennen eines Keramikisolators in einem Seil der 3. Abspannebene	Roitshtein
5.126	1983	Sept.	Region Süd-Petersburg	UdSSR	M	257	Bruch eines Abspannseiles: Riß infolge Spannungsrißkorrosion	Roitshtein
5.127	1983	Okt.	Region Süd-Petersburg	UdSSR	M	257	Bruch eines Abspannseiles. Riß infolge Spannungsrißkorrosion	Roitshtein
5.128	1984	Feb.	Kishinev	UdSSR	M	353	Vereisung und Sturm erzeugen Schwingungen und führen damit zum Bruch eines Seiles in der 5. Abspannebene	Roitshtein
5.129	1984	Juni	Region Kaliningrad	UdSSR	M	104	Gewitter führt wegen elektrischer Überlastung zu Kurzschluß und zum Verbrennen eines Keramikisolators in einem Seil der 3. Abspannebene	Roitshtein
5.130	1984	Okt.	Norilsk	UdSSR	M	205	Neigung der Pfeilerrostfundamente von Mastschaft und von Abspannungen infolge Permafrost im Boden	Roitshtein
5.131	1985	März	Tiksy, Nordsibirien	UdSSR	T	21	Sturm mit v = 60 (Entwurfswert 40) bringt einen Turm eines Richtfunkantennenspiegels, ∅ 19 m, zum Einsturz	Roitshtein
5.132	1985	April	Tula Region	UdSSR	M	100	Beim Auswechseln von Abspannseilen bricht Gußteil einer Verankerung. Herstellungfehler	Roitshtein

Tabelle 5 – Teil 2 (Fortsetzung)

Lfd. Nr.	Jahr	Monat	Ort	Land	Bauwerk	Höhe	Stichwörter zum Versagen	Quelle
5.133	1985	Mai	Region Moskau	UdSSR	M	80	Infolge Konstruktionsfehler stürzt Kletterbaum ab	Roitshtein
5.134	1985	Juli	Moldavien	UdSSR	M	350	Bauteil fällt bei Montage herunter und beschädigt Typenisolator. Montagefehler	Roitshtein
5.135	1986	Apr.	Halbinsel Kolsky	UdSSR	M	273	Montagebaum stürzt ab, zerschlägt Abspannseil und bringt Mast zum Einsturz	Roitshtein
5.136	1986	Juni	Region Katiningrad	UdSSR	M	100	Gewitter führt wegen elektrischer Überlastung zu Kurzschluß und zum Verbrennen eines Keramikisolators in einem Seil der 3. Abspannebene	Roitshtein
5.137	1986	Apr.	Ural	UdSSR	M	48	Mehrere Maste stürzten wegen schlechter Qualität des eingesetzten Glasfibermaterials ein. Anlaß, wieder in Stahl zu bauen	Roitshtein
5.138	1986	Juli	Bradford	Great Britain		45	Vandalismus: Abspannung durchtrennt	Laiho
5.139	1986	Dez.	Georgien	UdSSR	M	204	Risse in Bauteilen wegen schlechter Werkstoffqualität. Herstellungsfehler	Roitshtein
5.140	1987	Sept.	Van	Türkei		253	Seilbruch	Laiho
5.141	1987	Dez.	Tulsa, Oklahoma	USA		579	Eissturm	Laiho
5.142	1988	Feb.	Sollefteä Schweden			324	Einseitige Eislast	Laiho
5.143	1988	Juni	Kirksville, Missouri	USA		610	Plötzliches Nachgeben eines Kettenzuges, der als temporäre Aussteifung diente. 3 Tote	Laiho
5.144	1988	Aug.	Dushanbe	UdSSR	M	100	Gewitter führt wegen elektrischer Überlastung zu Kurzschluß und zum Verbrennen eines Keramikisolators in einem Seil der 3. Abspannung	Roitshtein

5.1 Tabelle 5, allgemeine Betrachtungen

Tabelle 5 – Teil 2 (Fortsetzung)

Lfd. Nr.	Jahr	Monat	Ort	Land	Bauwerk	Höhe	Stichwörter zum Versagen	Quelle
5.145	1989		Mühlacker	Deutschland	M	130	Versagen von Rohrstäben mit 3,5 mm Wanddicke, die durch inneren Korrosion stark geschwächt sind	Fecke
5.146	1989	Mai	Panama City Florida	USA		500	Düsenjäger kappt Abspannseil	Laiho
5.147	1989	Sept.	Glasgow	Schottland		71	Vandalismus: 3 Maste zerstört	Laiho
5.148	1989	Okt.	Charleston	USA		510	Hurrikan	Laiho
5.149	1989	Dez.	Auburn, N. Carolina	USA		588	Schwere Vereisung	Laiho
5.150	1989	Dez.	Auburn, N. Carolina	USA		610	Schwere Vereisung	Laiho
5.151	1990	Jan.	Anlier	Belgien		200	Wetterfester Stahl, starker Wind	Laiho
5.152	1994	Juni	Tallinn	UdSSR	T	314	Bei Antennenmontage auf Turmspitze mit Hilfe eines Hubschraubers stürzt Mast ein. Falsches Flugmanöver	Roitshtein
5.153	1995	Juni	Mänttä	Feuerland		37	„Mini"-Hurrican, Bäume in den Mast gefallen	Laiho
5.154	1996		Langenberg	Deutschland	M	164	Umbau	Tagespresse
5.155	1996		Montgomery	USA		242	Tornado	Internet

5.2 Versagensgruppen oder Einzelfälle

Da viele Versagensfälle gleiche oder einander ähnliche Ursachen haben, werden sie nachfolgend in Anlehnung an die Zusammenstellung im Abschnitt 5.1 gruppenweise zusammengefaßt.

5.2.1 Grundsätzlich zu geringer Windlastansatz, vor allem Versagen in der Frühzeit des Bauens hoher Antennentragwerke

Nicht ausreichende Windlastannahmen sind in der Zeit von 1912 bis 1930, also in der Frühzeit des Mast- und Turmbaus, Ursache für die 4 in Deutschland aufgetretenen Einstürze (Fälle 5.1 bis 5.4). Auch der 1925 gebaute und 1972 eingestürzte Funkturm in Königs Wusterhausen (Fall 5.10) ist für die „alten" Windlasten bemessen. Sie wurden durch den Winddruck auf das Tragwerk in kN/m^2 beschrieben, der eine Trennung in den windgeschwindigkeitsabhängigen Staudruck und in den von der Form des angeblasenen Gegenstandes abhängigen aerodynamischen Kraftbeiwert nicht kannte. Völligkeitsgrad und Abschattung waren noch unbekannte Begriffe.

5.2.1.1 200-m-Mast Nauen, Fall 5.1, 1912

Der Einsturz des Mastes in Nauen muß die Öffentlichkeit sehr betroffen haben, denn in einer Kassette in der Turmkugel der Nauener St. Jacobikirche, die nach dem Datum anderer Unterlagen nicht vor 1921 geschlossen sein kann, wurden 1992 Fotos vom umgestürzten Mast gefunden. Ob sein Versagen allein auf Windbelastungen, die größer als die angenommen waren, zurückgeht, bleibt wegen Mangel an technischen Angaben zur Aufstockung eines zunächst 100 m hohen Mastes unklar. Hierzu „… unternahm man das technische Wagnis, auf den 100 m hohen Turm einen zweiten von gleicher Höhe aufzusetzen (Bild 5.1 a). Einem heftigen Sturm im Frühjahr 1912, kurz vor Inbetriebnahme der neuen Schirmantenne, hielt dieser Mast nicht stand. Der obere Turm knickte unten den gewaltigen Kräften zusammen und stürzte über das Betriebsgebäude hinweg, glücklicherweise, ohne dieses und die darin befindlichen 40 Menschen zu beschädigen, zerschlug aber ein Halteseil des unteren Turmes auf der Leeseite, so daß dieser bei Nachlassen des Windes nach 7 Minuten ebenfalls zu Fall kam" (Bild 5.1 b), ([53] und Eisenbau 3 (1912), 240).

Als Ursache wird nicht ausgeschlossen, daß zum Zeitpunkt des Einsturzes die für die untersten Abspannungen vorgesehenen Querabspannungen noch fehlten und damit zu große Verschiebungen in 75 m Höhe auftraten (siehe dazu auch [59]). In [60] wird sogar berichtet, daß die Forderung, die radiotechnischen Versuche mit dem aufgestockten Mast auf jeden Fall in den dunklen Winternächten um den Jahreswechsel 1911/1912 durchzuführen, notgedrungen zu einer Freigabe mit der Bedingung führte, daß die genaue Einstellung der Vorspannkräfte, mit der „ein harmonisches Zusammenwirken zwischen dem neuen oberen Mast und dem alten" herbei-

5.2 Versagensgruppen oder Einzelfälle   133

Bild 5.1
200-m-Mast Nauen, 1912, Fall 5.1
a) 100-m-Mast mit 100-m-Aufstockung
b) Eingestürzter Mast

geführt werden sollte, erst nachträglich vorgenommen würde. Diese verzögerte sich aus verschiedenen Gründen, so daß der Mast beim Einsturz am 30. März 1912 nicht planmäßig vorgespannt war.

5.2.1.2 150-m-Stahltürme Norddeich, Fall 5.2, 1926 sowie 75-m-Holzturm München-Stadelheim, Fall 5.3, 1930 und 160-m-Holzturm Langenberg, Fall 5.4, 1934

Die Einstürze der 3 stählernen 150-m-Fachwerkgittertürme – für die Zeit des Zusammenbruchs werden Windgeschwindigkeiten bis 33 m/s (vermutlich in 10 bis 15 m Höhe) angegeben –, des hölzernen 75-m-Turmes München-Stadelheim und des hölzernen 160-m-Turmes Langenberg haben zu der Frage geführt, ob die nach den Baubestimmung anzusetzenden Windlasten besonders für größere Höhen zu klein sind. 1926 wurde mit einem Winddruck w (kN/m^2) = 1,5 + 0,5 h (m) gerechnet. Vorschläge enthielten eine Verschärfung auf w (kN/m^2) = 1,5 + 1,0 h (m) für erforderlich, andere hielten unter Berufung auf Windgeschwindigkeitsmessungen in den USA bis in 75 m Höhe keine Zunahme mit der Höhe für berechtigt.

Das Problem konnte bald darauf auf der Basis der umfangreichen Versuche von O. Flachsbart [61] neu betrachtet werden, die eine Beschreibung der Windlast als Produkt aus Staudruck q und aerodynamischem Form- (heute Kraft-)beiwert c wirklichkeitsnah erlaubte. In Norddeich an der ostfriesischen Nordseeküste würde man nach heute gültiger Norm DIN 4133 mit einem Staudruck q (kN/m^2) = 1,3 + 0,3 h (m) und einem Kraftbeiwert c_f für 4stielige Türme (Annahme, denn es ist nicht belegt, ob die Türme drei- oder vierstielig waren) aus kantigen Stäben je nach Völligkeitsgrad zwischen 3,0 und 2,3 rechnen. Das ergibt für einen mittleren Kraftbeiwert von 2,6 einen Winddruck, bezogen auf die Ansichtsfläche, w (kN/m^2) = rd. 3,4 + 0,8 h (m), also unten mehr als doppelte und oben fast das doppelte der 1926 angesetzten Windlast. Daß allerdings zu der angegebenen Windgeschwindigkeit v = 33 m/s ein Staudruck q = rd. 0,70 kN/m^2 gehört, führt auf die Vermutung, daß die Windgeschwindigkeiten oberhalb der Höhe, in der gemessen wurde, erheblich größer als 33 m/s waren.

5.2.1.3 243-m-Stahlturm Königs Wusterhausen, Fall 5.10, 1972

In den zuvor erörterten Komplex gehört auch der Einsturz des im wesentlichen stählernen, 1925 erbauten, dreistieligen 243-m-Stahlgitterturmes in Königs Wusterhausen. Der Turm, damals das zweithöchste Bauwerk der Welt, dient als Mittelturm für eine Dachantenne (Bild 5.2a). Er steht auf Isolatoren, der rd. 40 m lange obere Teil ist aus Aluminium [62]. Als Baustoff wurde Thomasstahl verwendet. Die Größe des Bauwerks geht aus Bild 5.2.b und der Angabe, daß seine Fußlager auf den Ecken eines gleichseitigen Dreiecks mit 60 m Kantenlänge stehen, hervor. Auch dieser Turm wurde nach den bei der Projektierung 1923/24 geltenden Windlastannahmen bemessen. Angegeben wird ein Winddruck von 2,5 kN/m^2 an der Turmspitze und 1,5 kN/m^2 am Fuß. Die Beanspruchungen aus Windlasten sind im oberen Teil wegen der Wirkung der Antennenzüge relativ klein (Bild 5.2a), dagegen im unteren Teil dominierend.

Im Laufe der Jahre wurden verschiedene vor allem durch Rost beschädigte Teile saniert und Fußisolatoren ausgewechselt. Wiederholt wurden Sprödbrüche in Stäben festgestellt, die Stäbe wurden ausgewechselt.

In einer Stellungnahme der Staatlichen Bauaufsicht zum Einsturz im Jahr 1972 werden als Ursachen genannt:

– die unzureichende Lastannahme bei der Projektierung,
– das Auftreten einer Windgeschwindigkeit, die über derjenigen lag, die den 1972 geltenden Baubestimmungen zugrunde liegt, und
– die Verwendung eines ungeeigneten Stahls, der bei fortgeschrittener Alterung bei hoher Beanspruchung zu Sprödbrüchen neigt.

Die Trümmer des eingestürzten Turmes zeigt Bild 5.2c.

In [62] werden im Zusammenhang mit der Diskussion über Windlastansätze, allerdings ohne weitere Angaben und daher ohne Aufnahme in die Tabelle 5, zwei weitere Einstürze erwähnt: 1916 ein 150-m-Mast in Lüttich und 1918 ein Mast in Bad Kreuznach.

5.2 Versagensgruppen oder Einzelfälle

Bild 5.2
243-m-Turm Königs Wusterhausen, 1972,
Fall 5.10
a) Dachantennen, Lage im Grundriß
b) Blick in den Turm von unten
c) Einsturztrümmer

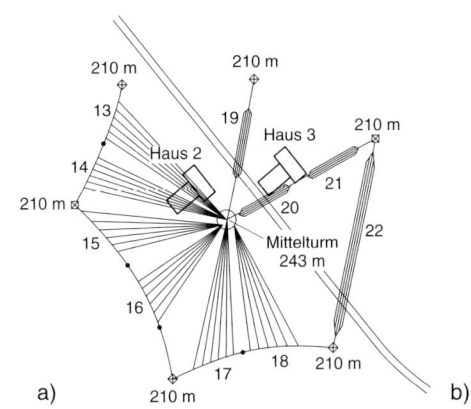

5.2.2 Ungewöhnliche Windlasten, Vereisung oder beides zusammen

Für das Versagen in den Fällen 5.101, 5.131, 5.148 und 5.155 werden entweder Windgeschwindigkeiten von 78 bzw. 60 m/s, Hurrikan oder Tornado als Ursache genannt. Diese Einwirkungen müssen genau so als „höhere Gewalt", gegen die nicht mit Sicherheit bemessen werden kann, eingestuft werden, wie vermutlich auch die, für die relativ allgemein „Sturm" (Fälle 5.28, 5.78 und 5.96) genannt wird.

Außergewöhnliche Vereisung in den 12 Fällen ist entweder als einseitig (Fälle 5.8, 5.142), mit großer, angegebener Schichtdicke (Fälle 5.13, 5.21 (25 cm), 70!) oder allgemein mit „stark" (Fälle 5.40, 5.42, 5.66, 5.89, 5.149, 5.150) angegeben. Im Fall 5.27 haben herabfallende Eisstücke einen Porzellan-Isolator zerschlagen und damit den Einsturz verursacht. In allen Fällen ging die Vereisung offensichtlich weit über das hinaus, was die Entwerfer annahmen und auch annehmen durften. Zum Thema Vereisung wird auf [65, 66] und Abschnitt 6.4 und die dort zu findenden Angaben zu außergewöhnlichen Eislasten auf Freileitungen hingewiesen.

Bild 5.3 a zeigt zur Demonstration von Vereisungen den 80-m-Mast auf dem Feldberg im Taunus. Im Bild 5.3 b erkennt man zwei abgestürzte Seile einer Dachantenne einer Langwellensendeanlage mit 360-m-Masten im Odenwald: infolge über-

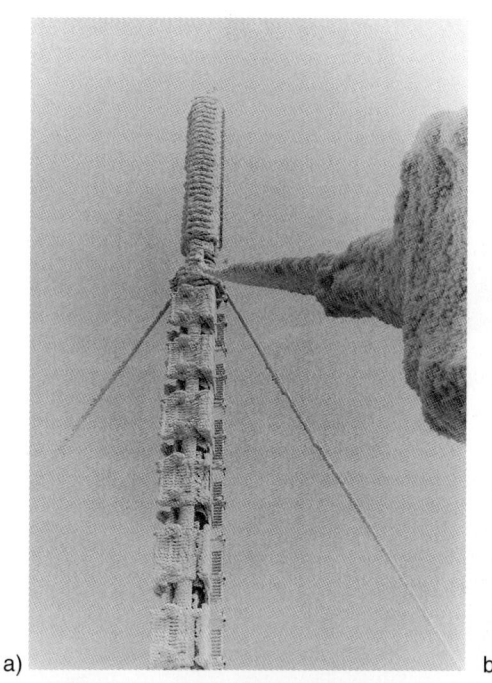

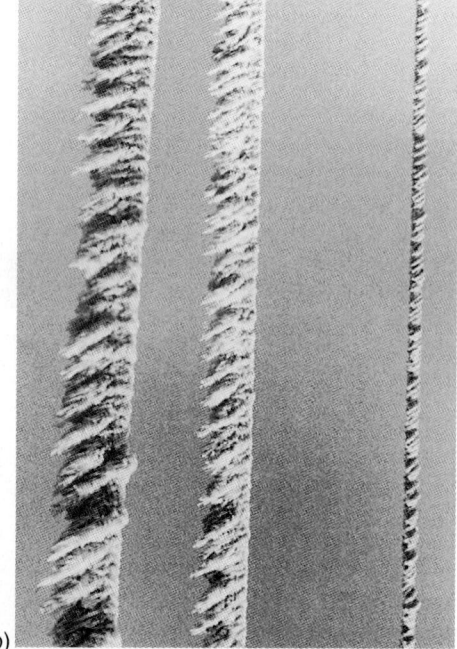

Bild 5.3
Beispiele für Vereisungen von Masten und Antennen
a) 80-m-Mast auf dem Feldberg im Taunus
b) Dachantennenseile einer Funksendeanlage im Odenwald nach Absturz

5.2 Versagensgruppen oder Einzelfälle

mäßiger Vereisung war eine Sollbruchstelle planmäßig gebrochen, das Eis blieb beim Absturz am Seil haften.

Für das Zusammentreffen von Vereisung mit Windlast wird im allgemeinen davon ausgegangen, daß beide Einwirkungen nicht gleichzeitig mit ihren Extremwerten auftreten. DIN 4131 erlaubt z. B. im Abschnitt A1.5 bei Eisansatz den Staudruck auf 75% des Regelwertes zu ermäßigen, also von einer auf rd. 87% abgeminderten Windgeschwindigkeit auszugehen.

Daß dies in außergewöhnlichen Wettersituationen nicht ausreicht, belegen die 10 Versagensfälle 5.38, 5.54, 5.68, 5.71, 5.92, 5.95, 5.97, 5.106, 5.107 und 5.141.

Allgemein muß wohl hingenommen werden, daß in Anbetracht der großen Streuungen wetterbedingter Einwirkungen die Erhöhung der beim Entwurf anzusetzenden Werte nie dazu führen wird, Überlastungen, die die Sicherheit aufzehren, auszuschließen. Umgekehrt muß aber die Tatsache, daß die Überschreitung der Ansätze durch die Natur zu 29 der 155, also zu 19% der erfaßten Einstürze, geführt hat, veranlassen, über Regelungen in einigen Baubestimmungen nachzudenken. Eine wichtige Grundlage sind systematisch über mehr als ein Jahrzehnt durchgeführte Messungen zu Windlasten, -richtungen und -verteilungen bis in Höhen über 300 m [63].

5.2.3 Dynamische Probleme

Querschwingungen von zylindrischen Mastschaften und Antennenträgern am Kopf von Antennenträgern sind durch Ermüdungsbrüche Ursache für die 11 Versagensfälle 5.6, 5.7, 5.12, 5.17, 5.36, 5.37, 5.58, 5.100 und vermutlich 5.105, 5.112 und 5.128.

Rohrförmige Stahlmastschafte werden heute wegen der Querschwingungsgefahr fast nicht mehr gebaut, durchweg wird das Problem durch Stahlgittermaste umgangen. Dagegen sind Antennenaufsätze mit kreiszylindrischer Außenhülle aus Kunststoff – oft auch selbsttragend – unvermeidbar. Man beugt nach den schlechten Erfahrungen Querschwingungen durch den Einbau von Schwingungstilgern vor. Scrutonwendeln werden im Falle möglicher Vereisung umgangen, da sie dadurch unwirksam werden können.

In den 8 Fällen 5.22, 5.49, 5.50, 5.51, 5.53, 5.56, 5.120 und 5.123 wurde das Versagen durch Schwingungen in den Abspannseilen verursacht. In 5 von ihnen führten sie zum Bruch von Isolatoren (Fälle 5.50, 5.51, 5.53, 5.56, 5.120).

5.2.3.1 Rohrmantelmast Suchá, Fall 5.6, 1962

Der 12,5 m lange Antennenaufsatz auf dem 287,5 m hohen, 4fach abgespannten Mast brach zwei Jahre nach Inbetriebnahme ab und stürzte ab. Ursache: der ganze Mastschaft kam wiederholt, auch schon während der Montage, in Schwingungen quer zur Windrichtung. Damit bekamen die Abspannseile große Ausschläge und schlugen hart und mit Lärm an den Verankerungsblechen an. Ein Ermüdungsbruch des mit großer Kerbwirkung schlecht aufgeführten Schweißanschlusses des Fachwerkgitter-Antennenträgers an den Mastkopf war die Folge.

5.2.3.2 „Blechschalen"-Turm Buková, Fall 5.7, 1966

Der 190 m hohe „Blechschalen"-Turm wurde 1960 fertiggestellt. Seine Haupttragkonstruktion bestand aus einer Rotationsschale, deren Durchmesser zwischen 18 m am Fuß und 2,5 m in 150 m Höhe nach einem Parabelgesetz veränderlich ist. Er trägt im unteren Teil drei ringförmige Antennenbühnen. Der obere Teil ist zylindrisch und enthält eine 10 m lange Kabine, $\varnothing$ = 8 m, für den Sendebetrieb (siehe Bild 5.4a).

Die Tragkonstruktion wurde auf der Baustelle aus 6 mm dicken, vorgekrümmten Blechen, Längs- und Ringsteifen durch Schweißverbindungen zusammengefügt. Ein Blick in das Innere eines ähnlichen Turmes in der ehemaligen Tschechoslowakei verdeutlicht den Aufbau der Blechschale (Bild 5.4b).

Der Turm zeigte schon während der Errichtung Querschwingungen. Sie sollten durch die 1960 angeschweißten, auf Bild 5.4a erkennbaren Wendeln gemildert werden. Sie haben kaum eine dämpfende Wirkung gehabt, dagegen durch neue Kerben die Ermüdungsfestigkeit des Turmes weiter beeinträchtigt.

Nachdem der Turm 1965 durch einen Kabelbrand unkontrollierbar geschädigt und für die vorgesehenen Zwecke nicht mehr nutzbar war, wurde er 1966 gesprengt (Bild 5.4c).

Ein ähnlicher Turm in Mittelböhmen, aber ohne die zylindrische Kabine, blieb ohne Querschwingungen und versieht nach wie vor seinen Dienst.

5.2.3.3   Fernmeldeturm Hoher Bogen, Fall 5.12, 1974

Der auf einem rd. 52 m hohen, zylindrischen Betonturm aufgesetzte, stählerne Aufsatz mit quadratischem Kastenquerschnitt ist 33 m hoch und mit einer zylindrischen Kunststoffhülle, Durchmesser im oberen Drittel 1,8 m, darunter 2,10 m, zum Einschätz verkleidet. In [54, 64] wird das Bauwerk näher beschrieben.

Trotz der zur aerodynamischen Dämpfung angebrachten Ringwülste traten bei einer Windgeschwindigkeit von 6,5 m/s heftige Querschwingungen mit einer Frequenz f = 0,65 s^{-1} und Absenkungen am Kopf bis rd. 0,5 m auf. Dieser Wert stimmt gut mit dem überein, der in [54] theoretisch ermittelt wird. Das Verhalten des Bauwerks änderte sich durch eine Nachrüstung mit Scrutonwendeln zwar entscheidend. Die durch die langanhaltenden Schwingungen erlittenen Ermüdungsschäden führten aber dazu, daß der Aufsatz während eines schweren Herbststurmes in einem Schraubstoß brach (Bild 5.5a und b). Dazu trug bei, daß die Wendeln den Kraftbeiwert des Zylinders von 0,7 auf 1,1 erhöht und der Bezugsdurchmesser damit ebenfalls vergrößert worden war.

5.2 Versagensgruppen oder Einzelfälle

Bild 5.4
Blechschalenturm Buková, 1966, Fall 5.7
a) Ansicht des Bauwerkes
b) Blick in das Innere des Turmes. Die erkennbare Innenkonstruktion ist unabhängig von der Schale und für Montagezwecke vorgesehen
c) Turm nach der Sprengung

Bild 5.5
Fernmeldeturm Hoher Bogen, 1974, Fall 5.12
a) Abgeknickter Antennenträger
b) Bruchstelle an einem durch schwingende Beanspruchungen vorgeschädigten Schrauben-Flanschstoß

5.2.3.4 Rohrmantelmast Bielstein, Fall 5.22, 1985

In einer kalten Nacht des Winters 1985/86 stürzte der 298 m hohe Rohrmantelmast Teutoburger Wald des Westdeutschen Rundfunks bei Detmold ein (Bild 5.6a), ohne daß nennenswerter Wind herrschte. Als Hauptursache stellte sich der vermeintliche Trick eines Stahlbauschweißers heraus (Bild 5.6b): Er ließ die Schottbleche zum Anschluß der Abspannseile bewußt kleiner schneiden, als sie in den Plänen vorgesehen waren, um sie leicht zwischen andere Bauteile einschieben zu können. Er beeinträchtigte damit die Qualität der für die Tragsicherheit entscheidenden Schweißnähte zwischen Schottblechen und Anschlußring, indem der die vorgeschriebene Spaltbreite von 2 mm nicht einhielt und damit nachhaltige Mängel an der Schweißverbindung verursachte. So kam es über die Jahre infolge der seitlich auf die Seile wirkenden Windlasten zunächst zu Anrissen, dann zu ihrer Ausweitung und schließlich bei tiefer Temperatur infolge der Abnahme der Zähigkeit des Stahles zum Durchschlag eines Risses. Es muß aber darauf hingewiesen werden, daß der Seilanschluß auch bei korrekter Ausführung in bezug auf Ermüdungsschäden grundsätzlich als schwach einzustufen ist.

Zu der wichtigsten Folge dieses Einsturzes gehörte die Überprüfung aller Maste aus derselben Werkstatt, bei denen der Schweißer ebenfalls Zauberlehrling gewesen sein konnte. Die Kontrolle führte bei mehreren Masten zum Ersatz von Anschlußkonstruktionen, bei denen z. B. Rostabsonderungen Anlaß waren, Anrisse oder Risse in Schweißnähten und damit Unsicherheiten nicht sicher ausschließen zu können.

5.2 Versagensgruppen oder Einzelfälle

Bild 5.6
298-m-Rohrmantelmast Bielstein, 1985, Fall 5.22
a) Eingestürzter Mast
b) Lasche zum Anschluß eines Pardunenseiles

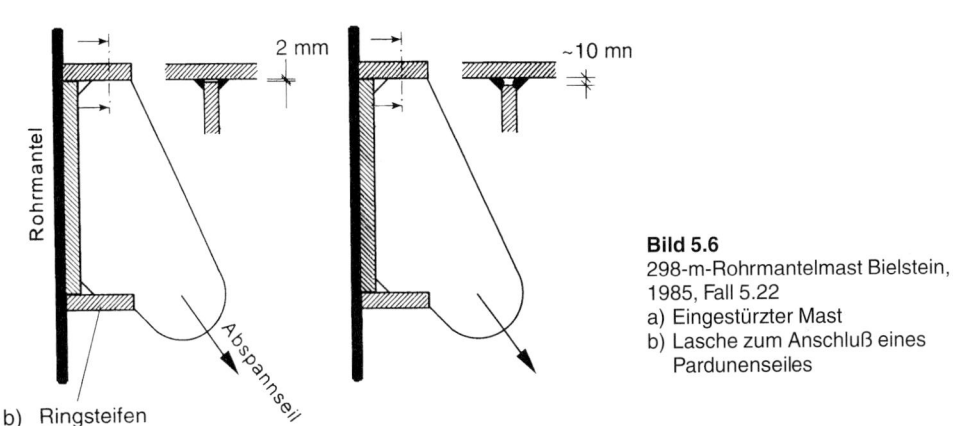

5.2.3.5 Schwingungen einer vereisten Abspannung eines 350-m-Rohrmantelmastes, Nordwest-Deutschland

Genaue Angaben zum Ermüdungsversagen in den Fällen 5.49 und 5.128 liegen nicht vor. Der letztgenannte Fall veranlaßt über das folgende, allerdings nicht einsturzgefährdende Vorkommnis bei der deswegen in Tabelle 5 nicht erfaßten Antennenanlage zu berichten.

In einer von insgesamt 96 Seilabspannungen eines von acht in einer Gruppe aufgestellten 350-m-Rohrmantelmasten in Nordwest-Deutschland kam es in einem Winter in den 70er Jahren zur Vereisung von Abspannseilen. Sie kann bei nebligem und windstillem oder -schwachem Wetter entstehen, ist als Rauhreif locker und fällt bei Aufkommen von Wind im allgemeinen schnell ab. Zäher haftet das Eis, das sich aus unterkühlten Nebel- und Wolkentröpfchen bei mäßigem bis frischem Wind ablagert. Dieser

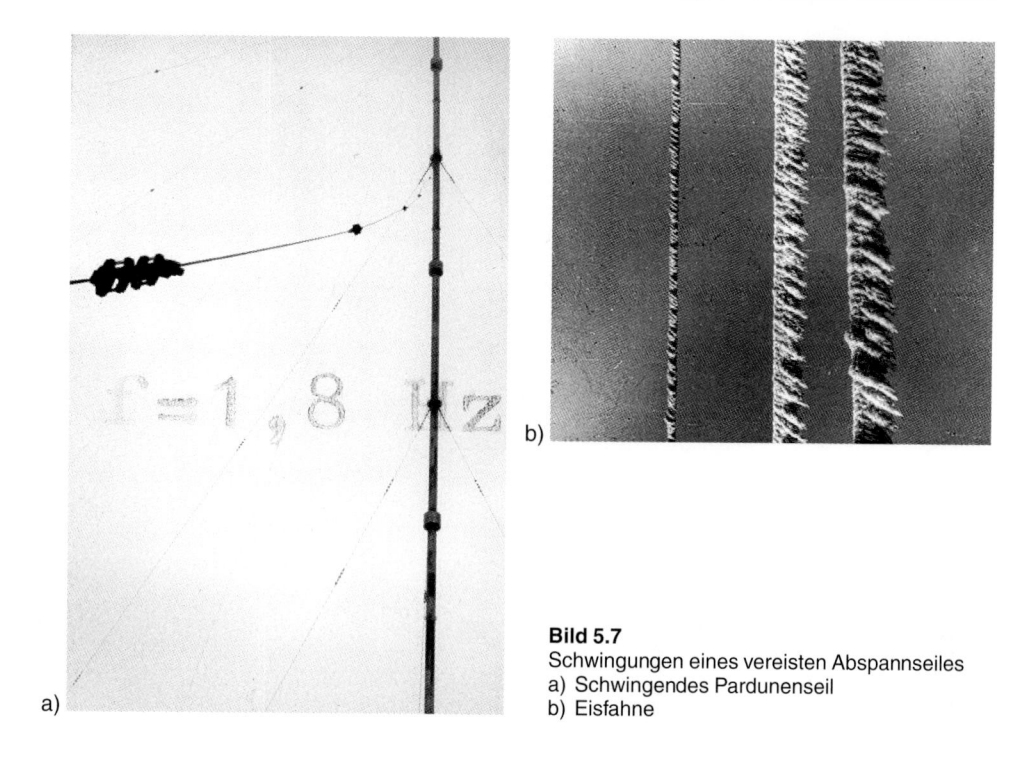

Bild 5.7
Schwingungen eines vereisten Abspannseiles
a) Schwingendes Pardunenseil
b) Eisfahne

Rauhfrost ist fest und hat eine Dichte von 0,3 bis 0,7 kg/m^3. Schwerer ist der Eisansatz, der sich aus unterkühltem Regen oder dichtem Nebel (Wolken) bei starkem Wind bildet. Er ist glasig, haftet fest und erreicht Dichten bis 0,9 kg/m^3 (siehe hierzu [67]).

Im hier geschilderten Fall handelt es sich um die zuletzt beschriebene Art der Vereisung. Sie wuchs gegen den Wind und bekam etwa die Form einer Flugzeugtragfläche (Bild 5.7b). Unter Wind in einer bestimmten Richtung mit einer bestimmten Geschwindigkeit kam das Seil in vertikaler Richtung mit einer stehenden Welle mit Amplituden bis zu 2 m in Schwingungen (Bild 5.7a). Dies führte erst nach längerer Zeit zum Abfallen des Eises, und die Gefährdung des ganzen Mastes war erst damit beendet. Die Form des vereisten Seiles konnte aus den abgefallenen Eisstücken rekonstruiert werden.

Für die Fälle 5.57, 5.63, 5.69 und 5.75 fehlen genauere Angaben.

5.2.3.6 Torsionsschwingungen einer großen Reusenantenne, Mainflingen

Außergewöhnliche Schwingungen gefährdeten die Standsicherheit der 144 m hohen Reusenantenne in Mainflingen. Bild 5.8 zeigt den am Mastkopf aufgehängten, begehbaren Reusenring in rd. 60 m Höhe mit rd. 60 m Durchmesser. Über seine 18 Ecken werden die Reusenseile von kleineren Ringen am Kopf und Fuß des Mastes gespannt und bilden damit 2 gegeneinander gestellte Kegelstümpfe.

5.2 Versagensgruppen oder Einzelfälle   143

Bild 5.8
144-m-Reusenantenne Mainflingen

Die statische Untersuchung, auch mit über Breite ungleichen, Torsion im Mastschaft erzeugenden Windlasten, reichte für die Beurteilung des Tragverhaltens nicht aus. Das zeigte sich sofort, als zum Ende der Montage die Hilfsseile abgeworfen waren: der Mast führte bei mittleren Windgeschwindigkeiten, angeregt durch Windböen mit seitlich eingeschränkter Wirkungsbreite, Torsionsschwingungen mit 2 m großen Tangentialverschiebungen am Reusenring aus. Die Schwingungsdauer lag mit rd. 20 s genau bei der nachträglich berechneten.

Die Gefährdung des Mastes wurde zunächst durch den Wiedereinbau der Montagehalteseile, später durch leichte Kunststoffseile zwischen dem Ring und den Fundamenten der Mastabspannungen beseitigt.

5.2.3.7 Querschwingungen einer schlanken Stütze in einem 344-m-Mast, Berlin

Über einen Fall mit lokalen Schwingungen, die ohne Schäden blieben, soll berichtet werden, da die zur ihrer Beseitigung vorgenommenen Sofortmaßnahmen auch in anderen Fällen helfen können. Es geht um den 344-m-Mast Berlin-Frohnau, der in Tabelle 5 als Fall 5.14 steht und über den in einem anderen Zusammenhang auch im Abschnitt 5.2.7 berichtet wird (siehe auch Bild 5.11 a). Im Bereich über der obersten Pardunenbefestigung nicht weit unter dem Kopf des Mastes ruht eine Kabine mit Einrichtungen für den Sendebetrieb auf einer Bühne, darüber ist ein Podest für die Richtfunkantennen angeordnet. Für die Konstruktion lag es nah, die Lasten aus den auskragenden Podestbereichen mit Stützen auf die kräftige Bühne zu führen. Diese Stützen waren sehr schlank und standen in einem Abstand von nur rd. 1 m von den Ecken der Kabine.

Wind in bestimmten Richtungen erzeugte wegen der besonderen Windverhältnisse an der Kabinenecke starke Querschwingungen in den schlanken Stützen, die wegen der damit in der Kabine erzeugten Geräusche die Funktechniker zum Verlassen der Kabine und des Mastes veranlaßte.

Die Schwingungen wurde sofort dadurch beseitigt, daß um die mittleren Bereiche der Stützen unregelmäßig Jutesäcke gebunden wurden und damit das Stützenprofil nicht mehr dem Wind ausgesetzt war. Die endgültige Sanierung erfolgte dadurch, daß die Stützen etwa in ihrer Mitte horizontal gegen andere Teile des Mastes gestützt wurden und damit ihre freie Länge etwa halbiert wurde.

5.2.4   Fremdeinwirkung

Von den 14 in der Zusammenstellung genannten Fällen gehen 8 auf Kollisionen von Flugzeugen (Fälle 5.16, 5.59, 5.73, 5.82, 5.88. 5.117, 5.146 und 5.153) und 5 auf Vandalismus (Fälle 5.20, 5.35, 5.119, 5.138 und 5.147) zurück. Im Fall 5.72 zerstörte ein Farmer bei der Heuernte mit seinem Traktor eine Abspannung eines 60-m-Mastes.

Von einem im Tiefffliegertraining befindlichen Düsenjäger wäre in der Mitte der 70er Jahre beinahe auch der 200-m-Mast bei Verden betroffen. Der Mast hat die Kollision fast schadlos überstanden, dem Flugzeug wurde durch ein wie ein Messer wirkendes Abspannseil ein Teil der Tragfläche abrasiert. Es stürzte ab, der Pilot kam ums Leben. Das nur unbedeutend beschädigte Seil konnte ausgewechselt werden.

5.2.5   Entwurfs- und Konstruktionsfehler

Zu den 8 Fällen 5.55, 5.62, 5.87, 5.90, 5.99, 5.109, 5.130 und 5.133 fehlen weitgehend genauere Angaben. Wenn in den Fällen 5.99 und 5.109 Eisbildung im Innern von Rohrstäben zum Versagen geführt hat, muß man das genau so unter Entwurfsfehlern einordnen, wie das Fundamentversagen im Fall 5.130, weil die Permafrostbedingungen beim Entwurf unberücksichtigt blieben.

5.2.5.1   50-m-Turm auf dem Feldberg (Schwarzwald), Fall 5.55, 1965

Der Schaden an diesem Turm lehrt: man darf nie vergessen, daß die vertikal wirkende Eislast auf einem zwischen den Turmwänden gespannten Seilnetz große Horizontalkräfte auf das Turmfachwerk ausübt, es stark beschädigen und aufwendige Reparaturen erforderlich machen kann (Bild 5.9).

5.2 Versagensgruppen oder Einzelfälle

Bild 5.9
Fachwerkturm auf dem Feldberg
(Schwarzwald), 1965, Fall 5.55

5.2.6 Mängel in der Ausführung

Dieser Versagensursache sind 8 Fälle zugeordnet. Sie alle stehen im Teil 2 der Tabelle 5, daher sind genauere Angaben hier nicht erwähnt. Bei den Fällen 5.41, 5.94, 5.132 und 5.139 sind Herstellungsfehler angegeben, im Fall 5.104 wird zusätzlich darauf hingewiesen, daß dieser Schweißarbeiten betrifft. Die 3 anderen Fälle betreffen eine in der Mastplanung nicht vorgesehene, dennoch montierte Spitzenantenne (Fall 5.43), durch Schweißeigenspannungen verursachtes Beulen eines Rohrmantelmastes (Fall 5.45) und die mangelhafte Befestigung einer Spitzenantenne (Fall 5.74).

5.2.7 Fehler während der Ausführung (Montageunfälle)

Wiederholt sind Monteure beim Mastbau zu Tode gekommen. Dabei sind die Bauwerke nicht immer eingestürzt und daher in Tabelle 5 nicht erfaßt. So stürzten in Deutschland Ende der 60er Jahre 4 Mastbauer mit ihrem an der Bühne am Mastkopf in 200 m Höhe nicht ausreichend sicher befestigten Transportkorb ab. Nur wenig später wurde ein Monteur in einem Rohrmantelmast von herabstürzenden Hohlleitern, die nicht ordentlich am Kranhaken befestigt waren, erschlagen.

Es ist erschütternd, daß 46 der in Tabelle 5 erfaßten Versagensfälle – das sind fast 30%! – auf Fehler bei der Ausführung zurückgehen. Groß ist der Anteil der Fälle, die mit dem Verlust von Menschenleben verbunden sind. Dies gilt für 6 (Fälle 5.11, 5.15, 5.18, 5.19, 5.23, 5.26) der im Teil 1 der Tabelle 5 stehenden 9 Fälle. Für die im Teil 2 erfaßten Versagensfälle fehlen dazu Angaben.

Die Fehler sind äußerst verschieden, bei fast allen war den Monteuren nicht bewußt, was sie riskierten. Zwei Gruppen von Ursachen dominieren:

- Bei der Montage wird von Anweisungen abgewichen oder improvisiert, ohne die Folgen aus dem Vorgehen und das damit verbundene Risiko zu bedenken. Dies gilt für die 8 Fälle 5.19, 5.24, 5.26, 5.34, 5.44, 5.110, 5.111, 5.113.

- Lasten werden am Kranhaken unsicher angeschlagen, Folgen von Kranschrägzug werden nicht bedacht oder Bauteile für temporäre Aufgaben werden nicht ordnungsgemäß angeschlossen. Dies gilt für die 6 Fälle 5.14, 5.18, 5.64, 5.86, 5.122 und 5.143.

- Für die Standsicherheit erforderliche Bauteile, z.B. Diagonalstäbe in Gittermasten, werden entfernt, wenn sie im Wege sind. Oder sie werden nicht durch gleich wirksame ersetzt, bevor sie ausgetauscht werden. Dies gilt für die 3 Fälle 5.23, 5.81 und 5.93.

Auffallend ist, daß 10 der hier behandelten Unfälle bei Umbauten passierten.

Für zuvor nicht erwähnten 29 (= 46−8−6−3) Fälle reichen die Informationen für weitergehende Betrachtungen nicht aus.

Über 2 Einzelfälle soll berichtet werden.

5.2.7.1 Stahlgittermast bei Warschau, Fall 5.24, 1991

Der dreistielige, 646 m hohe, 5 mal übereinander abgespannte Selbststrahlermast stürzte beim Seilaustausch ein. Ursache: abweichend von der Montageanweisung wurde eine Verbindung eines Hilfsseiles, ∅ 36 mm, mit Seilklemmen falsch ausgeführt und versagte wegen Gleiten. In Bild 5.10 erkennt man, daß die 9 Seilklemmen nach der Planung wegen ihrer Anordnung innerhalb eines Flaschenzuges nur ein

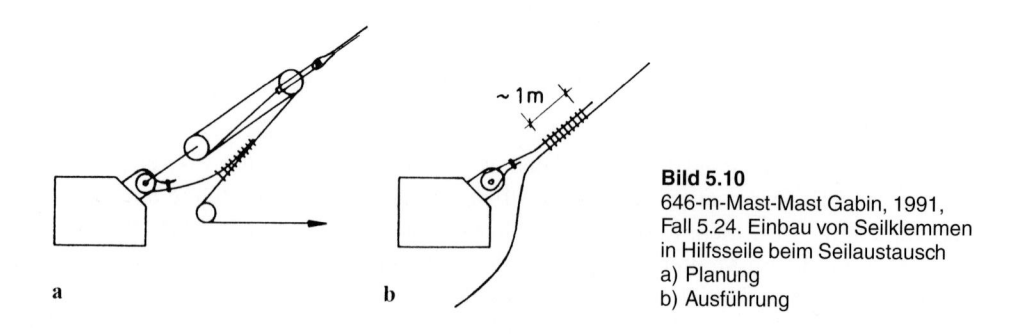

Bild 5.10
646-m-Mast-Mast Gabin, 1991, Fall 5.24. Einbau von Seilklemmen in Hilfsseile beim Seilaustausch
a) Planung
b) Ausführung

5.2 Versagensgruppen oder Einzelfälle

Viertel der Seilkraft, dagegen nach der Ausführung die volle Seilkraft übertragen mußten. Hinzu kam, daß durch das ebenfalls von der Anweisung abweichende Vorgehen beim Anspannen der Hilfsseile und Entspannen des auszubauenden Abspannseile größere Kräfte in den Hilfsseilen auftraten.

5.2.7.2   344-m-Mast Berlin-Frohnau, Fall 5.14, 1978

Der Mast trägt am Kopf für die Richtfunkverbindung Berlin-Westdeutschland auf mehreren Podesten mehrere Antennenspiegel (siehe auch Bild 5.11a). Er ist 4mal übereinander abgespannt, die obersten rd. 370 m langen vollverschlossenen Seile, ⌀ 82 mm, sind jeweils mit größerem Abstand paarweise zur Aufnahme eines Teiles der Torsionsmomente aus außermittig angreifenden Windlasten angeordnet. Beim Ziehen des letzten der 6 Abspannseile der obersten Pardune versagte dessen Befestigung am Kranhaken kurz vor Erreichen seines Anschlusses. Das rd. 20 t schwere Seil stürzte ab und zerstörte dabei einige kleinere Außenbühnen. Die Standsicherheit des Mastes war wegen der vorhandenen Hilfsabspannungen nicht gefährdet.

5.2.8   Probleme aus Mängeln bei der Beherrschung der elektrischen Energie

Für die Standsicherheit von selbststrahlenden Funksendeanlagen spielen elektrische Probleme eine große Rolle [67]. Wenn sie nicht sorgfältig beachtet werden, kann unplanmäßig frei gesetzte Energie zur Zerstörung von Bauteilen führen, die für die Tragsicherheit der Tragkonstruktion unentbehrlich sind.

In den Versagensfällen 5.125, 5.129, 5.136, 5.144 sind bei Kurzschlüssen Isolatorgehänge verbrannt und ausgefallen und haben den Einsturz der Selbststrahlmaste herbeigeführt. Die Fälle 5.9 und 5.114 liegen vermutlich ähnlich, jedoch reicht die Information „Kurzschluß" für genauere Angaben nicht aus.

5.2.8.1   344-m-Mast Berlin-Frohnau

Da ein Blitzeinschlag nicht zum Einsturz geführt hat, ist der nachfolgend beschriebene Schaden nicht in Tabelle 5 aufgenommen. Er betrifft den unter Fall 5.14 beschriebenen 344-m-Mast in Berlin Frohnau (Bild 5.11a).

Zu Beginn des Jahres 1994 wurde der Mast von einem Blitz getroffen. Darauf wurde im Bereich eines doppelkegelförmigen Seilmarkers aus Kunststoff in einem der oberen rd. 370 m langen Abspannseile, rd. 180 m vom Abspannfundament entfernt, eine Rauchentwicklung beobachtet. Die zu dieser Zeit laufende, zur Vermeidung von Eisbehang und damit Eisabfall laufende Pardunenbeheizung wurde darauf abgeschaltet, damit brach die Rauchentwicklung ab.

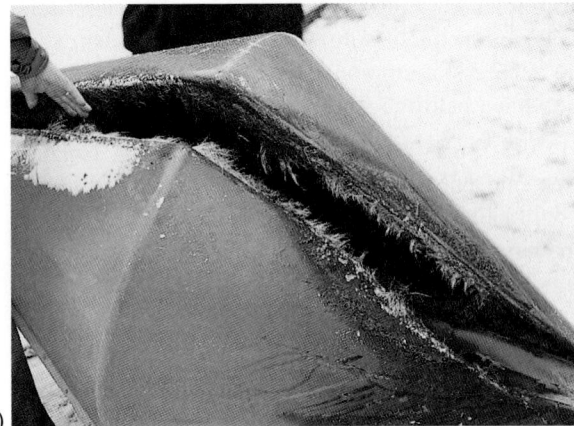

Bild 5.11
344-m-Mast Berlin-Frohnau, 1994
a) Ansicht
b) Durch Blitzeinschlag ausgelöster Seilschaden: Drahtbrüche
c) Teilweise verbrannter Seilmarker

Bei der Untersuchung des betroffenen Abspannseiles stellte man fest, daß im Bereich des Markers 10 nebeneinander liegende Drähte der äußeren Lage gebrochen waren (Bild 5.11 b), der Seilmarker hatte große Brandschäden (Bild 5.11 c). Die Untersuchung der Drahtenden im Werkstofflabor ergab, daß der Werkstoff der Drähte, der beim Drahtziehen „stark verstreckt" wird, durch hohe Erwärmung, wahrscheinlich durch einen Lichtbogen, rekristallisiert worden ist.

Der Mast wurde durch Austausch des Abspannseiles saniert.

5.2 Versagensgruppen oder Einzelfälle

5.2.9 Werkstoffmängel

Für die meisten der 13 Versagensfälle reichen die vorliegenden Informationen nicht aus, um weitere Angaben zu machen. Dies gilt für Sprödbrüche (Fälle 5,30, 5.47, 5.76, 5.124), Spannungsrißkorrosion (Fälle 5.126, 5.127), die Angabe des Werkstoffs bei nicht aus Stahl hergestellten Bauteilen (5.84, 5.108 und 5.137) sowie der Bauteile (Fälle 5.84 und 5.116).

Dagegen erlauben Berichte und Bilder über zwei Fälle folgende Feststellungen:

5.2.9.1 132-m-Stahlgittermast, Mainflingen, Fall 5.5, 1960

Der am Fuß und in den Abspannungen elektrisch isolierte Mast trägt mit 2 anderen eine dreieckige Flächenantenne. Er stürzte bei Temperaturen von $-10\,°C$ ohne nennenswerte Windbelastung (rd. 5 m/s) ein (Bild 5.12a). Ursache war mit großer Wahr-

Bild 5.12
132-m-Mast Mainflingen, 1960
a) Eingestürzter Mast
b) Gebrochenes, nach dem Einsturz zusammengelegtes Isolatorgehänge

scheinlichkeit der Sprödbruch eines Edelstahl-Rundstahlbügels in einem Doppelisolationsgehänge in einem der drei untersten Abspannseile. Bild 5.12 b zeigt die zusammengelegten Teile. Der Bruch liegt unmittelbar neben dem zur Formstabilität eingeschweißten Blech des Bügels.

5.2.9.2 200-m-Selbststrahlermast Hamburg, Fall 5.32, 1949

Der Mast brach ein, weil in einem Stahlgußbügel eines Gurtbandisolators ein Gußlunker unentdeckt blieb. Bild 5.13 zeigt, wie stark der Querschnitt hierdurch geschwächt war.

Bild 5.13
Selbststrahlermast Hamburg, 1949
Bruchfläche im Gurtbandisolatorbügel mit Lunker

5.2.10 Zwei „Fast"-Einstürze

Abschließend soll kurz über zwei werkstoffbedingte „Fast"-Einstürze berichtet werden.

5.2.10.1 350-m-Maste in Nordwest-Deutschland

Beim Bau der 350-m-Maste, über die im Abschnitt 5.2.3 (Bild 5.7) wegen der in einem Abspannseil bei Eisansatz aufgetretenen Schwingungen berichtet wurde, wurden die Seile gereckt, indem die Seilkräfte zeitweise und wiederholt auf das 1,3 fache der endgültigen Werte gesteigert wurden. Dabei traten in den Anschlußarmaturen Langlöcher auf. Als Ursache wurde festgestellt, daß sie nicht aus dem vorgesehenem Stahl mit damaliger Bezeichnung St 52, sondern aus St 37 gefertigt waren. Die Maste waren nicht gefährdet, da sich mit der Langlochbildung die Seilkraft ermäßigte. Sie wären aber gefährdet gewesen, wenn der Mangel nicht entdeckt worden wäre.

5.2.10.2 344-m-Mast Gartow/Höhbeck 2, 1979

Werkstoffmangel war 1979 Ursache für erhebliche Probleme beim Bau des 344-m-Mastes Gartow 2 an der Elbe. Die tragenden Teile der Seilschuhe sollten nach den Bildern 5.14a und 5,15a aus Blechen in Stahl 52 gefertigt werden. Bei den Vorbereitungen zum Ziehen des vorletzten von insgesamt 15 Seilen (3 Abspannungen mit je 3 und die obersten Abspannungen mit 3 mal je 2 Zügelseilen) wurde der bodenseitige Seilkopf zerstört. Da der lichte Abstand zwischen den beiden Augenlaschen zu klein war, versuchte man, sie mit einer kleinen Hubpresse auseinander zu drücken, dabei brach ein Teil so, wie es im Bild 5.15a eingetragen ist, ab. Die Bruchfläche hatte über die ganze Breite das typische Aussehen eines Sprödbruchs.

Materialproben ergaben, daß es sich bei dem Stahl nicht um den vorgesehenen St 52 handelt. In der chemischen Analyse weicht er durch erhöhten Stickstoffgehalt und durch Fehlen von Aluminium von ihm ab. Die Temperaturführung für die Warmverformung hat den Werkstoff geschädigt und durch Verminderung der Rißzähigkeit seine Sprödempfindlichkeit verursacht.

Da über den Zustand der anderen Seilköpfe Unklarheit herrschte, mußte die Baustelle aus Sicherheitsgründen zunächst geschlossen und weiträumig abgesperrt werden.

Um Klarheit über die Eigenschaften des Stahls der anderen Seilköpfe und damit über die Gefährdung der Standsicherheit des Mastes zu bekommen, wurden aus ihnen Kleinstproben für Kerbschlagbiegeversuche und für eine chemische Analyse entnommen. Aus dem Ergebnis dieser Untersuchung war zu folgern, daß alle Seilköpfe mit 30 mm Blechdicke aus dem gleichen Material wie das des gebrochenen hergestellt waren. Bei den kleineren Seilköpfen mit 22 mm Blechdicke wurde ebenfalls sprödbruchempfindliches Material festgestellt.

Damit war eine Gefährdung des Mastes nicht auszuschließen. Entsprechend dem Stand der gewonnenen Erkenntnisse sowie eines Wind-Kontroll- und Warnsystems wurde über verschiedene Sicherheitsstufen festgelegt, wann der Mast für weitere Untersuchungen, z.B. mit Ultraschall zur Feststellung von Rissen in den Seilköpfen, bestiegen werden konnte. Bei diesen Untersuchungen wurden in einigen Seilköpfen Längsrisse in den Kehlnähten des Schalblechanschlusses gefunden.

Nachdem der Ausbau der Seile und deren Ausrüstung mit neuen Seilköpfen wegen des großen Aufwandes allein durch den Wiedereinbau von Hilfsabspannungen verworfen worden war, wurden die Seilköpfe durch eine Zusatzkonstruktion verstärkt. Da Zweifel an der Brauchbarkeit der 22-mm-Seilköpfe nicht ausgeräumt werden konnten, wurden auch diese mit einer Zusatzkonstruktion versehen. Damit wurde die Standsicherheit des Bauwerkes in gleicher Weise wie bei Ausführung der Seilschuhe mit dem vorgesehenen Werkstoff gewährleistet.

Bild 5.14
344-m-Mast Gartow 2, Seilschuhe
a) Am Seil vergossen
b) Am „Kardankasten" angeschlossen
c) Verstärkungskonstruktionen eingebaut

5.2 Versagensgruppen oder Einzelfälle

Bild 5.15
344-m-Mast Gartow 2, Seilschuhe
a) Zeichnung mit eingetragenem Sprödbruch
b) Verstärkungskonstruktion

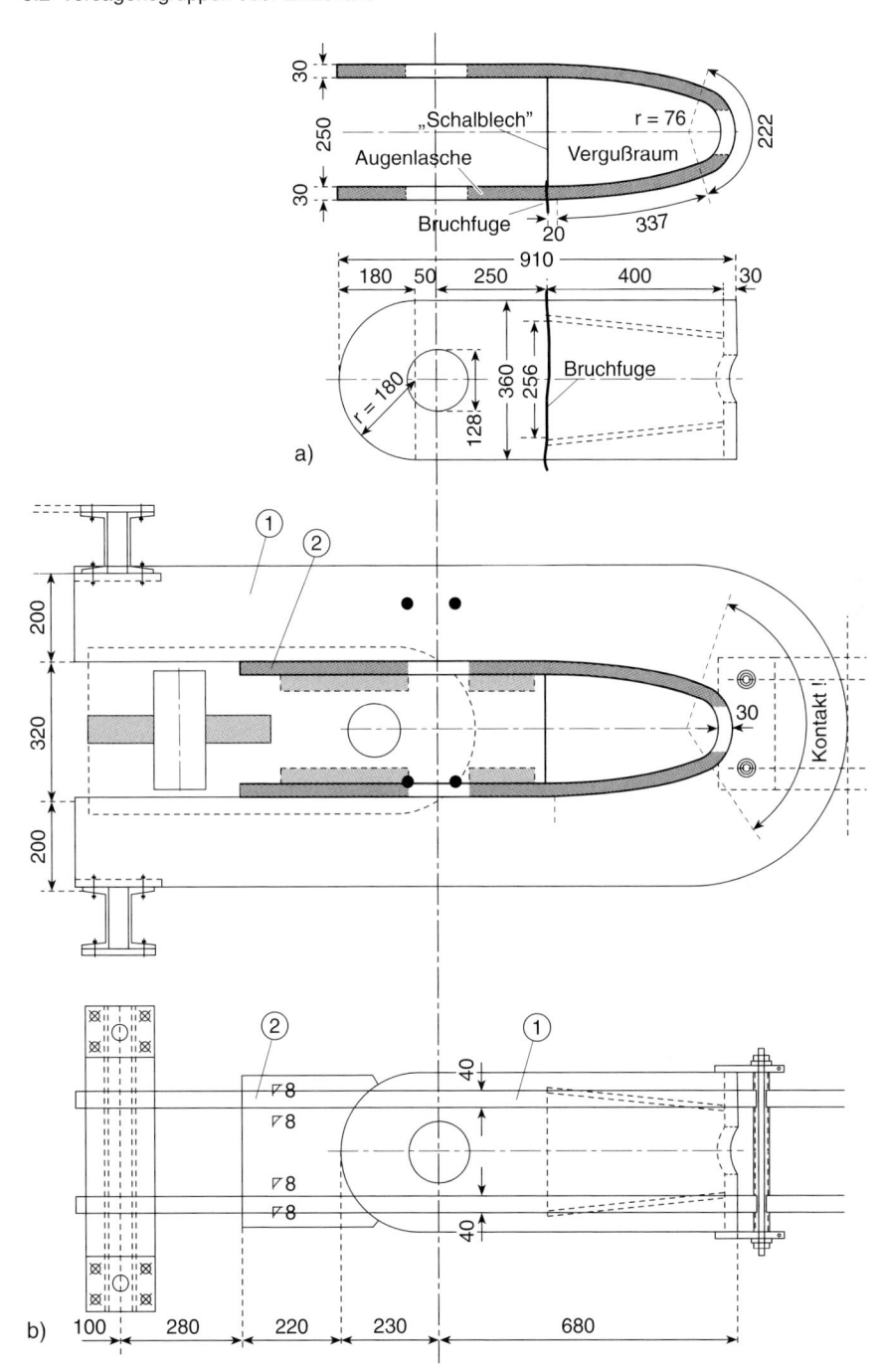

Mit der Verstärkungskonstruktion (Bilder 5.14c und 5.15b) werden die Seilköpfe durch 40 mm dicke hufeisenförmige Bügel (Pos. 1 in Bild 5.15b) umfaßt, so daß sie im Falle eines Versagens die Seilkräfte über Kontakt an die Bügel abgeben. Die Augenlaschen werden durch Bleche (Pos. 2) verlängert (Pos. 2). Falls der Seilkopf versagt, werden die Kräfte aus den Bügeln über die Kehlnähte in diese Bleche und von diesen auf Kontakt in die Augenlaschen und weiter über den vorhandenen Bolzen in den „Kardankasten" (Bild 5.14b) und damit in den Mast geleitet. Die Bauteile, die nach Bild 5.15b am linken und am rechten Ende die Distanz der beiden Bügel sichern, sind hier nicht weiter erläutert. Bild 5.14c zeigt zwei eingebaute Verstärkungskonstruktionen.

5.3 Lehren

Außer aus den bei einzelnen Versagensfällen angegebenen Lehren kann man allgemein lernen:

1. Einwirkungen aus Wind und Eis müssen sorgfältig und vorsichtig unter Kenntnis der lokalen Verhältnisse angesetzt werden.

2. Zwischenzustände beim Bau oder Umbau sind genau so wie Zustände des fertigen Tragwerkes zu analysieren. Die dabei angenommenen Voraussetzungen sind den Ausführenden vollständig in einer für sie verständlichen Form mitzuteilen.

3. Es muß Entwerfern und Ausführenden immer bewußt sein, daß wiederholte Beanspruchungen zu Ermüdungsschäden und damit zu Einstürzen führen können. Dies gilt für Details von Stahlkonstruktionen – sie müssen daher ermüdungsunempfindlich entworfen werden – und für die Ausführung – z.B. sind Schweißnähte kerbfrei oder -arm herzustellen und darauf zu kontrollieren. Dies gilt besonders für hochfeste Stähle und nicht metallische Werkstoffe.

4. Monteure müssen durch Schulung, Information und Aufsicht davor geschützt werden, folgenschwere Fehler beim Errichten und beim Umbau von Funkmasten und -türmen zu machen. Die Forderungen in [69] für Krane (vgl. Abschnitt 6.2), z.B. Konzessionen für Kranführer, gelten genau so wie für Monteure im Mast- und Turmbau.

Mit der Schulung muß – um hier nur ein Beispiel zu nennen – erreicht werden, daß ihnen die Folgen eines Schrägzuges auf eine Seilrolle am Kopf eines Kletterbaumes für dessen Beanspruchung bewußt sind.

6 Versagen von Kranen, Kaminen, Freileitungsmasten, Windenergieanlagen und anderen turmartigen Bauwerken (außer Funkmasten und -türmen)

6.1 Tabelle 6, allgemeine Betrachtungen

In Tabelle 6 sind folgende 24 hohe Bauwerke oder Bauwerksgruppen erfaßt, zusätzlich 6 ohne genauere Angaben:

13 verschiedenartige Krane
3 Kamine
4 Gruppen von Freileitungsmasten
3 Windkraftanlagen
1 Beleuchtungsmast

Das Versagen kann man folgenden Ursachen zuschreiben:

	Fall	Insgesamt
Falsches Vorgehen auf der Baustelle	1, 8, 12, 13, 24	5
Bemessungsfehler	14	1
Bruch eines Bauteiles	3	1
Überlastung, auch durch Wind und Eis	4, 17, 18, 19, 20, 21, 22	7
Versagen einer Maschine oder einer Steuerung	5, 7	2
Schwingungen, Dauerbruch	9, 10, 15, 16	4
Unbekannt	2, 6, 11, 23	4
Summe		24

Über die Angaben in Tabelle 6 hinausgehende Ausführungen zu einzelnen Fällen sind mir nicht möglich, da ich entsprechende Informationen nicht bekommen konnte. So müssen in diesem Kapitel ausführliche Einzelbeschreibungen unterbleiben. Dagegen sind allgemeine Bemerkungen zu Kranen, Kaminen, Freileitungsmasten und Windkraftanlagen möglich, und es wird versucht, aus den verschiedenartigen Ursachen unmittelbar Lehren zu ziehen.

Tabelle 6
Versagen von Kranen, Windenergieanlagen, Schornsteinen, Freileitungsmasten und anderen turmartigen Bauwerken (außer Funkmasten und -türmen)
Abkürzungen siehe Abschnitt 1.3 – Höhe in m

Lfd. Nr.	Jahr	Bauwerk				Stichwörter zum Versagen	Pers.-sch.	Ein-sturz	Quellen
		Kurzbeschreibung	Land	Ort	Höhe				

Krane (s. Abschnitt 6.2)

Lfd. Nr.	Jahr	Kurzbeschreibung	Land	Ort	Höhe	Stichwörter zum Versagen	Pers.-sch.	Ein-sturz	Quellen
6.1	1939	Brückenbauderrick	USA	New York		Rückwärtige Verankerungsseile des Derricks geben nach, so daß Kran mit angehängtem, 36 m langen Hauptträgerabschnitt ins Wasser abstürzt. Ursache vermutlich zu geringes Gegengewicht des Brückenteils, an dem Verankerungsseile angeschlagen waren	2 T	Total	BT 1938, 201
6.2	1980	Auf den Brückenkabeln laufender, 30 t schwerer Portalkran zum Heben der bis 140 t schweren Abschnitte des Versteifungsträgers	England	Humber-brücke		Nachgeben eines Seilanschlusses bringt Kran zum Absturz und die beiden zuletzt gehobenen, noch provisorisch miteinander verbundenen Abschnitte des Versteifungsträgers in gefährliche Schieflage. Ursache unbekannt	3 V	Total	ENR 1980, 03.04., 17.
6.3	1980	Kran für das Heben von Bauteilen zum Aufstocken eines 16stöckigen Hochhauses	USA	New York		Beim Heben von 16-t-Stahlteilen versagt der 60-m-Ausleger infolge Hydraulikstörung, schlägt mit seiner Spitze gegen die Fassade des auf der anderen Straßenseite stehenden Hochhauses und verkeilt sich hoch über der Straße. Der Unfall geschah am ersten Tag des Kraneinsatzes. Ursache für den Hydraulikausfall vermutlich Bruch einer Schlauchkupplung	1 V	Total	ENR 1980, 01.05., 14; 08.05., 13

6.1 Tabelle 6, allgemeine Betrachtungen

Tabelle 6 (Fortsetzung)

Lfd. Nr.	Jahr	Bauwerk Kurzbeschreibung	Land	Ort	Höhe	Stichwörter zum Versagen	Pers.-sch.	Einsturz	Quellen
6.4	1982	Kran mit 21-m-Ausleger, aufgestellt auf dem Dach eines 44stöckigen Hochhauses zur Demontage des 42-m-Auslegers eines anderen Kranes	USA	New York		Beim Operieren brach Ausleger und fällt zusammen mit am Haken hängenden 42 m-Ausleger auf das Dach. Sein rd. 12 m über den Dachrand auskragender Teil bricht ab, schlägt gegen die Fassade, bringt Fassadenplatten zum Absturz und bleibt in unsicherer Position hoch über der Straße hängen. Ursachen: Kran etwa 10% überlastet und Demontage nicht geplant, so daß Last 20 bis 40 Minuten im Kran hängt, weil weiteres Vorgehen unklar	1 T 16 V	Total	ENR 1982, 29.07., 11; 12.08., 17; 1983, 06.01., 13 Bild 6.3 a
6.5	1983	Kran wird zum Transport von Monteuren bei Bauarbeiten in einem Stadion benutzt	USA	Tampa		4 Arbeiter stürzen beim Transport in einem am Kran hängenden Metallkorb aus 43 m Höhe 3 m vor dem Ziel zusammen mit dem 73 m langen Kranausleger ab. Der Absturz geschah, nachdem der Korb um einen Treppenschacht herum manövriert worden war und für den Resthub von rd. 3 m neu angefahren wurde. Ursache: Versagen der Liftmechanik	4 T		ENR 1983, 07.04., 13 Bild 6.4 a
6.6	1983	Kran mit 52-m-Ausleger, Tragkraft 140 t	USA	Pittsburgh		Ausleger knickte ein, als er ein 7 t schweres Stahlbauteil anhob und schlug gegen ein daneben stehendes 6stöckiges Gebäude. Dabei riß er einen Teil der Fassade heraus, das zusammen mit viel Glas auf die Straße fiel. Ursache unbekannt	2 V		ENR 1983, 18.08., 14 Bild 6.4 b

Tabelle 6 (Fortsetzung)

Lfd. Nr.	Jahr	Bauwerk				Stichwörter zum Versagen	Pers.-sch.	Ein-sturz	Quellen
		Kurzbeschreibung	Land	Ort	Höhe				
6.7	1984	Heben eines 100 t schweren, 28 m langen Spannbetonträgers auf 12 hohe Stützen durch 2 Krane	USA	Detroit		Nach dem Heben auf die planmäßige Höhe versagte beim Vorbereiten des Absetzens auf die Lager die Breme eines Kranes, da sie naß geworden war. Durch den Absturz auf der einen Seite versagte am anderen Ende des Trägers der Anschlag zum anderen Kran, so daß der Träger total abstürzte	0		ENR 1985, 03.01., 16
6.8	1985	Baustellenaufzug für ein 54stöckige Hochhaus	USA	Manhattan		Zusammenbruch, weil an einer Verbindung des Aufzugmastes mit der Basiskonstruktion nur eine anstelle der vorgesehenen vier Schrauben eingebaut war	2 T 2 V		ENR 25.07., 12
6.9	1992	Mobiler Gittermastkran für Kraftwerksbau, 1000 t Tragkraft, 250 mMN Lastmoment	England	Unbekannt		Kran wurde in einer längeren Arbeitspause an einem windexponierten Ort in Küstennähe abgestellt. Es kam zu windinduzierten Torsionsschwingungen der aus 2 Flachblechen 250 × 30 bestehenden, fast vertikal verlaufenden rückwärtigen Abspannung des Hauptauslegers. Folge: Schwingungsbruch einer Lasche, darauf Gewaltbruch der anderen und Zusammenbruch des ganzen Kranes	0		SB 1996, 377
6.10	1995	Turmdrehkran für Kraftwerksbau. 85 t schweres Gegengewicht am rd. 10-m-Hebelarm wird durch steile Abspannungen getragen. Abspannungen enden in einem	England	Unbekannt		Rd. 100 Tage nach Inbetriebnahme des neuen Kranes Schwingungsbruch am Schweißanschluß eines Zugstabes an eine Gabellasche. Ursache: In 170 m Höhe häufig in Betriebspausen windinduzierte Biegeschwingungen der Abspannungen zusammen mit großen statischen Spannungen aus dem Gegen-	0		SB 1996, 377

6.1 Tabelle 6, allgemeine Betrachtungen 159

Tabelle 6 (Fortsetzung)

Lfd. Nr.	Jahr	Bauwerk				Stichwörter zum Versagen	Pers.-sch.	Ein-sturz	Quellen
		Kurzbeschreibung	Land	Ort	Höhe				
		rd. 2 m langen, mit angeschweißten Gabellaschen versehenen Zugstab				gewicht. Absturz des Gegengewichtes aus 170 m Höhe verursacht große Schäden am Kesselhaus			
6.11	1998	Aufzugsmast für den Bau eines 48stöckigen Hochhauses, 213 m hoch, befestigt an einem Arbeitsgerüst	USA	New York		Die oberen 90 m stürzen auf tiefer liegendes Gebäude und die Straße und hinterlassen ein schwankendes Gerüst an der Fassade. Versagen durch Knicken in Höhe des 21. Geschosses	1 T		ENR 1998, 10.08., 10; 24 Bild 6.3 b
6.12	1999	Kran für Montage eines seilverspannten Stadiondaches. Kranarbeitshöhe bis rd. 170 m	USA	Milwaukee		Beim Heben eines 400 t schweren Bauteils bricht Kran zusammen. Als Ursachen kommen infrage: Arbeiten bei größerer als erlaubter Windgeschwindigkeit (genannt werden 12 anstelle von 9 m/s), Überlastung wegen Fehlen einer automatischen Lastbegrenzung und unsachgemäßes Operieren	3 T	Total	ENR 2000, 24.01., 10
6.13	1999	Rd. 20 m hoher Baukran	Deutschland	Frankfurt a. M.		Kran kippt beim Aufbau auf ein Gebäude	3 T		Tagespresse

Tabelle 6 (Fortsetzung)

Lfd. Nr.	Jahr	Bauwerk				Stichwörter zum Versagen	Pers.-sch.	Ein-sturz	Quellen
		Kurzbeschreibung	Land	Ort	Höhe				

Kamine (s. Abschnitt 6.3)

Lfd. Nr.	Jahr	Kurzbeschreibung	Land	Ort	Höhe	Stichwörter zum Versagen	Pers.-sch.	Ein-sturz	Quellen
6.14	1967	2 fach abgespannter Stahlrohrkamin, $\varnothing$ 800 mm	Deutschland	Lübeck	48	Im Gegensatz zum Standsicherheitsnachweis besteht der Kaminschaft nicht allein aus dem Rohr, sondern zusätzlich aus einem angeschweißten Rechteckkasten, womit seine Breite 1100 mm beträgt. Die Windlasten sind damit gegenüber den angenommenen rd. 1,7 fach. Der Kamin ist bei Windstärke 10 bis 12 eingestürzt. Versagt hat ein auch unter der Nachweislast zu schwacher Haken in einer Spannschloßgarnitur durch Überlastung	0	Total	Gutachten R. Barbré
6.15	1971	Stahlkamin für Winderhitzer. Vollständig geschweißte Stahlröhre, ab 35 m Höhe $\varnothing$ 6 m, darunter bis zum Fuß auf $\varnothing$ 9 m, Wanddicke von 12 mm oben auf 30 mm unten zunehmend	Deutschland	Duisburg	140	Nach der Fertigstellung des Stahlröhre, aber vor ihrer Ausmauerung wurden trotz aerodynamischer Maßnahmen in Form einer aufgeschweißten Wendel bei Windgeschwindigkeiten zwischen 13 und 16 m/s Querschwingungen mit Kopfauslenkungen von 1,2 m und einer Frequenz von 0,51 Hz – das entspricht der 1. Grundfrequenz – registriert. Bevor Abhilfe möglich war, traten am Übergang vom konischen zum zylindrischen Teil in 35 m Höhe Dauerbrüche ein, ein Riß erreichte schnell ein Länge von 8 m. Darauf mußte der obere Teil des Kamins abgesprengt werden		Total-verlust durch Sprengung	SB 1975, 33

6.1 Tabelle 6, allgemeine Betrachtungen

Tabelle 6 (Fortsetzung)

Lfd. Nr.	Jahr	Bauwerk Kurzbeschreibung	Land	Ort	Höhe	Stichwörter zum Versagen	Pers.-sch.	Ein-sturz	Quellen
6.16	1984	Stahlbetonschornstein für ein Kraftwerk, zylindrisch, 11 m Außendurchmesser	Deutschland	Boxberg, Lausitz	150	Einsturz durch Abbrechen oberhalb der Rauchgaseinführung in rd. 40m Höhe bei Böengeschwindigkeiten bis 40 m/s. Ursache außer Minderfestigkeit des Betons Schwingungserregung durch Wirbelablösung an einem davor stehenden Kamin	0	Total	H. Elze: Rotary-Vortrag 1996 Bild 6.5
Freileitungsmaste (s. Abschnitt 6.4). Siehe auch Tabelle 6.2 im Abschnitt 6.4									
6.17	1983	Freileitungsmaste, bis 45 m hoch	USA	Salt Lake City		67 Maste brechen bei schweren Stürmen mit Böengeschwindigkeiten bis 44 m/s 5 Jahre nach Errichtung ein. Sie waren für 42 m/s projektiert	0	Total	SB 1984,346 ENR 1983, 14.04.,17 Bild 6.6a
6.18	1985	Mehrere Freileitungsmaste	Deutschland	Raum Paderborn		Mehr als 20 Maste brechen zusammen, nachdem ein Leiterseil unter Eislast – es werden Eiswalzendurchmesser vom 16 cm genannt – gerissen und zurückschnellt war	0	Total	Information von G. Fecke Bilder 6.6b und 6.7
6.19	2000	Freileitungsmaste	Frankreich	u. a. im Elsaß		120 Freileitungsmaste für Mittel- und Niederspannung bei schweren Stürmen eingestürzt		Total	ENR 2000, 17.01., 15
6.20		Freileitungsmaste				Bei Orkan, Windstärke 12, wurden über mehrere Abspannabschnitte hinweg 20 Trag- und Abspannmaste umgebrochen oder deren Traversen zerstört. Die meisten Tragmaste versagten im unteren Bereich, die meisten Abspannmaste in Höhe der Traversen infolge Knicken oder Reißen einzelner Stäbe		Total oder Teil	[71] 59

Tabelle 6 (Fortsetzung)

Lfd. Nr.	Jahr	Bauwerk				Stichwörter zum Versagen	Pers.-sch.	Ein-sturz	Quellen
		Kurzbeschreibung	Land	Ort	Höhe				
Windenergieanlagen (s. Abschnitt 6.5)									
6.21	1998	Windenergieanlagen	Indien	Staat Gujarat		129 von 315 Anlagen bei einem Zyklon umgebrochen. Für ihn werden Windgeschwindigkeiten bis 70 m/s genannt. Auffallend ist, daß vor allem Anlagen 5 dänischer Hersteller versagten, dagegen die von 5 deutschen nur in 2 Fällen		Total	Windpower Monthly, 1998, September, 20
6.22	1999	Windenergieanlage mit Stahlschaft	Deutschland	Asseln bei Paderborn		Vermutlich durch Blitzeinschläge vorgeschädigtes GFK-Rotorblatt wird bei Unwetter erneut vom Blitz getroffen, wodurch infolge einer explosionsartigen Wasserverdampfung 7,5 m abgesprengt wurden. Die Anlage schaltete nicht automatisch ab und lief mit großer Unwucht weiter, kam in Resonanz und brachte Schaft 10 m über dem Boden durch Beulen zum Einsturz. – Festgestellte, umfangreiche Brüche von Schrauben am Turmfußflansch erforderten Sanierungen gleicher Maste		Total	[73] Bild 6.8
6.23	2000	Windenergieanlage mit Stahlbetonschaft	Deutschland	nahe Jever	32	Starke Böen führen zum Bruch des Betonschaftes in 16 m Höhe		Total	Tagespresse
Weiteres hohes Bauwerk									
6.24	1993	Beleuchtungsmast Rohrschaft 168,3 × 11	Deutschland	Hannover	18	Windgeschw. 24 m/s. Ursache: mangelhafte Baustellenschweißung nach Aufsägen zur Beseitigung von Passungsproblemen	0	Total	Eigenes Gutachten

6.1 Tabelle 6, allgemeine Betrachtungen

Tabelle 6 (Fortsetzung)

Lfd. Nr.	Jahr	Bauwerk Kurzbeschreibung	Land	Ort	Höhe	Stichwörter zum Versagen	Pers.-sch.	Ein-sturz	Quellen
		Reklameturm mit Stahlkastenquerschnitt	Deutschland			Standsicherheitsnachweis berücksichtigt trotz $b/t \gg 2 \cdot$ grenz $b/t = 2 \cdot 37,8$ Beulgefahr nicht	0	Total	Gutachten R. Barbré
Ohne genaue Angaben									
	1982	Abgespannter Kran mit 33-m-Ausleger	USA	Dallas		Ausleger ausgeknickt	2 V		ENR 1982, 12.08., 17
	1982	Derrick beim Hochhausbau	USA	Cleveland		Bruch des Seiles zwischen Auslegerspitze und Mast	1 V		ENR 1982, 12.08., 17
	1993	Kraftwerkskamin aus Beton, ausgekleidet mit Mauerwerk, $\emptyset$ am Fuß 17 m, am Kopf 8 m, Wanddicke des Betons 0,6 m	USA	Texas		Beton- und Mauerwerkskamin bei Reinigungs- und Wartungsarbeiten eingestürzt. Ursache unklar: Wind, Erdbeben, Wartungsarbeiten?	1 T		ENR 1993, 22.11., 7
	2000	Mobiler 100-t-Kran	USA	Oakville		Kranausleger stürzt wegen Seilbruch ab	2 T 2 V		ENR 2000, 03.07., 20
		Zweibeiniger Fernleitungsmast	Finnland	Hinthara		Einsturz, da vorübergehend zwei bei der Montage beschädigte Diagonalstäbe ausgebaut wurden, ohne deren Aufgabe provisorisch zu ersetzen	1 T		Persönliche Information

Im Kapitel 5 wird bei den Versagensfällen von Funkmasten und -türmen in der Gruppe „Fehler während der Ausführung (Montageunfälle)" über mehrere Fälle berichtet, die auf Mängel oder Fehler bei der Bedienung von Kranen zurückgehen. Sie hätten auch in das Kapitel 6 eingeordnet werden können. Das gilt auch für einige im Band 1 „Brücken" erfaßte Einstürze im Zusammenhang mit Kranversagen, z. B. für den Absturz von Kränen und Bauteilen beim Abbau der Hochbrücke Holtenau über den Nord-Ostsee-Kanal im Jahr 1992, Fall 3.89.

Bei hohen Bauwerken kann besonders im Falle filigraner Konstruktionen deren Vereisung ein große Rolle spielen. Die gilt sowohl für dessen Gewicht als auch für die dadurch vergrößerte Windangriffsfläche. Es ist daher erstaunlich, daß erst 1975 mit Abschnitt 6 in DIN 1055 Teil 5 „Lastannahmen für Bauten – Verkehrslasten, Schneelast und Eislast" für allgemeine Bauwerke des Hochbaus die Lehre aus Schadensfällen gezogen und die Berücksichtigung von Eislasten – wenn auch noch sehr allgemein – gefordert wurde.

6.2 Krane

Eine zusammenfassende Betrachtung zu Kranunfällen auf Baustellen, in Fabriken, Werften usw. hat 1978 A. J. Butler vorgelegt [68]. Sie umfaßt Untersuchungen in der Zeit von Anfang der 60er Jahre bis 1976 und beginnt mit der Feststellung, daß die gewaltige Zunahme von Kranen in der Industrie dazu geführt hat, daß in Großbritannien Kranversagen z. B. in den Jahren 1970 bis 1974 mit 110 Toten in 11% schwerer Unfälle verwickelt war. In der gleichen Zeit ist über 3353 Schadensfälle mit Kranbeteiligung berichtet worden.

Mit dem Ziel, die Anzahl von Kranunfällen zu reduzieren, werden in [68] 472 Vorfälle den 4 Krantypen Turmdreh-, Raupen-, mobile Gitterausleger- und mobile Teleskopkrane und ihnen Ursachen wie folgt zugeordnet:

	Turm-drehkrane Bild 6.1 a	Raupen-krane Bild 6.1 b	Mobile Gitter-auslegerkrane Bild 6.1 c	Mobile Teleskopkrane Bild 6.1 d	Summe
Technische Defekte					
– elektrisch	11	1	19	–	31
– mechanisch	8	26	39	68	141
– konstruktiv	2	10	–	1	13
Menschliche Fehler	34	81	66	72	253
Seilbruch, Schlaufenversagen	4	13	11	6	34
Summe	59	131	135	147	472

6.2 Krane

Bild 6.1
Kranunfälle
a) Turmdrehkran, b) und c) Raupenkrane, d) Teleskopkran

In nur 19 Fällen ist vermutlich Windlast im Spiel gewesen. In 11 davon war der Kran nicht in Betrieb, angegeben werden Umwerfen des Kranes, Zerstörung des Turmschaftes durch herumfliegende Trümmer und Rückwärts-Überschlagen von Auslegern. Für die 8 Unfälle unter Windeinwirkung, bei denen der Kran unter Last stand und im Betrieb war, werden 5 mal Schrägzug infolge Wind auf die – vermutlich großflächige – Last und 3 mal Überlastungen durch Last und Wind zusammen genannt.

Groß ist mit rd. 53 % der Anteil menschlicher Fehler. Es sind vorwiegend bei den

Turmdrehkranen Bedienungsfehler, Fehler beim Auf- und Abbau sowie beim Transport

Raupenkranen	Schrägzug, Überlastung, Fahren mit Last
mob. Gitterauslegerkranen	Überlastung, Kollision
mob. Teleskopkranen	Überlastung, Kollision

Daher fordert der Verfasser in seiner Zusammenfassung vor allem eine bessere Ausbildung, besonders hinsichtlich der strikten Einhaltung sicherer Bedienungsprozeduren. Er fordert Konzessionen für Kranführer und eine bessere Aufsicht über sie und die Krane und betont, daß die von den Kranbauern herausgegebenen Anweisungen für den Betrieb kein Ersatz für die Kenntnisse der Kranführer sein können.

In [69] geht H. K. Minner 1991 auf „Interessante Schadensfälle aus dem Kranbau" ein. Er orientiert seine Darstellung an möglichen Ursachen und nennt dafür

– Fehler beim Nachweis der Tragsicherheit (z. B. falsche Schnittgrößenermittlung, falsche Bemessung, nicht erkannte oder nichtzutreffend erfaßte Instabilität in oft hochgradig statisch unbestimmten Kranteilen,
– Konstruktionsfehler (z. B. bei Stabanschlüssen, Fehlen oder falsche Lage von Bindeblechen in mehrteiligen Stäben),
– Ermüdung und
– Nachlässigkeit bei der Herstellung oder beim Betrieb.

Seine Beispiele betreffen alle genannten Ursachen. Diese sind speziell u. a.

– Instabilität der schalenförmigen Kransäule eines Werftkranes wegen Übersehen des dafür bei der Montage maßgebenden Lastfalles (Bild 6.2),

Bild 6.2
Versagen eines Werftkranes infolge Instabilität in schalenförmiger Kransäule

6.2 Krane

– Instabilität des Druckgurtes eines kastenförmigen Auslegers einer Container-Verladebrücke wegen fehlender Verbindung von Längssteifen an einem Baustellenstoß und bei der Montage eingeprägten plastischen Vorverformungen,
– Ermüdungsbrüche in Schweißverbindungen von abgekanteten Stahlbauteilen wegen Aufhärtung infolge Kaltverformung und
– Ermüdungsbruch wegen einer von einem Elektriker unkontroliert angeschweißten Kabelschelle im Bereich größter Wechselbeanspruchungen.

Zu den vorhergehenden Ausführungen passen auch die 13 in Tabelle 6 stehenden Versagensfälle von Kranen. Dort fällt – dies mag aber an der Zufälligkeit der zugänglichen Quellen liegen – allerdings auf, daß mehrere Unfälle beim Bau von Hochhäusern in beengten Situationen Passanten betroffen oder gefährdet haben (Bild 6.3). Dies gilt für die 5 Fälle 6.3, 6.4, 6.6 (Bild 6.4), 6.8 und 6.11. Je zwei Fälle gehen auf einen technischen Defekt (Fäll 6.3 und 6.5) und auf menschliche Fehler (Fälle 6.4 und 6.8) zurück, für die Fälle 6.2, 6.6 und 6.11 sind die Ursachen nicht bekannt.

Der Zusammenbruch in den Fällen 6.9 und 6.10 ist durch Ermüdung infolge windinduzierter Schwingungen ausgelöst worden. Ermüdung durch den Kranbetrieb hat

Bild 6.3
Versagen von Kranen beim Bau von Hochhäusern
a) Bei Demontage eines Kranes durch einen anderen in New York, 1980, Fall 6.3
b) Beim Zusammenbruch eines an einem Gerüst angelehnten Bauaufzuges, 1998, Fall 6.11

Bild 6.4
Absturz von Kranauslegern
a) Mit Korb mit 4 Monteuren, 1983, Fall 6.5
b) Auf eine Straße, 1983, Fall 6.6

bei Turmdrehkranen zu vielen Schäden geführt, ohne daß über dadurch bedingte Einstürze berichtet wird. Ursache ist wiederholtes Anfahren und Abbremsen beim Drehen der Ausleger, dies oft mit größeren Beschleunigungen, als sie beim Entwurf vorausgesetzt und in Betriebsanleitungen festgehalten waren. B. Unger hat sich mit diesem Problem auseinandergesetzt [70].

6.3 Kamine

Einer der drei in Tabelle 6 stehenden Versagensfälle von Kaminen geht auf einen Bemessungsfehler zurück, die anderen sind ganz oder neben anderen Ursachen durch Querschwingungen der zylindrischen Tragwerke und damit durch Ermüdungsbrüche ausgelöst. Sie betreffen einen Stahl- (Fall 6.15) und einen Betonkamin (Fall 6.16, Bild 6.5).

Über die in Tabelle 6 stehenden Angaben hinaus sind keine weiteren Angaben erforderlich und möglich.

Bild 6.5
150 m hoher Betonkamin im Kraftwerk Boxberg, Lausitz, 1984, Fall 6.15

6.4 Freileitungsmasten

Die aus [71] übernommene Tabelle 6.1, in der für einen Zeitraum von 28 Jahren 437 durch Eislasten verursachte oder mitverursachte, eingestürzte oder beschädigte Freileitungsmaste in Deutschland erfaßt sind, macht deutlich, daß eine immer größere Anzahl von Masten gleichzeitig betroffen ist (Bild 6.6a und b). Das liegt einmal daran, daß das Versagen eines Mastes oft das anderer nach sich zieht, vor allem der Zusammenbruch eines Abspannmastes das von Tragmasten, zum anderen daran, daß die wetterbedingten Ursachen im allgemeinen über eine größere Region gleich sind.

Eine andere Zusammenstellung in [71] wird hier als Tabelle 6.2 wiedergegeben. Sie ergänzt Tabelle 6.1 durch Angaben zur Region und Topologie sowie zur Temperatur, zu Schichtdicken und zur Eislast/(m Leiterseil).

Tabelle 6.1
Zusammenbrüche von oder Schäden an Freileitungsmasten in Deutschland, 1962 bis 1900 (nach [70])
* T = Tragmast, A = Abspannmast. Wenn nur Anzahl: Verteilung auf die beiden Typen nicht bekannt

Datum	Nennspannung (kV)	Anzahl betroffener Maste*	Beschreibung des Schadens	Art der Aneisung, Windgeschwindigkeit
Jan. 1963	110	1 T	Leiterseilriß, Versagen eines Tragmastes	Naßschnee und Eis 6–8 Bft
7./8. Dez. 1967	110	116	Versagen oder Beschädigung von Masten	Gefrierender Naßschnee 4–6 Bft
8. Dez. 1967	110	9 T 2 A	Versagen von Masten	Naßschnee 2–4 Bft
8. Dez. 1968	110	5 T 1 A	Versagen von Masten, ungleichförmige Aneisung	Rauhreif 2–3 Bft
8. Dez. 1968	110	4 T 3 A	Versagen von Masten	Gefrierender Naßschnee 6–8 Bft
13. Jan. 1978	110	5	Beschädigung von Masten, Eisabwurf, ungleichförmige Eislast	Rauhreif und Naßschnee 8–9 Bft
24. Jan./ 8. Febr. 1979	110	9 T	Versagen von Masten, ungleichförmige Eislast	Klareis und Naßschnee 2–3 Bft
29./30. März 1979	110	2 A	Versagen von Masten, Eisabwurf	Naßschnee 5 - 7 Bft
30. März 1979	110 220	40	Versagen oder Beschädigung von Masten, ungleichförmige Aneisung, Eisabwurf	Schwerer Naßschnee 2–4 Bft
24. April 1980	110 380	129	Riß von Leiter- und Erdseilen, Versagen oder Beschädigung von Masten, ungleichförmige Aneisung, Eisabwurf	Schwerer Naßschnee 4 Bft
24. April 1980	110	14 T 2 A	Versagen von Abspannklemmen und Masten, ungleichförmige Aneisung, Eisabwurf	

6.4 Freileitungsmasten

Tabelle 6.1 (Fortsetzung)

Datum	Nennspannung (kV)	Anzahl betroffener Maste*	Beschreibung des Schadens	Art der Aneisung, Windgeschwindigkeit
24. April 1980	110	4 T 1 A	Versagen von Masten	Schwerer Naßschnee 4 Bft
2. März 1987	110 380	16	Versagen oder Beschädigung von Masten, Versagen von Gründungen, Seiltanzen	Klareis 6–8 Bft
2. März 1987	110	10	Leiterseilriß, Versagen von Masten, Seiltanzen	Klareis 5–6 Bft
2. März 1987	220	31 T	Versagen von Abspannklemmen, Versagen von Masten und Gründungen	Klareis 7–8 Bft
30. Nov./ 3. Dez. 1988	220	15 T	Versagen von Masten, Seiltanzen	Klareis
30. Nov./ 3. Dez. 1988	110	5 T	Versagen von Masten, Leiterseilriß	Klareis
30. Nov./ 3. Dez. 1988	380	4 T	Versagen von Masten, Eisabwurf	Klareis
22. Dez. 1990	110	1 A 5 T	Nach Versagen eines Abspannmastes Umbruch von 5 Tragmasten, Eisabwurf	Rauhreif 5–6 Bft

Tabelle 6.2
In Deutschland an Freileitungen beobachtete Eislasten, 1967 bis 1990, ergänzt durch Angaben zur Temperatur und zur Windgeschwindigkeit, nach [70]
[1] ER = Eisregen, S = Schneefall, N = Nebel, DN = Dichter Nebel
[2] NS = Nasser Schnee, GS = Gefrorener Schnee, SNS = Schwerer nasser Schnee, E = Eis, RR = Rauhreif

Bereich	Höhe über NN in m	Topologie	Datum	E, S, N, DN[1]	Temperatur °C	Windstärke	Wetter, Beobachtungen Schichtenbildung[2]	Dicke cm	Dichte kN/m³	Eislast pro Seil N/m
Emsland	10	Nordd. Tiefebene	7./8.12.67	ER, S	0	6 b. 8	NS, E	14	4	46
Weser-Ems	40	Nordd. Tiefebene	8.12.67	S	0	4 b. 6	GS	8 b. 10		40
Hessen		Unteres Mittelgeb.	8.12.68		−3		RR	10 b. 20		50
Schwäb. Jura und Alpenvorl.	500 b. 600	flach bis hügelig	8.12.68	DN	0 b. −4	2 b. 3	RR	20 b. 25	0,2 bis 0,3	75
Ostseeküste	0 b. 20	Nordd. Tiefebene	28.12.78	ER	−12	8 b. 10	E	5 b. 6		18
Harz	770 b. 850	Unteres Mittelgeb.	24.1./8.2.79	S, N	0	8	RR, NS	20 b. 30		150
Seeküste		Nordd. Tiefebene	16./17.3.79	E	0	6 b. 9	E			15
Ost-Bayern Alpenvorland	300 b. 500	flach und hügelig	29./30.3.79	ER, S	0 b. −2	2 b. 3	NS, E	22	0,66	250
Ost-Bayern Alpenvorland	350 b. 500	flach bis hügelig	30.3.79	S	0	5 b. 7	NS			100
Oberbayern Alpenvorland	500 b. 600	flach bis hügelig	24.4.80	S	0	2 b. 4	SNS	10 b. 20		70
Oberbayern Alpenvorland	400 b. 600	flach bis hügelig	24.4.80	ER	0	4	SNS	7 b. 8		45

Tabelle 6.2 (Fortsetzung)

Bereich	Höhe über NN in m	Topologie	Datum	E, S, N, DN [1]	Wetter, Beobachtungen					Eislast pro Seil N/m
					Temperatur °C	Windstärke	Schichtenbildung [2]	Dicke cm	Dichte kN/m³	
Emsland	20	Nordd. Tiefebene	2.3.87	ER	0 b. 1–4	5 b. 6	E	5 b. 6		15
Münsterland	110		2.3.87	ER	–3	7 b. 8	E	5 b. 6	1,0	25
Ost-Bayern		flach bis hügelig	2.3.87	ER	0		E			12
Ostwestfalen-Lippe		flach bis hügelig	30.11./ 3.12.88	S, ER			E	7		30
Ost-Westfalen, Lippe		flach bis hügelig	30.11./ 3.12.88	S, ER			E			55
Vogelsberg, Hessen			22.12.90	DN, ER	0		RR, E	10		40

Bild 6.6
Einstürze von Freileitungsmasten
a) In den USA, 1983, Fall 6.17
b) In Westfalen, 1985, Fall 6.18

6.4 Freileitungsmasten

Beide Zusammenstellungen machen deutlich, daß es sich bei Zusammenbrüchen von Freileitungsmasten um außergewöhnliche und seltene Ereignisse handelt. Man kann feststellen:

- Die Zeitabstände zwischen den Wetterereignissen sind von wenigen Tagen bis 12 Jahren äußerst verschieden.
- Die Dauer der Ereignisse in den 23 erfaßten Jahren liegt zwischen 1 Tag (9 mal) und 11 Tagen (1 mal).
- Die Größe der Eislast auf ein Leiterseil liegt zwischen 12 und 250 N/m. Die sogenannte normale Zusatzlast Eis beträgt nach der für die Bemessung der Maste einschlägigen Baubestimmung VDE 0210 in der für den betrachteten Zeitraum gültigen Fassung von 1985

  $5 + 0,1 \cdot d$ in N/m mit d = Seildurchmesser in mm.

Das sind bei den üblichen Durchmessern der Leiterseile weniger oder sogar deutlich weniger als die bei den Mastzusammenbrüchen festgestellten Eislasten. Für einen der in der Zusammenstellung angegebenen Fälle wird in [71] sogar vom 10fachen gesprochen.

Die sogenannte erhöhte Zusatzlast Eis für die Leiterseile ist nach VDE 0210 nur dann zu berücksichtigen, wenn sie regelmäßig auftritt. Da das im allgemeinen nicht der Fall ist, hat sie für die Bemessung kaum Bedeutung.

- Die Windstärke liegt – wenn angegeben – zwischen 2 und 9.
- Eis- und Windlasten sind nicht miteinander korreliert, ebenso wie die Dauer des Wetterereignisses mit der Größe der Leiterlasten.

Aus [72] ist in Übereinstimmung mit Tabelle 6.1 zu entnehmen, daß in den Jahren 1967, 1980, 1986 und 1987 viele Maste zusammenbrachen, vorwiegend die von 110-kV-Leitungen, aber auch von 220-kV- und 380-kV-Leitungen. In diesen Jahren trafen oft größere Eislasten an den Leiterseilen mit größeren Windstärken zusammen. Von den in [72] angegeben 717 Schadensfällen an und Zusammenbrüchen von Freileitungsmasten waren daher 611 (= 86%) auf Überlastung zurückzuführen.

Man wird wegen der Außergewöhnlichkeit der Wettersituationen, die nach der Zusammenstellung in Tabelle 6.1 zu Mastzusammenbrüchen geführt haben, weiterhin mit derartigen Ereignissen rechnen müssen. Sie gefährden dann, wenn sie mit großen Windstärken einhergehen, im allgemeinen nicht Leib und Leben von Menschen, da sich Menschen bei derartigem Wetter nicht im Freien aufhalten. Offensichtlich aus diesem Grund ist von Personenschäden bei Zusammenbrüchen von Freileitungsmasten nichts bekannt geworden. Diese Tatsache sollte aber nicht verhindern, Vorkehrungen – besonders im Bereich von Wohngebieten – zu treffen, um Menschen vor Zusammenbrüchen vor allem infolge übermäßiger Eislasten allein zu bewahren (Bild 6.7). Man könnte an Warnhinweise oder sogar automatische Warneinrichtungen denken. Es reicht für mich nicht aus, daß die Bauherren ihre Freileitungen in Zuverlässigkeitsklassen einordnen, die von der Bedeutung der Leitung abhängen.

Bild 6.7
Einsturz eines Freileitungsmastes nahe einem Wohnhaus, 1985, Fall 6.18

Bild 6.8
Einsturz einer Windkraftanlage, 1999, Fall 6.22

Eine Zuordnung nach dem Gefährdungspotential für Menschen ist genau so wichtig.

Um die Anzahl der Schadens- und Versagensfälle richtig bewerten zu können, wird hier abschließend die Größenordnung der in Deutschland stehenden Freileitungsmaste mit rd. 100 000 angegeben. Es wird ergänzt, daß es sich bei den vor allem betroffenen 110-kV-Leitungen im allgemeinen um die älteren, nach heute überholten Baubestimmungen mit geringeren Tragfähigkeiten als die später gebauten handelt.

6.5 Windenergieanlagen

Zum Versagen von Windkraftanlagen habe ich nur wenige Informationen bekommen können. Sie gehen über die Angaben zu den Fällen 6.21 bis 6.23 in Tabelle 6 nicht hinaus. Offensichtlich gehen die meisten Einstürze entweder auf extreme Windbelastungen – zum Fall 6.21 werden 70 m/s angegeben – oder auf Versagen der Steuerung wie im Fall 6.22 (Bild 6.8) für das Abschalten bei zu starkem Wind oder Eintreten von Unwuchten infolge Verlust eines Bauteiles wie eines Rotorblattes, zurück. Über Versagen der Schaftkonstruktion unter den planmäßigen Einwirkungen ist mir nichts bekannt geworden.

6.6 Lehren

Einzelne Lehren werden, wie im Abschnitt 6.1 angemerkt und begründet, in den Abschnitten 6.2 bis 6.5 gezogen.

7 Versagen von Behältern (Silos und Tankbauten)

7.1 Tabelle 7, allgemeine Betrachtungen

Silobauwerke haben relativ viele Schäden, K. Kordina und F. Blume sprechen daher in [74] von „besonderer Schadenshäufigkeit".

Die Vielseitigkeit der Ursachen für Schäden und Einstürze wird deutlich, wenn man sich bewußt macht,

- daß es sich bei Silos und Tankbauten um Bauwerke für einen großen und heterogenen Verwenderkreis, z. B. Industrie, Handel und Landwirtschaft handelt,
- daß die Silogüter zwischen flüssig und blockförmig, naß und trocken, körnig und kohäsiv einzuordnen sind,
- daß die Lasten aus dem Silogut schwer bestimmbar sind, aber dennoch oft mit ihren oberen Grenzwerten auftreten,
- die Bauwerke aus Stahl-Walzblechen und -trapezblechen, aus Beton und Spannbeton hergestellt werden,
- daß es sich um Behälter mit einem Fassungsvermögen zwischen wenigen und einigen Tauend Kubikmetern handelt und
- daß die Schäden und Einstürze durch den Betrieb, meistens beim Entleeren, durch unzureichende Lastansätze, durch nicht erkannte Versagensmechanismen und durch Mängel bei der Ausführung verursacht werden.

In [74] werden 10 Schadensfälle von Beton- oder Spannbetonsilos für Getreide, Zement und Zementklinker beschrieben. 4 Fälle mit Teil- oder Totaleinsturz werden in Tabelle 7 übernommen, die anderen betreffen reparierbare Schäden, im allgemeinen Risse.

Von den 12 in [75] mitgeteilten Schadensfällen gehen die 5, die zu Teil- oder Totaleinstürzen führten, in Tabelle 7 ein. Sie stehen im 2. Teil der Tabelle, da der Zeitpunkt nicht bekannt ist.

In [76] wird über mehrere Schadensfälle an Stahlsilos, vor allem in Polen, berichtet. Von ihnen werden 3 in den zweiten Teil der Tabelle 7 übernommen.

Bei der Arbeit des Sonderforschungsbereiches 219 „Silobauwerke und ihre spezifischen Beanspruchungen" der Deutschen Forschungsgemeinschaft (DFG) an der Universität Karlsruhe, der auch mit der großen Anzahl von Siloschäden und -einstürzen begründet wurde, erfolgte überraschenderweise keine systematische Auswertung von Schadensfällen und es gab daher keine entsprechenden Zusammenstellungen. Dies mag damit zusammenhängen, daß die eingeschalteten Sachverständigen wegen der im allgemeinen großen Schäden bei aktuelleren Fällen oft nicht bereit waren, genauere Informationen weiterzugeben, um Versäumnisse der am Bau Beteiligten verdeckt und damit offen zu halten, ob die Ursache nicht etwa in Mängeln der Baubestimmungen zu suchen ist (vgl. hierzu auch [74], Seite 3).

Von den 26 Schadensfällen in Tabelle 7 betreffen 10 Silos und 5 Tanks aus Stahl, 10 Silos aus Beton sowie 1 einen Silo aus Beton und Mauerwerk. Mit den Bildern 7.1 a bis d wird mit 2 Fällen auf häufige Schäden hingewiesen, die bei der Montage von Tankbauten vorkommen.

Die Ursachen kann man wie folgt ordnen:

Ursache	Fälle	Anzahl	Weiteres siehe Abschnitt
Silodruck oder -reibung größer als angenommen, auch Brückenbildung	8, 17, 18, 19, 22, 23, 26	7	7.2
Baufehler			
– Bemessungsfehler	11, 12, 16, 21, 24	5	7.3
– Stahl, Schweißfehler	2, 4, 10, 14	4	7.4
– Beton, Bewehrungsfehler	6	1	7.5
– Sonstiges	1	1	
Grundbruch (Bild 7.2)	5	1	
Betriebsfehler	3, 15, 25	3	7.6
Unbekannt	9, 20	2	
Mehrere Fehler	7, 13	2	
Summe		26	

Der Fall 7.13 wird im Abschnitt 7.3.2 erläutert.

Durch Explosionen und Brände verursachte Einstürze werden hier nicht erfaßt. Ebenso wird auf den nicht seltenen Zusammenbruch von Stahltanks während der sogenannten Trockenmontage außer mit den Bildern 7.1 a und b nicht eingegangen. Er ist, wenn Menschen nicht gefährdet sind, im allgemeinen einkalkuliert, wenn die versicherungsmäßige Abdeckung eines Windschadens billiger ist als die Vorkehrungen, mit denen in jeder Montage- bei jeder Windsituation ausreichende Standsicherheit erzielt wird.

7.1 Tabelle 7, allgemeine Betrachtungen

Tabelle 7
Versagen von Behältern (Silos und Tankbauten)
Abkürzungen siehe Abschnitt 1.3
Maße: h = Höhe in m, ∅ = Durchmesser in m, Vo = Volumen in m³
Baustoff: M = Mauerwerk, B = Stahlbeton, Sp = Spannbeton, S = Stahl
Füllung: G = Getreide, M = Mais, Z = Zement, ZK = Zementklinker, KM = Kalkmehl, K = Kohle, S = Silage, So = Sojamehl, Öl

Nr.	Jahr	Bauwerk					Stichwörter zum Versagen	Pers.-sch.	Einsturz	Quellen
		Kurzbeschreibung	Land	Ort	Daten	Baustoff	Füllgut			
7.1	1932	Rechteckiger gemauerter Silo mit 4 durch Betonwände abgeteilten Kammern	Deutschland	Genthin		M/B	G	Bruch des Mauerwerks wegen Abweichung der Ausführung von der Planung. Sie hatte geschlossene Holzkammern vorgesehen, die den Silodruck von den Außenmauern fern gehalten hätten	0	Total	BI 1936, 532
7.2	1933	Öltank	USA	Tiverton	Vo=12700	S	Öl	Bei Probefüllung mit Wasser werden einige schlecht geschweißte Vertikalnähte undicht (s. Abschn. 7.4)	3 T	Total	BI 1934, 292
7.3	1938	Einzeln stehender zylindrischer Silo mit Kegeldach	Deutschland	Süddeutschland	∅ = 14 h = 24 + 4	B	Z	Schlagartiger Zusammenbruch nach 18 Jahren Betrieb beim Abzug von Silogut aus dem fast voll gefüllten Silo. Ursache: Schneckenabzug funktioniert nicht richtig und verursacht Exzentrizität bei der Silogutbewegung und den Silodrücken (s. Abschn. 7.6)	0	Total	[73], dort Fall 6

Tabelle 7 (Fortsetzung)

Nr.	Jahr	Bauwerk					Stichwörter zum Versagen	Pers.-sch.	Einsturz	Quellen
		Kurzbeschreibung	Land	Ort	Daten	Baustoff	Füllgut			
7.4	1952	Schwimmdachtank, geschweißt mit X-Nähten bei Blechdicken über 15 mm, sonst mit V- und I-Nähte	England	Fawley Hampsh.	⌀ = 43 h = 16	S	Öl	Bei Probefüllung mit Wasser entsteht durch alle 9 übereinander liegenden, 28 bis 6 mm dicken und 1820 mm hohen Mantelbleche ein durchgehender, vertikaler Riß (s. Abschn. 7.4)	0	Total	BI 1956, 33
7.5	1955	Silos mit 20 Zellen	USA	Fargo N-Dakota	⌀ = 6 h = 36 V = 29000 (gesamt)	B	G	Grundbruch bringt ganze Kolonne zum Einsturz nach Norden, Boden wird auf Südseite bis 4,5 m angehoben und bis 18 m vom Silo gelagert	0	Total	BI 1956, 152; ENR 1955, 23.06., 27. Bild 7.2
7.6	1956	Siloanlage mit 17 Zellen, 3,48 m × 3,48 m oder 1,67 m 3,48 m groß	Deutschland	Süddeutschland	15 × 15 (gesamt, Zellen h = 18, gesamt 29	B	G	12 Jahre nach Inbetriebnahme traten in 3 Zellen Risse zwischen Silotrennwänden und Außenwand auf. 4 Jahre später brachen die Außenwände von zwei Zellen (s. Abschn. 7.5)	0	Teil	[74], dort Fall 4 Bild 7.7
7.7	1972	Zylindrische Silozelle in einer Anlage mit 5 Zellen	Deutschland	Norddeutschland	⌀ = 11,5 h = 75	B	M	Silogut erwärmt sich bis auf 40 °C, Umlagern hilft nichts, sondern vergrößert Risse wegen Ändern des Silodruckes auf Zustand „Entleeren" und Wandern des aufgewärmten Bereiches nach unten. Dabei bricht Silozelle schlagartig zusammen. Ursache: Temperaturgradient in Silowand zusammen mit Biegebeanspruchung infolge rotationssymmetrischem Entleeren. Eine Rolle		Total	[74], dort Fall 1

7.1 Tabelle 7, allgemeine Betrachtungen

Tabelle 7 (Fortsetzung)

Nr.	Jahr	Bauwerk						Stichwörter zum Versagen	Pers.-sch.	Einsturz	Quellen
		Kurzbeschreibung	Land	Ort	Daten	Baustoff	Füllgut				
								spielte auch das Fehlen von rd. 20 % der vorgesehenen Bewehrung und deren ungleichmäßige Verlegung			
7.8	1973	Zelle in einem Großsilo	Deutschland		h = 50 (etwa)	S	G	10 Jahre nach Inbetriebnahme trat beim Entleeren – 200 von 1500 t Weizen waren entnommen – ein 3 cm breiter, rd. 10 m langer vertikaler Riß, unten beginnend am Silotrichter, auf. Ursache: Schubbruch wegen größerem Silodruck als nach Baube stimmungen anzusetzen. Außerdem: Bewehrungsführung und -verankerung wird der Schubsituation nicht gerecht	0	Kein	BI 1974, 436
7.9	1973	Zylindrische Zelle in einem 5zelligen Großraumsilo	Deutschland	Brake	$\varnothing = 12$ h = 76	B	G	Mit Mais gefüllte Zelle bricht beim Entleeren zusammen	0	Total	[78] s.a. BI 1979, 385
7.10	1974	Festdachtank	Japan		$\varnothing = 52$ h = 24 Vo=50000	S	Öl warm	Tank bricht im 19. Belastungszyklus bei 70 % Füllung im Randbereich des. 12 mm dicken Bodenblechs. – Auslaufendes Öl richtet große Umweltverschmutzungen an (s. Abschn. 7.4)	0	Bruch	[77]

Tabelle 7 (Fortsetzung)

Nr.	Jahr	Bauwerk						Stichwörter zum Versagen	Pers.-sch.	Ein-sturz	Quellen
		Kurzbeschreibung	Land	Ort	Daten	Bau-stoff	Füll-gut				
7.11	1979	12zellige Silo-anlage, horizontal gespannte Trapez-bleche zwischen Stahlstützen	Deutsch-land	Ismaning	h = 25 10 m × 12 m	S	G	(s. Abschn. 7.3.1)	0	Kein	Gutachten des Verfas-sers. Bilder 7.3 und 7.4
7.12	1979	Anlage aus drei zylindrischen Silos mit Innenzellen zur Entleerung auf dem Zellenboden. Innenzellenwände in ihrem unteren Bereich in Stützen aufgelöst	Ausland		∅ = 18 h = 45	B	Z	(s. Abschn. 7.3.5)	0	Teil	[74], dort Fall 10
7.13	1982 (etwa)	Schwimmdachtank mit Stützen im Membran- und Pontonbereich zur Lagerung im leeren Zustand	Polen		∅ = 38 h = 10 Vo=18000	S	Öl	Zu schwach bemessene Stützen versagen bei Überlastung des Daches wegen nicht intakter Ent-wässerung (s. Abschn. 7.3.2 und 7.6)	0	Teil	SB 1982, 235 Bild 7.5

7.1 Tabelle 7, allgemeine Betrachtungen 185

Tabelle 7 (Fortsetzung)

Nr.	Jahr	Bauwerk						Stichwörter zum Versagen	Pers.-sch.	Ein-sturz	Quellen
		Kurzbeschreibung	Land	Ort	Daten	Bau-stoff	Füll-gut				
7.14	1982	Getreidesilo, geschweißt, innen vertikal mit 60 Stück Rechteckrohren 152 × 102 × 6,4 versteift. Umlaufende, 13 mm dicke und 305 mm breite Stahlplatte zur Gründung des Mantels	USA	Homer, Illinois	$\varnothing = 38$ h = 17 Zyl. h = 9 Kegel	S	G	4 Jahre nach Beginn der Nutzung 2,13 m langer Sprödbruch im untersten, 15 mm dicken und 2,44 m breiten Mantelblech im Zustand voller Füllung. Bruchbeginn im Bodenblech im Bereich der Wärmeeinflußzone (s. Abschn. 7.4)	0	Kein	[79]
7.15	1985 (etwa)	Baustellen-Zementsilo	Deutschland	Schleswig-Holstein	$\varnothing = 2,5$ h = 7,5	S	Z	Beim Füllen vom Behälterfahrzeug aus hat sich im Silo wegen Verschluß des Entlüftungsschlauches durch einen Zementsteinpropfen ein Überdruck aufgebaut und den Silodeckel abgesprengt. Durch ihn wurden in 30 m Entfernung 4 Personen verletzt (s. Abschn. 7.6)	4 V	Teil	Schadenprisma 3/86
7.16	1987	Schwimmdachtank, Dach ausgerüstet mit Stützen für Leerzustand und zusätzlicher Reinigungseinrichtung	Deutschland		$\varnothing = 48$ V = 22600	S	Öl	Dach bricht im Leerzustand ein, weil Stützen knicken (s. Abschn. 7.3.3)	0	Dach Total	Gutachten des Verfassers

Tabelle 7 (Fortsetzung)

Nr.	Jahr	Bauwerk						Stichwörter zum Versagen	Pers.-sch.	Ein-sturz	Quellen
		Kurzbeschreibung	Land	Ort	Daten	Bau-stoff	Füll-gut				
Ohne Datum											
7.17		Zylindrischer Silo mit mit 4 Entleerungsöffnungen 4 Entleerungsöffnungen im Siloboden	USA	Kentucky, Washington	$\varnothing = 18$ $h = 36$	B	K	Kernfluß beim Entleeren führt zur dynamischen Brückenbildung und zum Bruch der Wand im Bereich um den unteren Drittelspunkt und zum Einsturz	0	Total	[75]
7.18		Zylindrischer Silo mit zentral angeordnetem Entleerungstrichter	USA	Kentucky	$\varnothing = 23$ $h = 55$	B	K	Nach 8 Jahren Betrieb bricht Wand, danach bricht Silo zusammen. Ursache: Entmischen des Silogutes führt zu Exzentrizitäten beim Entleeren und damit zu Biegebeanspruchungen in den Wänden	0	Total	[75]
7.19		Zylindrischer Silo	USA	Ohio	$\varnothing = 8$ $h = 25$	B	S	Brückenbildung beim Entleeren verursacht Wandzerstörung und Einsturz	0	Total	[75]
7.20		Zylindrischer Silo	USA	Kalifornien	$\varnothing = 27$ $h = 50$	B	Petroleumpellets	Füllen und Entleeren zerstören Zwickelzellenwand	0	Teil	[75]
7.21		Geschweißter Silo auf Stahl„zarge"	Polen		$Vo = 120$	S	G	Lokale Beulen im Mantel über dem Fußring am unteren Zylinderrand (s. Abschn. 7.3.4)	0	Kein	[76]

7.1 Tabelle 7, allgemeine Betrachtungen

Tabelle 7 (Fortsetzung)

Nr.	Jahr	Bauwerk						Stichwörter zum Versagen	Pers.-sch.	Ein-sturz	Quellen
		Kurzbeschreibung	Land	Ort	Daten	Bau-stoff	Füll-gut				
7.22		Geschweißter, zylindrischer Silo	Polen		$\emptyset = 11$ $V_o = 2100$	S	KM	Brückenbildung im Silogut und anschließender Einsturz führt zu globalen Beulen im oberen Silo-bereich infolge Unterdruck	0	Kein	[76]
7.23		Silo, 16zellig, hori-zontal gespannte Trapezbleche zwi-schen Stahlstützen mit zentral ange-ordnetem Auslauf-trichter	Polen		$\emptyset = 8$ $V_o = 570$	S	So	Brückenbildung im Silogut infolge Trapezförmiger Wandoberfläche. Brückeneinsturz führt wegen dynamischer Kräfte zu Schaden	0	Kein	[76]
7.24		Silo, horizontal ge-krümmt gespannte, vertikal versteifte Trapezbleche	Polen		$V_o = 200$	S	G	Steifen über dem Fußring in der Nähe der Stützen ausgeknickt (s. Abschn. 7.3.4)	0	Total	[76]
7.25		Geschweißter, zylindrischer Tank, 8 Schüsse, Blech-dicke 12 bis 5 mm, abgedeckt mit Rippenkuppel	Polen		$\emptyset = 25$ $h = 12$ $V_o = 5000$	S	Öl	Bei intensiver Entleerung und Ausfall der Sicherheitsventile ent-stehen im Mantel im Bereich der 6-mm-Schüsse durch Unterdruck Einbeulungen bis 2,5 m Tiefe (s. Abschn. 7.6)	0	Total	SB 1980, 347

Tabelle 7 (Fortsetzung)

Nr.	Jahr	Bauwerk						Stichwörter zum Versagen	Pers.-sch.	Ein-sturz	Quellen
		Kurzbeschreibung	Land	Ort	Daten	Bau-stoff	Füll-gut				
7.26		Silo mit überlappt-geschraubten Man-telblechen, geplant als Getreidesilo, benutzt für Futter-mittel mit Neigung zur Brückenbildung	Deutsch-land		$\varnothing = 7$ h = 24	S	G	Unplanmäßige Nutzung führt zu größeren Wandreibungslasten, gleichzeitig zu kleinerem Innen-druck als geplant und eher zur Brückenbildung. Silo zunächst global gebeult, später bei Füllung mit Getreide geborsten	0	Total	SB 1973, 264

7.1 Tabelle 7, allgemeine Betrachtungen

Bild 7.1
Bei der Montage eingefallene Flüssigkeitstanks
a) Einsturz bei Hagelsturm mit 36 m/s Windgeschwindigkeit, Fläche der Beule rd. 400 m^2
b) Verschiebungen am Mantelfuß in vertikaler Richtung infolge der in a) gezeigten Beule
c) Einsturz durch Bruch im Bodenblech bei Probefüllung und Ausspülen des Untergrundes
d) Scharfe Mantelblechverformungen des in c) gezeigten Behälters

Bild 7.2
Durch Grundbruch umgestürzte Silogruppe, 1955, Fall 7.5

7.2 Lasten, größer als angenommen

Die Geschichte der Annahmen für die Einwirkungen des Silogutes auf die Silos ist lang. Sie beginnt relativ elementar vor etwa 100 Jahren und ist im wesentlichen dadurch gekennzeichnet, daß Schadensfälle immer wieder zu ihrer Vergrößerung und Differenzierung für verschiedene Bedingungen geführt haben. Grundlage dafür sind Auswertungen von Messungen, eine Theorie steht lange nicht zur Verfügung. 1964 gibt es mit DIN 1055, Blatt 6, die erste Norm für „Lasten in Silozellen". Neue Silogüter mit besonderen Eigenschaften und neue Bauweisen der Silos führen aber auch nach ihrer Einführung weiter zu Schäden und verlangen laufend Ergänzungen und Novellierungen der Baubestimmungen. Darüber wird in z.B. in [74], dort Kapitel 4, und in [80] an verschiedenen Stellen berichtet. In [80] erkennt man aber auch, daß inzwischen allein auf Empirie gründende Regelungen zunehmend durch theoretisch untermauerte ersetzt werden können.

Zu den in Tabelle 7 stehenden Fällen, die auf größere Wanddrücke oder Reibungslasten aus dem Silogut als angenommen wurde zurückgehen, ist festzustellen:

– Sie haben mit rd. 27% den größten Anteil an den Versagensfällen.
– In allen diesen Fällen trat das Versagen beim – z.T. außermittigen – Entleeren, z.T. mit Brückenbildung des Silogutes, ein.
– Zum Teil geht das Versagen auf die Lagerung von Silogut zurück, das beim Entwurf nicht vorgesehen war (Fall 7.26).
– Im Fall 7.8 kommen konstruktive Mängel, im Fall 7.18 Entmischen des Silogutes hinzu.

Dieses Problem betrifft die Öltanks nicht, deren Belastung ist hydrostatisch und elementar zu bestimmen, solange man von Tankbehältern unter Erdbebeneinwirkung absieht.

Die Lehre aus den Siloschäden mit Überlastung ist durch neue Normen weitgehend gezogen. Die Beachtung neuer Forschungsergebnisse, wie sie z.B. in [80] dokumen-

7.3 Bemessungsfehler

tiert sind, kann darüber hinaus helfen, belastungsbedingte Schäden oder Einstürze zu vermeiden.

7.3 Bemessungsfehler

Auf Bemessungsfehler gehen erstaunlicherweise fast 20 % der in Tabelle 7 erfaßten Versagensfälle zurück, 3 davon betreffen Stahlsilos, 1 einen Stahltank und 1 einen Betonsilo. Einige sollen, über die Angaben in Tabelle 7 hinausgehend, geschildert werden.

7.3.1 12zellige Siloanlage in Ismaning, Fall 7.11, 1979

Die Siloanlage besteht aus 4 x 4 Rechteckzellen, von denen 4 mal 2 durch Fehlen der entsprechenden Trennwände zu jeweils einer zusammengefaßt sind. Die Anlage dient der Einlagerung von Getreide (Bild 7.3 a, b). Zwischen den in den Rasterpunkten stehenden Stützen sind horizontal Trapezbleche gespannt. Die Stützen bestehen aus Hutprofilen, die durch Aufschrauben eines Deckbleches zu Kastenprofilen ergänzt werden. Die Tragfähigkeit des Stützenquerschnittes kann durch inwandige Zulagen gesteigert werden. Wo diese nicht ausreichen, bilden vier zu einem Kastenquerschnitt zusammengeschweißte Winkelprofile die Stütze.

Die zwischen den Silostützen gespannten Trapezbleche haben Blechdicken von t = 1,6, 2,5, 3,2, 4,0 und 4,5 mm und sind 1000 mm breit (Bild 7.3 c). Sowohl die Stützen als auch die Wandelemente bestehen aus Stahl mit der damaligen Bezeichnung St 42-2, der durch Kaltverformung verfestigt ist.

Die Behälter sind ohne Auslauftrichter 20 m hoch, damit sind in allen Wänden 20 Wandelemente übereinander erforderlich. Deren Ende sind ähnlich der Papierbauweise in den Knickpunkten 25 mm tief eingeschnitten, zu einer Seite gekantet und zur Befestigung an den Stützen mit Löchern $\varnothing$ 13 für Schrauben M 10 versehen. Hinter den entsprechenden Löchern in den Stützen sind die Schraubenmuttern vor deren Zusammenbau inwandig angeheftet, da sie zum Teil während der Montage nicht mehr zugänglich sind. Schrauben, Muttern und Scheiben in der Festigkeitsklasse 10.9 sind – letztlich wegen des großen Lochspiels – in den Bauvorlagen als hochfeste und gleitfeste GV-Verbindung ausgewiesen, obwohl sie mehrere der dafür geltenden Voraussetzungen nicht erfüllen.

In der Achse C (Bild 7.3 b) sind anstelle der Wandelemente durchlaufende Zugglieder im gegenseitigen Abstand von 1000 mm eingebaut, wodurch vier Doppelzellen mit jeweils zwei Auslauftrichtern entstehen.

Die über die Wandelemente an die Stützen abgegebenen Lasten und die Trichterlasten werden durch einen in den Rasterpunkten aufgeständerten, stählernen Trägerrost in das Stahlbetonfundament geführt. Die einzelnen Silozellen werden durch Gitterroste abgedeckt. Über alle Silozellen ist ein Sparrendach gespannt.

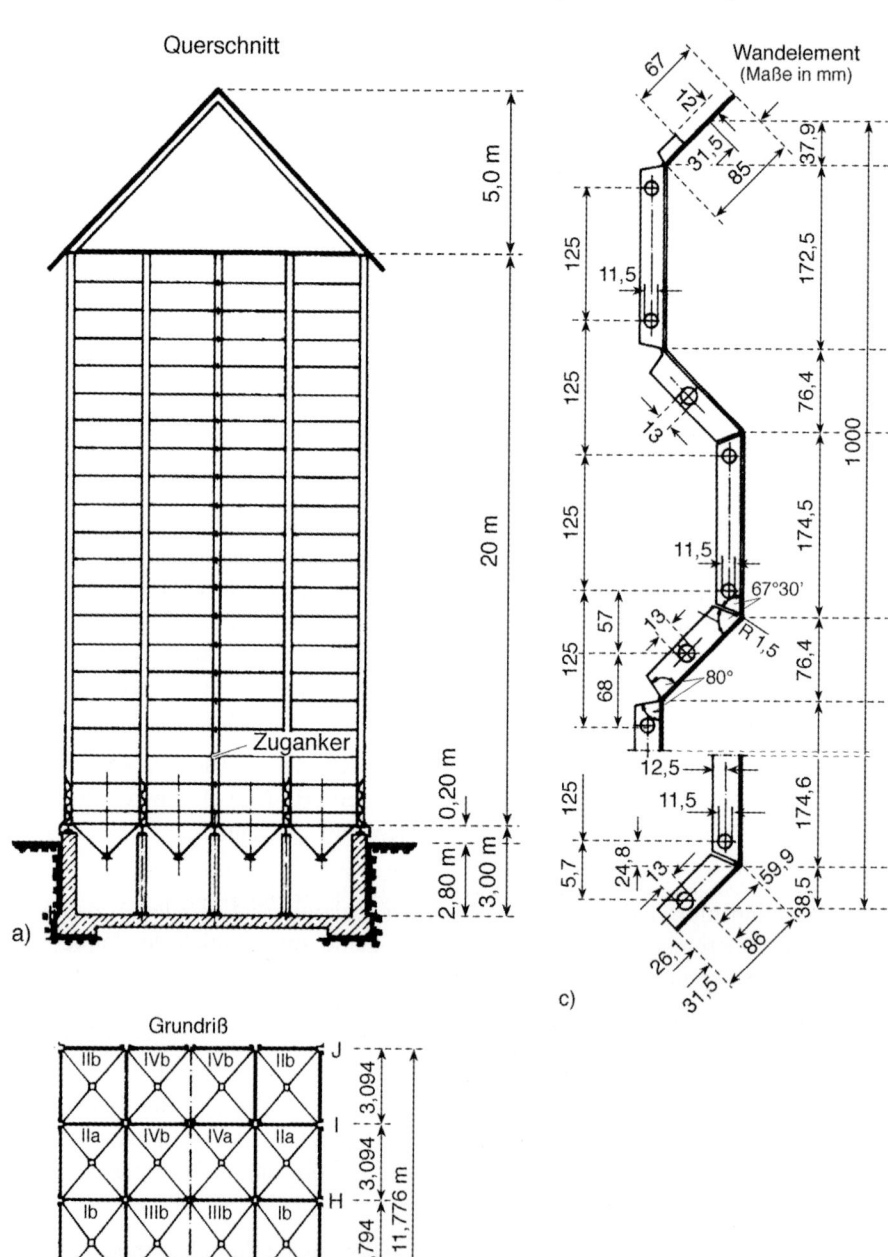

192   7 Versagen von Behältern (Silos und Tankbauten)

Bild 7.3
Siloanlage Ismaning, 1979, Fall 7.11
a) Schnitt
b) Grundriß
c) Wandelemente

7.3 Bemessungsfehler

Die 1970 fertiggestellte Anlage wurde bis Ende 1979 betrieben. Den jährlich durchgeführten Reparaturen – Ersetzen von fehlenden Schrauben im Anschluß der Wandelemente an die Silostützen, Schienen von einzelnen durch Beulen beschädigten Wandtafeln – wurde vom Betreiber keine die Standsicherheit der Siloanlage gefährdende Bedeutung beigemessen, und es wurden keine Fachleute zugezogen.

Ende 1979 wurde ein lautes Krachen in der Siloanlage registriert, und innerhalb von einigen Stunden konnte das Herausschieben des Vordaches und das Ausbeulen der Siloaußenwand im Bereich des Schnittpunktes der Achsen E und I bis zu einer Höhe von ca. 6 m beobachtet werden (Bild 7.4). Zu diesem Zeitpunkt war die zwischen den Achsen D und E liegende Zelle IIa mit ca. 100 t, d. h. zu ca. 80 %, mit Weizen gefüllt. Über den Füllzustand der Nachbarzellen konnten keine verbindlichen Angaben erhalten werden, ausgenommen für die Zelle IIb zwischen den Achsen D und E, die zu diesem Zeitpunkt leer war. Da ein Aufplatzen der Außenwand zu befürchten war, wurde die Zelle IIa vom Betreiber unmittelbar geräumt.

Bei einer Ortsbesichtigung wurde festgestellt, daß die Trennwand zwischen den Zellen IIa und IIb vom Auslauftrichter beginnend bis auf eine Höhe von ca. 15 m von der Stütze in Achse E-I abgerissen war. Auffällig war die Ausbildung des Anschlusses der Wandelemente an die Silostützen. In mehrfacher Hinsicht wird sie durch die technischen Baubestimmungen nicht abgedeckt: Die Wandelemente waren an den Köpfen der Anschlußschrauben ausgeköpft und ausgerissen; die Schrauben selbst waren in der Silostütze verblieben. Und auch das Anheften von Muttern hochfester Schrauben war normwidrig.

Es wurde bekannt, daß jährlich am Saisonende Reparaturen ausgeführt werden mußten, wobei ca. 250 Schrauben, die locker saßen, nicht festzuziehen waren oder schon herausgefallen waren, ersetzt wurden, indem in das vorhandene Schraubenloch der Silostütze ein Gewinde eingeschnitten wurde, um so die fehlenden Schrau-

Bild 7.4
Ausgebeulte Wand in der Siloanlage Ismaning, 1979, Fall 7.11

ben zu ersetzen. Bei den defekten Schrauben waren offensichtlich die angeheftete Muttern bereits bei der Montage abgeschlagen worden. Bei einem Teil der gefundenen bzw. ausgewechselten Schrauben war das Gewinde fast vollständig zerstört, woraus auf einen unsachgemäßen Einbau geschlossen werden muß. Vermutlich wurden diese Schrauben eingeschlagen.

Es wurde auch festgestellt, daß die Ausbildung der Stützen, der Anschlüsse Wand-Stütze (Schrauben) und der Wandbleche (Blechdicke) z.T. von den Festlegungen in der statischen Berechnung sowie den Werk- und Montageplänen abwich.

Im unteren Bereich der zerstörten Wand wiesen die Wandelemente Beulen auf. In anderen Bereichen waren ausgebeulte Wandelemente durch beidseitig aufgeschraubte U-Profile geschient worden.

Ausgehend von der zunächst naheliegenden Vermutung, daß die Zerstörung der Silowand auf ein Versagen des Anschlusses, der – wie bereits erwähnt – durch die technischen Baubestimmungen in mehrfacher Hinsicht nicht abgedeckt wird, zurückzuführen war, wurde das Tragverhaltens des Anschlusses abgeschätzt. Sowohl Versuchsergebnisse als auch Berechnungen zeigten, daß die Zerstörung des Anschlusses vermutlich nicht die auslösende Schadensursache war. Dem entspricht auch die Tatsache, daß im Bereich der abgerissenen Wand die Schrauben unversehrt in den Stützen verblieben waren.

Die Überprüfung des Nachweises der Wandelemente in der statischen Berechnung ergab, daß bei deren Beanspruchung auf Biegung infolge des horizontalen Silodruckkes das Beulen der gedrückten Querschnittsteile nicht zutreffend berücksichtigt worden war. Dies resultiert aus der unsachgemäßen Anwendung einer Abschätzformel für die Wirksamkeit gedrückter schlanker Bauteile. Die Schlankheit ist hier mit $b/t = 173/t$ (t in mm) (vgl. Bild 7.3 c), also für min $t = 1,6$ mm mit $b/t = 108$ und für max $t = 4,5$ mm mit $b/t = 38$ gegeben. Aus der zutreffenden Betrachtung folgt, daß bereichweise in bezug auf die Biegetragfähigkeit der Wandelemente rechnerische Sicherheiten $< 1,0$ auftraten.

Später durchgeführte Versuche mit Wandelementen bestätigen diese Schwäche. Daraus folgte mit an Sicherheit grenzender Wahrscheinlichkeit, daß die zu schwachen Wandelemente den Schadensfall verursacht haben.

Dem entspricht folgende Rekonstruktion des Schadensablaufes: Der horizontale Silodruck wird über Biegung der Wandelemente zu den Stützen hin abgetragen. Steigender Horizontaldruck des Silogutes verursacht zunächst ein Ausbeulen der gedrückten Gurte und Stege der Wandelemente in der Mitte der Stützweite. Die damit einhergehende Veränderungen des tragenden Querschnitts der Wandele mentprofile beeinflussen das Lastabtragungsverhalten dergestalt, daß mit zunehmendem Horizontaldruck die Durchbiegungen überlinear anwachsen. Damit wird die zunächst primäre Lastabtragung über Biegung zunehmend durch einen Membranspannungszustand überlagert. Aus der anwachsenden Mittendurchbiegung resultiert eine entsprechende Verdrehung der Wandelemente im Anschlußbereich, die letztlich zum Auskröpfen der hierdurch gezogenen Schrauben aus dem Blech führt. Die Lastabtragung ist nunmehr nur über einen reinen Membranspannungszustand möglich. Die bei der Lastabtragung über Biegung auf Zug nur wenig beanspruchten Schrauben sind jedoch nicht in der Lage, die Membranzugkräfte aufzunehmen und kröpfen aus dem Blech aus. Die auf die entsprechenden Wandelemente entfallende Horizontallast lagert sich auf die Nachbartafeln um, entsprechende Membranzugkräfte auf die Nachbaranschlüsse, die wiederum infolge der Zusatzbeanspruchung versagen. Dieser Vorgang wiederholt sich gemäß dem Reißverschlußprinzip, bis der horizontale Silodruck abgebaut ist. Daher ist der Silo trotz des großen Schadens nicht eingestürzt.

Aufgrund der gewonnenen Erkenntnisse war festzustellen, daß die Siloanlage ohne Sanierung für eine weitere Benutzung nicht ausreichend sicher ist.

Der Ursache für das Versagen im Fall 7.11, nämlich das Nichtbeachten der gegenüber der Quetschlast abgeminderten Tragfähigkeit dünnwandiger Bauteile, ist verwandt mit den Ursachen für das Versagen von Regalen, Fälle 8.1 bis 8.3.

7.3.2 Schwimmdachtank mit Stützen im Membran- und Pontonbereich, Fall 7.13, etwa 1982

Die Dächer von Schwimmdachtanks bestehen im allgemeinen im äußeren Bereich aus einem kreisringförmigen Ponton und im inneren Bereich aus einer Membran. Sie sind mit Stützen ausgerüstet, die bei leerem Behälter das Dach mit ausreichendem Abstand über dem Boden halten, um die Armaturen im unteren Teil des Behälters vor Beschädigung zu bewahren und Reinigungs- und Reparaturarbeiten zu ermöglichen.

Die Stützen (Bild 7.5 a,b) sind sowohl unter dem Ponton als auch unter der Membrane angeordnet. Man erkennt in der aus der in Tabelle 7 angegebenen Quelle übernommenen Darstellung, daß das Dach im vorliegenden Fall an die Außenstützen (2) angeschweißt ist und diese Verbindungen durch Aussteifungsrippen (7) verstärkt sind. Das teleskopartig in das Außenrohr eingeschobene, auf dem Boden aufstehende Innenrohr (3) erhält seine Last durch den Bolzen (4) aus dem Außenrohr. Eine Fußverstärkung (5) am Innenrohr ergänzt die Konstruktion.

Je nach der Lage des Bolzens in der unteren oder oberen Öffnung im inneren Rohr wird das Dach auf zwei Höhen über dem Boden gehalten; im unteren im Betriebsstand und im oberen höheren im Reparaturstand.

Die Abführung des Niederschlagwassers vom Schwimmdach kann entweder durch ein Stahlrohrsystem mit Gelenken erfolgen oder auch durch einen benzinfesten Kautschukschlauch. Im zweiten Fall kann der Schlauch beim Entleeren des Behälters zufällig solch eine Lage auf dem Boden des Behälters annehmen, daß er genau im Stützpunkt einer der Dachstützen liegt. Um das und damit Beschädigungen des Entwässerungsschlauches sowie unsicheres Aufsetzen der Stütze auf dem Boden zu vermeiden, werden in dem Bereich, in dem eine solche Kollision verkommen kann, Stützen mit geänderter Konstruktion verwendet (Bild 7.5 b). Das Innenrohr ragt

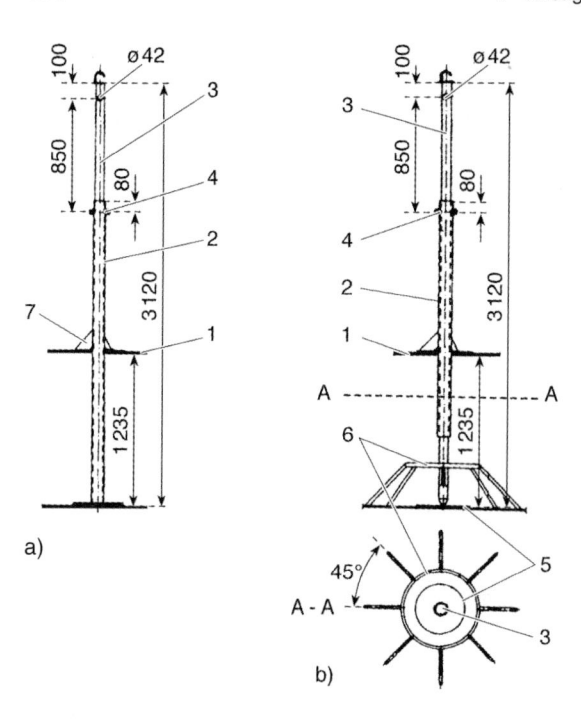

Bild 7.5
Schwimmdachtank mit Stützen im Membran- und Pontonbereich, 1955, Fall 7.13
a) Normalausführung der Dachstützen
b) Sonderausführung der Dachstützen

auch bei Betriebsstellung aus dem Außenrohr nach unten heraus und wird mit einem Schutzkorb (6) aus Stahlstangen versehen. So kann der Entwässerungsschlauch nicht unter die Fußplatte des Innenrohres gelangen.

Die meisten Dachstützen sind an der Dachmembrane befestigt. Diese dünne Platte weist infolge von Schweißverformungen, inkorrekter Montage, Nutzung des Behälters sowie thermischer Einwirkungen oft bedeutende Abweichungen von der ebenen Idealform auf. Die an der Membrane befestigten Dachstützen stehen dann nicht im Lot. Dieser Zustand kann besonders dann gefährlich werden, wenn die Stützen das Dach in der höheren Reparaturposition tragen und das Dach durch Regenwasser oder Schnee belastet ist.

Im Fall 7.13 wurde der 10 m hohe 18000-m^3-Behälter durch die Wasserlast auf dem Dach und wegen beim Nachweis nicht berücksichtigter Imperfektionen beschädigt. Das Ponton-Membrandach war in Reparaturposition auf die Stützen gestellt. Durch eine Beschädigung des Entwässerungsschlauches konnte das Wasser im Zeitraum intensiver und längerer Regenfälle von der Dachmembrane nicht ordnungsgemäß abgeführt werden. Dadurch versagten alle 30 an der Membrane befestigten Dachstützen. Sie verbogen sich am meisten an den Stellen, an denen das Innenrohr unten aus dem Außenrohr heraustritt.

Es wurde rechnerisch nachgewiesen, daß bei einer Belastung der Membrane durch eine Wasserschicht von 20 cm und bei einer Abweichung der Stütze vom Lot um ca. 4° das Innenrohr an der Austrittsstelle aus dem Außenrohr bis zur Streckgrenze

7.3 Bemessungsfehler

beansprucht wird. Sowohl die angenommene Höhe der Wasserschicht als auch die angenommene Schiefstellung der Stützen entsprachen den für den Zeitpunkt des Versagens festgestellten Verhältnissen.

Die 20 im Ponton befestigten Dachstützen wurden nicht beschädigt. Das lag daran, daß sie durch ihre Verbindungen mit den etwa 80 cm auseinander liegenden beiden Blechen des Pontons sehr gut im Lot gehalten wurden.

7.3.3 Schwimmdachtank mit z.T. für automatische Reinigung ausgerüsteten Stützen im Membran- und Pontonbereich, Fall 7.16, 1982

Dieser Einsturz hat Ähnlichkeit mit Fall 7.13. Auch hier geht es um das Aufstellen des Daches bei leerem Tank. Mehrere Stützen waren mit Einrichtungen für das Lösen von Ölablagerungen am Boden mit Hilfe von Heißdampf ausgerüstet und dadurch schlanker als die anderen.

Die nachfolgende Darstellung beschränkt sich auf das Wesentliche und geht zu ihrer Vereinfachung z.B. auf das komplizierte Zusammenwirken der Stützen mit und ohne Reinigungseinrichtung und der Stützen im Membran- und im Pontonbereich nicht ein.

Für den Nachweis der Stützen war auf beiden Seiten gelenkige Lagerung, also Eulerfall II mit der Knicklänge $s_K = 1$ unterstellt worden. Das Vernachlässigen einer Einspannung im Dach lag wegen dessen Weichheit im Membranbereich nahe.

Die horizontale Führung des Daches gegen den Mantel war in Form von Andrückfedern äußerst weich. Für sie konnte bei kleineren Verschiebungen eine lineare Federcharakteristik angenommen werden. Da die Andrückfedern radial wirkten und über den Umfang mit gleichen Abständen angeordnet waren, lieferten sie für kleine horizontale Verschiebungen des Schwimmdaches keine Rückstellkraft, denn Vergrößerungen von Anpreßkräften in Andrückfedern wurden immer durch die Verkleinerung anderer kompensiert. Das konnte sich erst ändern, wenn sich bei großen Verschiebungen Federn auf der spaltvergrößernden Seite vom Mantel lösten.

Damit wären die Stützen Pendel und hätten das Dach horizontal nicht halten können. Das war aber durch deren absolut noch so kleine, aber gegenüber ihrer eigenen Biegesteifigkeit bemerkbare Einspannung in das Dach möglich. Damit traf für die Stützen der Eulerfall III zu. Das bedeutet eine Vergrößerung der Knicklänge auf $s_K = 2 \cdot 1$, also auf das Doppelte des angenommenen Wertes. Die Traglast der Stütze wird wegen ihrer großen Schlankheit etwa auf ein Drittel reduziert und fällt damit unter die vorhandene Last. Der Einsturz des Daches war damit nicht zu vermeiden.

Dar Fall 7.16 veranlaßt zu folgendem Hinweis: Wegen der Schlankheit der Stützen war der Bauunternehmer unsicher, ob die Knickuntersuchung zutreffend war und beauftragte einen Sachverständigen, diese zu prüfen. Für diesen Teilauftrag stellte er – vermutlich wegen Unkenntnis und, um Kosten zu sparen – allein die vorgelegte Knickuntersuchung zur Verfügung, Angaben, mit denen die dafür getroffenen Annahmen hätten kontrolliert werden können, gab es nicht. Das galt insbesondere für die horizontale Verschieblichkeit des Schwimmdaches. Im Zivilprozeß hat daher die Frage, ob diese Informationen vom Auftrageber hätten beigebracht oder vom Auftragnehmer hätten eingeholt werden müssen, eine große Rolle. Aus dem Fall sollte man lernen, daß derartige, vom Gesamtobjekt gelöste Aufträge weder vergeben, aber erst recht nicht von Sachverständigen angenommen werden dürfen.

7.3.4 Fälle 7.21 und 7.24 mit Stabilitätsversagen im Bereich lokaler Stützungen am unteren Ende des Silozylinders

Es gibt viele Schadensfälle und auch Einstürze, weil die Konzentration der Vertikalkräfte auf steife Lagerbereiche für dünnwandige Silozylinder nicht oder unzutreffend berücksichtigt wurde. Vertikalsteifen fehlen daher, sind zu kurz oder nicht über eine ausreichende Breite verteilt. Beispiele sind im Bild 7.6a und in den aus [81] übernommenen Bildern 7.6b und c zu erkennen.

Hier ist folgende Lehre zu ziehen: Der Entwurf muß entweder von auf der sicheren Seite liegenden Annahmen, z. B. weichen „Zargen" – so werden die Unterstützungen von hoch aufgestellten Silos zwischen den Stützen genannt –, ausgehen. Er muß gegebenenfalls die räumliche Lastabtragung wegen deren Krümmung im Grundriß berücksichtigen. Oder das Problem muß mit einer zutreffenden Modellierung durch eine FEM-Berechnung genauer analysiert werden.

Weitere Angaben zu diesem Problem sind z. B. in [76] zu finden.

7.3.5 Anlage aus drei zylindrischen Betonsilos mit Innenzellen, Fall 7.12, 1979

In jeden der drei 45 m hohen Silos mit 18 m Durchmesser war zentrisch eine Innenzelle, $\emptyset$ rd. 6 m, zur pneumatisch vorgesehenen Entleerung eingebaut. Sie war im unteren, 1 m hohen Teil in Stützen aufgelöst, zwischen denen das Silogut auslaufen konnte. Beim Entwurf wurde die vertikale, durch den Entleerungsvorgang und besonders durch Brückenbildung große Last auf die Innenzellen unterschätzt und außerdem zentrisch angenommen. Horizontallasten auf die Stützen wurden nicht angesetzt, obwohl sie bei nicht streng zentrischer Entleerung groß werden.

Daher wurden alle Stützen in allen drei Silos zerstört und z.T. mit sprödem Versagen von 1,0 m auf 0,4 m Länge gestaucht.

7.4 Schweißfehler bei Stahlsilos, Fälle 7.2, 7.4, 7.10 und 7.14

In den 4 Fällen haben unsachgemäß geplante oder unsachgemäß ausgeführte oder behandelte Schweißverbindungen zum Versagen geführt.

Im Fall 7.2 wurden schlecht geschweißte Vertikalnähte bei der Probefüllung mit Wasser undicht. Anstelle das Wasser abzulassen und den Behälter im Leerzustand

7.4 Schweißfehler bei Stahlsilos

Bild 7.6
Beulen von Stahlsilos
a) Über den Umfang im unteren Mantelbereich
b) Lokal über Stützen bei einem unversteiften Mantel
c) Lokal über Stützen bei einem versteiften Mantel

nachzubessern, wurden die undichten Stellen bei vollem Tank verstemmt. Dabei vergrößerten sich die Undichtigkeiten zu Löchern, und das unter hohem Druck ausströmende Wasser riß ganze Platten aus der Zylinderwand heraus.

Im Fall 7.4 geht bei der Probefüllung mit Wasser bei 10 m Wasserhöhe ein fast über die gesamte Höhe durchgehender Riß von einer Stelle im zweiten, 25 mm dicken Schuß aus, an der zuvor eine Probe herausgeschnitten worden war. Die Bleche waren vom ebenen auf den zylindrischen Zustand (r = 21,5 m) kalt verformt und die Entnahmestelle war ohne Vorwärmen verschweißt worden. Die Ursache kann Versprödung des Werkstoffes beim Kaltverformen und Verschweißen der Entnahmestelle oder schlechte Schweißnahtqualität mit Schlackeneinschlüssen sein.

Im Fall 7.10 ist die Ursache vermutlich Versprödung des Werkstoffes beim Verschweißen des 12-mm-Bodenbleches mit dem 24 mm dicken untersten Mantelblech durch eine Kehlnaht im nicht vorgewärmten Zustand. Wegen der Versprödung führten wenige Schwingspiele durch die bei jedem Füll- und Leerungsvorgang eintretenden großen Verformungen im Bereich des Mantelfußes zum Sprödbruch.

Im Fall 7.14 entstand in einem Silo für Getreidelagerung 4 Jahre nach Inbetriebnahme, ausgehend vom Schweißanschluß des untersten, 15 mm dicken Mantelbleches an die 13 mm dicke Basisplatte, bei vollem Silo ein etwa 2 m langer vertikaler Riß. Zur Zeit des Schadens herrschten relativ tiefe Temperaturen. Es handelte sich um einen Sprödbruch.

An der Tankinnenseite sind auf ganzer Silohöhe in gleichen Abständen vertikal 60 Stützen (Stahlhohlrechteckquerschnitt 152 × 102 × 6,4) an den Mantel und das Basisblech angeschweißt. Ultraschallprüfungen der Schweißnähte im Bereich bis etwa 5 m Höhe ergaben, daß die Schweißnähte zwischen Wandblechen und Basisplatte teilweise schlecht geschweißt und ausgebessert worden waren. Auch Vertikalnähte zwischen Mantelblechen erfüllten nicht die für sie geltenden Spezifikationen.

Die Untersuchung eines am Fuß des Risses entnommenen Abschnittes der Verbindung Mantelblech-Basisplatte zeigte, daß die Schweißnaht zu deren Verbindung nur mit halber Dicke vorhanden war.

Der Riß und sein nicht früheres Auftreten wird dadurch erklärt, daß

– ein Anriß wegen schlechter Schweißqualität vorhanden war und
– die tiefen Temperaturen auf der einen Seite dadurch Ringzugspannungen erzeugten, weil die Verkürzungen zu Anpressungen an das Silogut führte, und zum anderen die Rißzähigkeit verringerte. Die Ringzugspannungen wurden am Wandfuß besonders groß, weil die Verbindung mit der Basisplatte die Schrumpfungen zusätzlich behinderte.

7.5 Bewehrungsfehler bei Betonsilos: Siloanlage in Betonbauweise in Süddeutschland, Fall 7.6, 1968

Die 1956 in Gleitbauweise errichtete Anlage hatte auf einer Grundfläche von rd. 15 m × 15 m 17 Zellen, davon 10 mit rd. 3,5 m × 3,5 m mit quadratischem und 7 mit rd. 1,75 m × 3,5 m mit rechteckigem Querschnitt. Die Anlage war, gemessen ab O. K. Unterkonstruktion, rd. 25 m hoch. Im Bild 7.7 erkennt man weitere Einzelheiten.

Der Schaden bestand zunächst in Rissen in den Wänden zwischen den Zellen 5, 6 und 8 einerseits und den entsprechenden Außenwänden andererseits. Da er gutachtlich auf Setzungen zurückgeführt wurde, wurden die Risse mit einem nicht näher bekannten Kunststoffmörtel ausgefüllt. 4 Jahre später brach bei voller Weizenfüllung die Außenwand der Zellen 6 und 8. Dabei fiel ein rd. 10 m hohes, von der Trennwand 6–8 und vom oberen und den seitlichen Teilen der Außenwand abgerissenes Teil zu Boden. Die Restteile der Außenwand im Bereich der Zellen 6 und 8 blieben in diesem Höhenbereich geöffneten Torflügeln ähnlich oben. Vor dem Un-

7.5 Bewehrungsfehler bei Betonsilos: Siloanlage in Betonbauweise in Süddeutschland

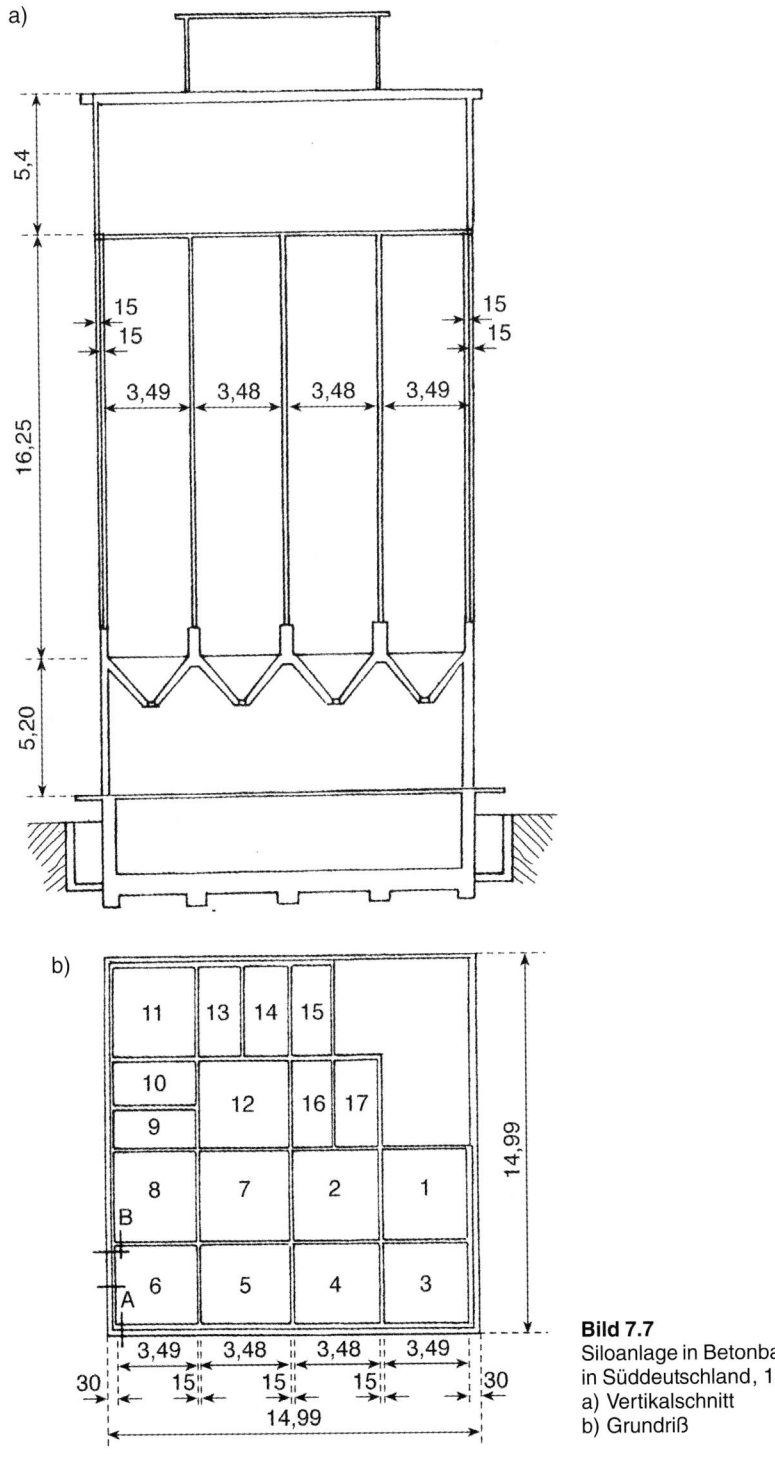

Bild 7.7
Siloanlage in Betonbauweise in Süddeutschland, 1978, Fall 7.6
a) Vertikalschnitt
b) Grundriß

fall war das Silogut in den Zellen 6 und 8 umgelagert worden, indem es unten zur Durchlüftung abgezogen und von oben wieder eingelagert wurde.

Die Ursache war die völlig unzureichende Bewehrung im Bereich des Anschlusses der Außen- an die Innenwände. Der Mangel geht auf

- Fehler in der statischen Berechnung,
- unklare und unvollständige Darstellung der Bewehrung in den Ausführungszeichnungen und
- Abweichungen bei der Ausführung von der nach Statik planmäßigen Bewehrung

zurück. Er betrifft einmal die in diesem Bereich auf der Innenseite der Außenwand liegenden horizontalen Stäbe zur Aufnahme der Biegemomente aus dem Silodruck auf die Wände mit bereichsweise nur 25 % des planmäßigen Querschnittes. Zum anderen ist die Rückverankerungsbewehrung zum Einleiten der Querkräfte aus den Außenwänden als Zug in die Innenwand zwischen den Zellen 6 und 8 zu kurz. Die Haken ragen in der Regel nur 5 cm in die 15 cm dicke Außenwand hinein.

Die Verfasser von [74] setzen sich auch mit der Frage auseinander, warum der Silo nicht früher versagt hat. Sie führen dies u. a. darauf zurück, daß der Lastfall, der zu den größten Zugkräften im Anschluß der Außenwände an die Innenwand, nämlich synchrones oder nahezu synchrones Entleeren der Silozellen 6 und 8 betriebsbedingt nur äußerst selten aufgetreten sein kann, aber kurz vorm Versagen beim Umlagern des Silogutes vorlag.

Der Schadensfall veranlaßt, kurz auf die Veröffentlichung von S. S. Safarian und E. C. Harris [82] einzugehen, zumal gelegentlich bei Bauvorhaben in der Bundesrepublik Deutschland auf Regeln in den USA zurückgegriffen wird. Zunächst wird auf grundsätzliche Mängel der Ende der 80er Jahre in den USA geltenden Baubestimmungen eingegangen. Dazu gehören:

- Das Fehlen von Angaben zu Lasten aus außermittigem Entleeren. Das führt dazu, daß die daraus auch in kreiszylindrischen Silos auftretenden Biegemomente bewehrungsmäßig nicht abgedeckt sind.

- Die Situation wird verschlimmert, weil es Regeln gibt, nach denen an beiden Außenseiten angeordnete Bekehrungen nur bei mehr als 25 cm Wanddicke gefordert wird und somit der erstgenannte Mangel nicht durch konstruktive Vorgaben beseitigt oder zumindest gemildert wird. Es wird berichtet, daß Unternehmer daher die Wände – wenn irgend möglich – mit höchstens 25 cm Dicke entwerfen und so nur einlagige Bewehrung vorsehen. Die auch in den USA-Regeln stehende Grundforderungen, „alle Biegemomente in Silowänden, unabhängig von ihrer Ursache zu berücksichtigen" und zu bewehren, verhindert den Mißbrauch der anderen Regel nicht immer und führt zur Mißachtung der Biegemomente.

Nach den Angaben in [82] sind aus den genannten Gründen „viele Einzelsilos (Beispiel Bild 7.8a, b) und Silogruppen (Beispiel Bild 7.8c) zerstört worden". Im Bild 7.8b ist die ausgeführte Bewehrung im Bereich des Schadens vor der Zwickelzelle gemäß Schaden nach Bild 7.8a dargestellt.

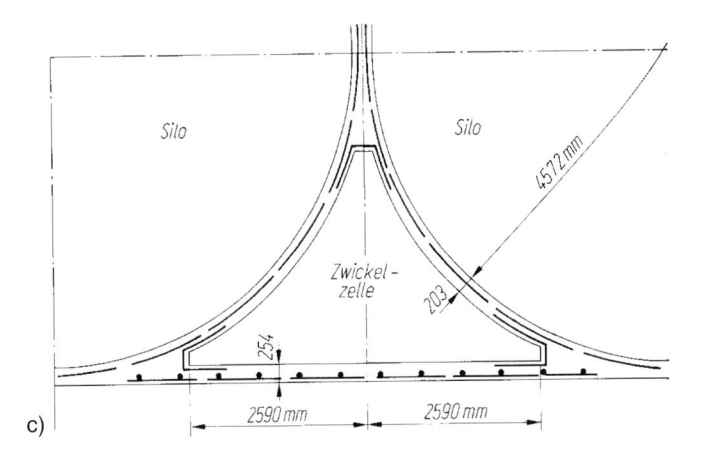

7.5 Bewehrungsfehler bei Betonsilos: Siloanlage in Betonbauweise in Süddeutschland

Bild 7.8
Schäden in den USA wegen einlagiger Bewehrung
a) Einzelsilo mit Schaden im Bereich einer Zwickelzelle
b) Silogruppe
c) In a) gezeigtes Silo: Bewehrung im Bereich der Zwickelzelle

Die Verfasser weisen auf häufige Schäden und auf Siloeinstürze infolge ungleicher Abstände der horizontalen Bewehrungsstäbe oder sogar von Fehlen von Stäben in Silowänden hin. Dieser Mangel wird dadurch verursacht, daß die Gleitgeschwindigkeit zu groß festgelegt ist und ihr damit die Bauarbeiter mit dem Bewehren nicht folgen können. Die Verfasser leiten daraus die Forderung nach einer wirksamen „Rund-um-die-Uhr"-Bauüberwachung ab. Auch von Silobaustellen in Deutschland wird gelegentlich berichtet, daß nach Fertigstellung nicht eingebaute Bewehrung übrig geblieben ist.

7.6 Betriebsfehler, Fälle 7.3, 7.13, 7.15 und 7.25

Die Betriebsfehler sind äußerst verschiedenartig:

- Im Fall 7.3 entsteht aus Versagen von einigen Förderschnecken beim Abzug des Silogutes eine beim Entwurf nicht angenommen Exzentrizität der Silogutlasten.

- Im Fall 7.13 verursachte eine nicht intakte Entwässerung eine Überlastung des bei leerem Tank aufgeständerten Schwimmdachs.

- Im Fall 7.15 führt das Verstopfen des Verschlusses einer Entlüftungsleitung durch Zementstein zum Überruck im Silo und zum Absprengen des Silodeckels.

- Im Fall 7.25 führte schnelles Entleeren durch Ausfall der Sicherheitsventile zu Unterdruck im Silo und Beulen des Silomantels.

7.7 Lehren

Einzelne Lehren wurden, wie z.T. auch in anderen Kapiteln, in den Abschnitten 7.2 bis 7.6 gezogen.

8 Versagen von Regalen

8.1 Tabelle 8, allgemeine Betrachtungen

Auch relativ große Regale werden heute aus kaltverformten dünnwandigen Bauteilen hergestellt. Diese Tragglieder können der Tragaufgabe optimal angepaßt und – wegen der im allgemeinen großen Anzahl – wirtschaftlich hergestellt werden.

Wenn Ingenieure, die Regale entwerfen, das Tragverhalten von Leichtprofilen nicht beherrschen, kommt es schnell zu großen Schäden. Dafür werden die drei in Tabelle 8 kurz skizzierten Beispiele nachfolgend beschrieben. Es soll betont werden, daß oft einfache und preiswerte Laborversuche Unsicherheiten bei der Beurteilung des Tragverhaltens beseitigt hätten.

Tabelle 8
Versagen von Regalen

Lfd. Nr.	Jahr	Bauwerk			Stichwörter zum Versagen	Pers.-sch.	Einsturz	Quellen
		Kurzbeschreibung	Land	Ort				
8.1	1970	Regallager für Plastikrohre	Deutschland	Brake	(s. Abschn. 8.2)	0	Teil	Gutachten des Verfassers zusammen mit R. Kaufmann
8.2	1986	Behälterlager für Kleinteile	Deutschland	Bremen	(s. Abschn. 8.3)	0	Kein	Gutachten des Verfassers
8.3	1993	Regallager für Lebensmittel	Deutschland	Delmenhorst	(s. Abschn. 8.4)	0	Total	Gutachten des Verfassers

8.2 Regallager in Brake, Fall 8.1, 1970

Das i. M. 17 m hohe Hochlager für Kunststoffrohre wird von der 71 m langen Langseite aus beschickt. Dafür sind 48 Beschickungsgänge, 28 m lang, mit 6 übereinander liegenden Regalfächern von 2,73 oder 2,13 Höhe vorhanden. Daraus ergeben sich

$$48 \times 2 \times 6 \times 28 = \text{rd. } 16\,000 \text{ m horizontale Tragglieder,}$$

auf denen der Beschickungswagen (Run-Car) fährt und Paletten mit Rohren vor Kopf absetzt oder aufnimmt. Sie sind 2,80 m weit gespannt. Ihr Querschnitt gemäß Bild 8.1 a ist aus 5 mm dicken, verzinkten Bändern kaltprofiliert worden. Die Träger sollten mit ihrem dafür speziell gewählten Querschnitt drei Aufgaben erfüllen:

– die auf den Obergurt abgesetzten Paletten, gefüllt mit Kunststoffrohren, aufnehmen (Bild 8.1 b),
– als Schienen mit ihrem waagerechten mittleren Abschnitt die Lauffläche für die Räder des Beschickungsfahrzeuges bilden und die Fahrzeuglasten zu den Lagern abtragen (Bild 8.1 c),
– die Wind- und Stabilisierungslasten aus den Stützen in die aussteifenden Teile der Konstruktion leiten.

Die Tragfähigkeit der Schienen wurde beim Entwurf allein durch einen Nachweis auf Biegung – dies zudem noch fehlerhaft unter Mißachtung der Richtung der

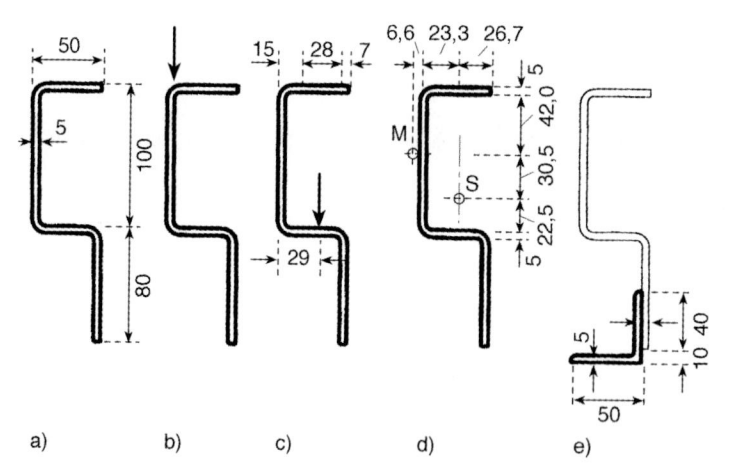

Bild 8.1
Regallager für Plastikrohre, 1970, Fall 8.1
Querschnitt des Standardträgers
a) Ausgeführt
b) Belastung durch Palette
c) Belastung durch Run-Car
d) Lage von Schwer- und Schubmittelpunkt
e) Sanierung

8.3 Behälterlager in Bremen

Hauptachsen – beurteilt. Wegen des großen Abstandes des Schubmittelpunktes von der Wirkungslinie der Radlasten von 29 + 6,6 = rd. 36 mm (Bild 8.1c und d) entstanden beim erstmaligen Befahren mit einem Fahrzeug große Torsionsmomente und wegen der geringen Torsionssteifigkeit sehr große Verdrehungen – unten nach außen – mit der Folge, daß der Beschickungswagen bereits beim Probebetrieb abstürzte.

Zur Sanierung wurden die Schienen an Ort und Stelle durch einen angeschraubten Winkel verstärkt (Bild 8.1e). Man erreicht damit etwa einen punktsymmetrischen Querschnitt, dessen Schubmittelpunkt nah an der Wirkungslinie der Radlast liegt.

Der unmittelbare Schaden beschränkte sich zwar auf ein Schienenpaar und den Beschickungswagen. Der mittelbare Schaden wurde durch die Sanierung sehr groß, weil über 5700 Schienen an Ort und Stelle verstärkt werden mußten. Es wurde auch erwogen, je zwei benachbarte Träger durch Schotte miteinander zu verbinden. Diese Lösung wurde aber nicht nur wegen der hohen Kosten, sondern auch wegen des schwer zu beherrschenden Schweißverzuges und der lokalen Vernichtung der Verzinkung der Schienen verworfen.

Folgende Lehren sind aus dem Schadensfall zu ziehen:

- Da die St. Venantsche Torsionssteifigkeit proportional zur dritten Potenz der Dicke ist, haben dünnwandige Querschnitte immer sehr kleine Torsionssteifigkeiten.
- Der Schubmittelpunkt hat bei allgemein geformten Querschnitten oft einen relativ großen Abstand zum Schwerpunkt. Daher können Lasten auch dann, wenn ihre Wirkungslinien fast durch den Schwerpunkt gehen, große Verdrehungen, große Torsionsmomente und damit auch Schub- und Wölbnormalspannungen erzeugen.
- Bei dünnwandigen Querschnitten treten die beiden vorgenannten Probleme oft zusammen auf.

8.3 Behälterlager in Bremen, Fall 8.2, 1986

In einem rd. 8,5 m hohen und 28,0 m langen Behälter-Lager stehen im inneren Bereich 7 Stück 1,2 m breite und an den Längswänden je 1 Stück 0,6 m breite Regale. Die Beschickung erfolgt von Fahrzeugen aus, die in die 8 Gänge zwischen den 9 Regalen von einer Seite einfahren. Die inneren breiten Regale werden jeweils von rechts und von links, die äußeren jeweils von innen bedient.

Die Regale haben übereinander bis zu 31 Fächer mit Höhen zwischen 22 und 35 cm, in die Behälter aus Kunststoff, gefüllt mit Produktionskleinteilen, eingelagert werden. Die Fachböden werden aus Rahmen- oder Zwischenriegeln gebildet.

Die Tragkonstruktion der Regale besteht in Querrichtung (Bild 8.2) aus Rahmen mit 2 Pfosten aus kaltprofilierten U-Profilen 50 × 40 × 2 und je 8 Riegeln aus

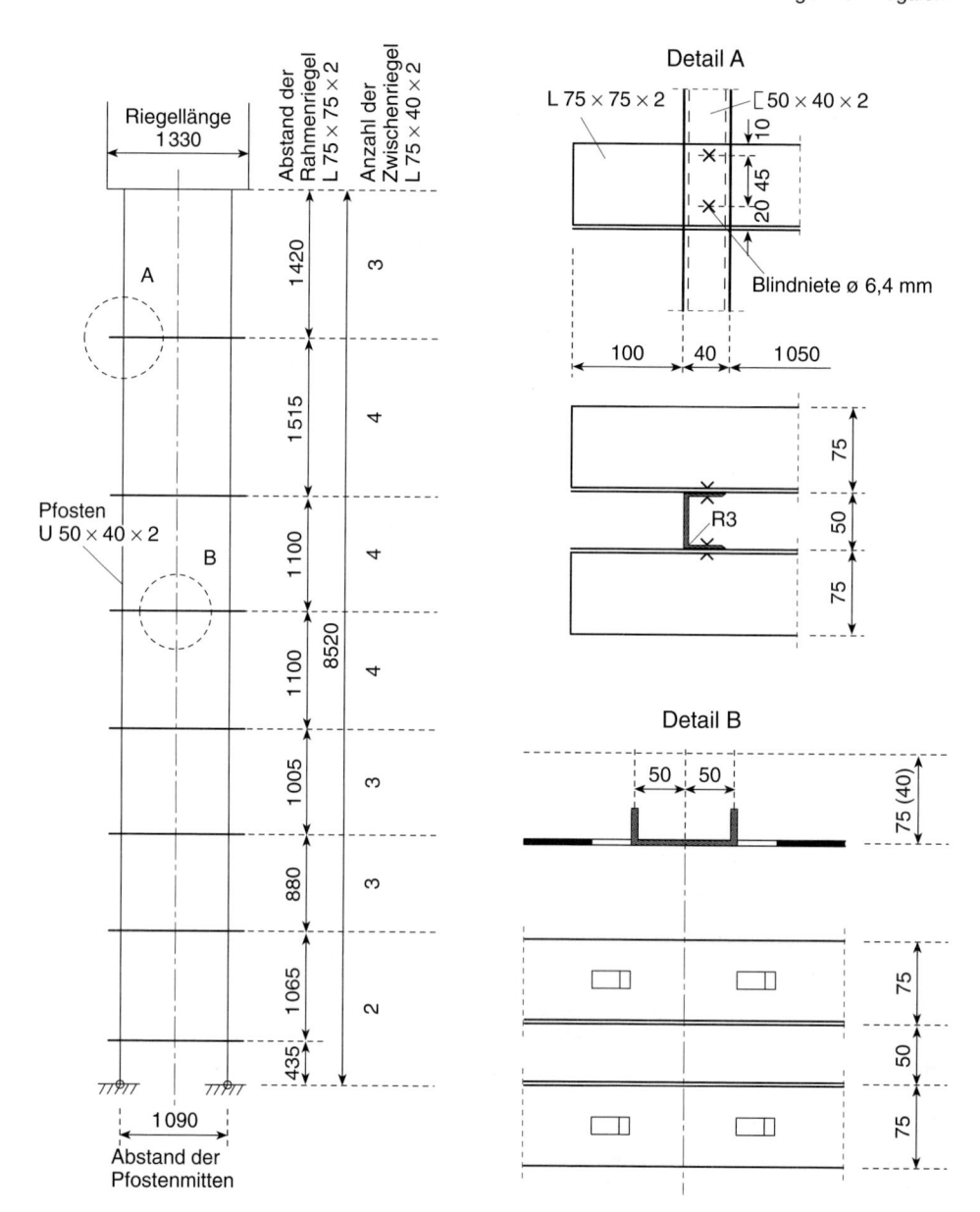

Bild 8.2
Behälterlager für Kleinteile, 1986, Fall 8.2
Rahmen mit Details

8.3 Behälterlager in Bremen

paarweise angeordneten, ebenfalls kaltprofilierten Winkelprofilen 75 × 75 × 2, die nach außen 100 mm über die Pfosten hinausgehen, um die Behälter aufzunehmen. Riegel und Pfosten sind durch je zwei übereinander angeordnete Blindniete ⌀ 6,4 mm mehr oder weniger biegesteif miteinander verbunden.

Zwischen den Rahmenriegeln sind Zwischenträger aus paarweise angeordneten Winkeln 75 × 40 × 2 eingebaut. Ihre 40 mm langen Schenkel stehen vertikal und sind jeweils mit einem Blindniet an den Pfosten befestigt.

Die Behälter sind 38,6 cm breit (Bild 8.3 a) und 60 cm lang. Beim Abstellen steht ihre Schmalseite in Längsrichtung der Regale. Im Detail B in Bild 8.2 und im Bild 8.3 b erkennt man die Anschläge, die das Einschieben der Behälter begrenzen.

Das Orientierungssystem der Beschickungseinrichtung ist unabhängig von den Ist-Koordinaten der Regale. Mit zunehmendem Füllen des Lagers traten Störungen auf, weil Behälter wegen zunehmender Verformungen der Regale nicht mehr in die vorgesehenen Lagerplätze eingebracht oder zurückgeholt werden konnten.

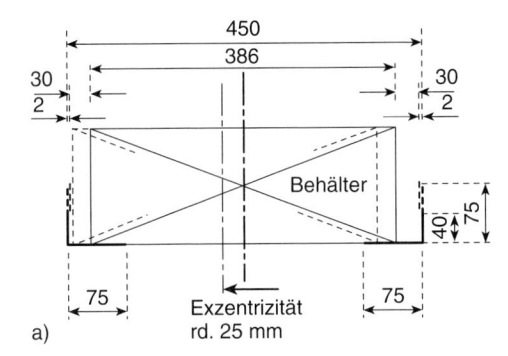

Bild 8.3
Behälterlager für Kleinteile, 1986, Fall 8.2
a) Behälter, Lage im Regal
b) Behälter bei Verformungsmessungen

Die aufgetretenen Probleme führten zu einer Überprüfung der gesamten Regalkonstruktion. Dabei wurden verschiedene Einzelprobleme genauer untersucht. Hier soll auf zwei Probleme eingegangen werden.

- Verformungen der torsions- und biegeweichen Riegel. Einen großen Anteil an den Unterschieden zwischen Soll- und Ist-Position der Behälter haben die Verformungen der äußerst torsionsweichen und wölbfreien, aber auch biegeweichen Riegel: Schon bei zentrischem Absetzen der Behälter (ausgezogene Lage im Bild 8.3a) treten relativ große Torsionsmomente auf. Wegen der Luftspalte zwischen dem Behälter und den vertikalen Schenkeln der Träger können die Behälter auch exzentrisch abgesetzt werden (gestrichelt in Bild 8.3a eingetragen) und damit die Torsionsmomente stark ansteigen.

Wegen des (b/t)-Verhältnisses von rd. $[40 - (2 + 3)]/2 = 17$ (2 mm = Blechdicke, 3 mm = Ausrundungsradius) oder sogar nur rd. $[75 - 5]/2 = 35$ der vertikalen Winkelschenkel tragen diese auf Druck nur sehr wenig mit. Die effektive Biegesteifigkeit und die effektive Biegetragfähigkeit sind erheblich kleiner als die nominellen Werte.

Die Untersuchungen ergaben, daß elementare Berechnungen ohne Erfassung von Querschnittsverformungen Verschiebungen ergeben, die mit den gemessenen (Bild 8.3b, Versuch mit definierten Lasten) sehr gut übereinstimmen. Dies geht aus folgenden normal zur Winkelschenkelebene gemessenen Verschiebungen in Riegelmitte infolge Einlagerung von zwei Behältern, gemessen am Rand der Winkelschenkel hervor:

Last je Behälter kg	Exzentrizität mm	Vertikalverschiebung mm		Horizontalverschiebung mm	
		L $40 \times 75 \times 2$	L $75 \times 75 \times 2$	L $40 \times 75 \times 2$	L $75 \times 75 \times 2$
70	0	11,5	7,4	4,4	5,8
70	30	13,8	8,1	5,7	7,4

Daß die horizontalen Verschiebungen der größeren Träger $75 \times 75 \times 2$ größer sind als die der kleineren $40 \times 75 \times 2$, geht darauf zurück, daß der Drehwinkel im 75 mm langen vertikalen Winkelschenkel einen größeren Hebelarm vorfindet als in dem kleineren, nur 40 mm langen.

- Untersuchungen zur Standsicherheit ergaben, daß in der statischen Berechnung die Pfosten und Riegel mit voller Wirksamkeit ihrer Querschnitte und die Verbindungen in den Rahmenecken als biegestarr vorausgesetzt worden waren. In einer genaueren Untersuchung der Tragsicherheit der Regale wurden u. a. festgestellt, daß ihre Tragsicherheit für die spezifizierte Belastung zwischen 0,95 und 1,0 lag.

Eine der beiden Hauptgründe für die Überschätzung der Tragfähigkeit durch den Entwurfsingenieur war die Annahme, daß das Stützen-Profil trotz des (b/t)-Verhältnisses seiner Flansche von rd.

$$[b - (t + r)]/t = [40 - (2 + 3)]/2 = 17,5$$

8.3 Behälterlager in Bremen

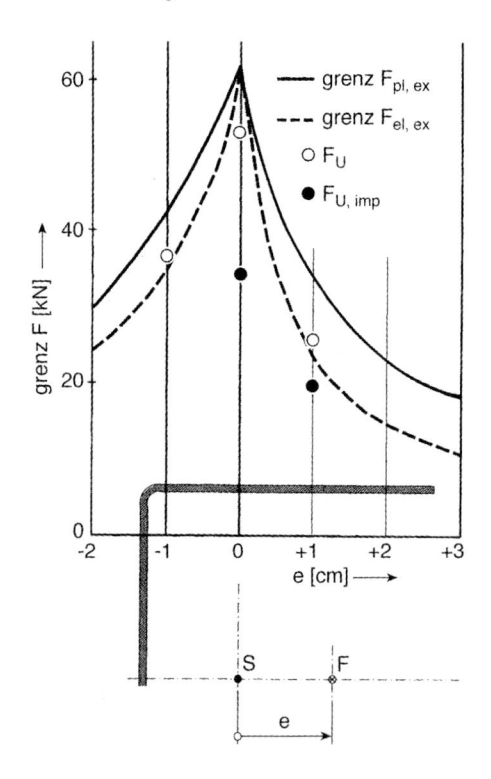

Bild 8.4
Behälterlager für Kleinteile, 1986, Fall 8.2
Zur Tragfähigkeit der Rahmenstützen

voll mitträgt. Das ist nicht der Fall, und außerdem reagiert die Stütze sehr empfindlich auf eine Exzentrizität der Wirkungslinie der Längskraft, dies insbesondere zur offenen Seite hin. Bild 8.4 zeigt dies in Abhängigkeit der Grenzlast grenz F von der einachsigen Exzentrizität der Last in der Symmetrieebene.

Gestrichelt als elastische Grenzlast grenz $F_{el,ex}$ für den voll mittragenden Querschnitt, berechnet mit dem festgestellten Mittelwert $f_y = 245$ N/mm² der Streckgrenze:

$$\text{grenz } F_{el,ex} = 24{,}5/(1/A + e/W_R)$$

Ausgezogen als plastische Grenzlast grenz $F_{pl,ex}$ für den voll mittragenden Querschnitt, berechnet unter der Annahme eines linearelastisch-idealplastischen Werkstoffgesetzes.

Punkte für die Ergebnisse von Traglastversuchen an kurzen Stäben:

- mit einfachen Kreisen markiert F_U als Mittelwert von je zwei Versuchen an praktisch perfekten Versuchskörpern,
- mit zweifachen Kreisen markiert $F_{U,imp}$ jeweils das Ergebnis eines Versuches an künstlich imperfekt gemachten Versuchskörpern. Die Vorverformungen wurden in Anlehnung an vorgefundene Transportschäden lokal in die Flansche über Längen von rd. 100 m mit einem Stich von 3 bis 4 mm eingeprägt.

Man erkennt

- die große Sensibilität gegen Außermittigkeiten, dies auf der offenen Seite des U-Profils besonders ausgeprägt,
- daß die Traglasten perfekter Versuchskörpers unter oder nur wenig über den elastischen Grenzlasten für voll angenommenes Mitwirken der Querschnitte liegen und
- daß die Traglasten sehr stark auf geometrische Imperfektionen reagieren.

Der andere Hauptgrund für die niedrige Standsicherheit liegt in der mangelhaften biegesteifen Verbindung von Riegeln und Pfosten:

- der Anschluß wirkt auf jeder Seite außermittig,
- die Lochleibungskräfte sind wegen der Einschnittigkeit, wegen des geringen Lochabstandes von nur 45 mm (Detail A im Bild 8.2) und wegen der relativ großen Durchmesser der Blindniete von 6,4 mm sehr groß und führen zu lokalen Verformungen im Bereich der gedrückten Lochränder.

Die Nachgiebigkeit wurde vom Entwerfer auf der Basis von Versuchen zwar grundsätzlich beachtet. In der von ihm für den Nachweis vorgenommenen Linearisierung der stark unterlinearen Verdrehungs-Momenten-Beziehung wird aber die Steifigkeit bei den hoch beanspruchten Rahmenecken bis zum Zweifachen überschätzt.

Saniert wurde wird folgt:

Zur Erzielung einer ausreichenden Gebrauchstauglichkeit wurden die horizontalen Winkelschenkel der Träger bzw. Riegel in ihren Mitten zwischen den Anschlägen durch quer durchlaufende Profile miteinander verbunden und somit die Verdrehung hier verhindert. Zur Erzielung einer ausreichenden Tragsicherheit wurden in den hoch beanspruchten unteren Bereichen der rahmenartigen Stützen Träger $40 \times 75 \times 2$ gegen $75 \times 75 \times 2$ ausgetauscht und biegesteif mit den Pfosten verbunden. Diese Maßnahme reichte bei angepaßter Anzahl der Auswechslungen trotz der Nachgiebigkeit der Anschlüsse aus.

Folgende Lehren sind aus dem Schadensfall zu ziehen:

- Es ist immer zu beachten, daß sich gedrückte Querschnittsteile mit großer Schlankheit (b/t) dem vollen Mitwirken entziehen.
- Horizontale Schenkel dünnwandiger Winkelprofile sind wegen der unvermeidbaren Außermittigkeit der Lasteinleitung und wegen der geringen Torsionssteifigkeit zur unmittelbaren Aufnahme von Lasten nicht geeignet.
- Verbindungen von Leichtbauprofilen durch Blindniete können im allgemeinen nicht biegestarr ausgeführt werden. Die Verdrehungen nehmen im allgemeinen überlinear mit den Momenten zu.

8.4 Regallager in Delmenhorst, Fall 8.3, 1993

Die Regale in einer Lagerhalle dienen zur Aufnahme von Paletten, die mit Lebensmitteln beladen sind. Die Paletten sind 0,80 oder 1,0 m breit und 1,1 m lang. Die Regale sind rd. 13,0 m hoch und haben übereinander 7 Fachböden. Jeder Fachboden von 3,06 m im Lichten kann 3 Paletten aufnehmen.

Im Abstand von 3,15 m stehen Fachwerkständer. Sie bestehen aus 2 Pfosten im Abstand von 1,1 m, 10 Horizontalen in Abständen zwischen 1,0 und 1,5 m und gleichlaufenden Diagonalen. Auf einen Fachwerkständer entfällt aus 7 Fachböden eine Belastung von zusammen rd. 230 kN.

Die Querschnitte der Stäbe der Fachwerkständer sind in Bild 8.5 dargestellt:

- Die Blechdicke der Pfosten beträgt 2,5 oder 3,0 mm (dargestellt). Im unteren Teil der Ständer sind die Pfosten durch quadratische Hohlprofile 50 × 3 verstärkt.
- Die Horizontalen und Diagonalen sind Profile C 40 × 25 × 8 × 1,5. Sie sind mit dem 40 mm hohen Steg parallel zur Fachwerkebene angeordnet.

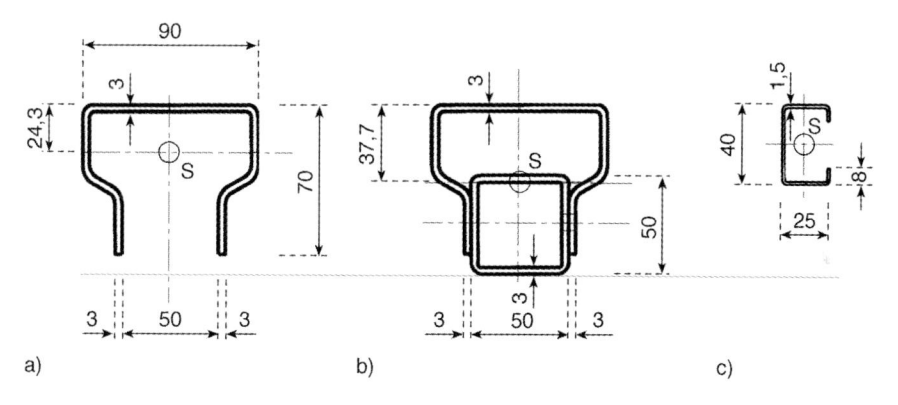

Bild 8.5
Regallager für Lebensmittel, 1993, Fall 8.3
Querschnitte
a) Pfosten, unverstärkt
b) Pfosten, verstärkt
c) Horizontalen und Diagonalen

Horizontalen und Diagonalen werden mit den Pfosten in jedem Knotenpunkt nur durch eine durchgesteckte Schraube M 10, Festigkeitsklasse 8.8, verbunden. Das Lochspiel beträgt 1 mm. Die Ausbildung des Knotenpunktes der nicht verstärkten Pfosten zeigt Bild 8.6a. Für den verstärkten Pfosten sind am Rechteckhohlprofil Knotenbleche angeschweißt (Bild 8.6b). Die Innenseiten der Stege der C-Profile sind im Bereich der großen Lochleibungsspannungen um die Löcher herum nicht gestützt.

Bild 8.6
Regallager für Lebensmittel, 1993, Fall 8.3
a) Knotenpunkte im unverstärkten Bereich des Pfostens
b) Knotenpunkte im verstärkten Bereich des Pfostens

Im Zustand großer Belastung durch Paletten stürzte zunächst ein Teil des Regals ein (Bild 8.7), in Folge wurden dadurch weitere Teile mit in die Tiefe gerissen. Im Bild 8.7 erkennt man im Hintergrund ein von der Katastrophe nicht unmittelbar betroffenes voll belegtes Regal.

Die Vermutung, daß die Weichheit der Anschlüsse, folgend aus

– den Außermittigkeiten sowohl in der Ständerebene als auch quer dazu sowie
– den lokalen, aus den großen Lochleibungsbeanspruchungen folgenden Verformungen der nur 1,5 mm dicken C-Profile,

8.4 Regallager in Delmenhorst

Bild 8.7
Regallager für Lebensmittel, 1993, Fall 8.3
Eingestürztes Regal

Ursache für den Mangel an Tragfähigkeit war, wurde durch Versuche und Nachrechnungen bestätigt. Wichtige Ergebnisse waren:

- Die Schubsteifigkeit der Ständerrahmen ohne Verstärkung beträgt rd. 400 kN. Das ist z. B. gleichbedeutend mit der Aussage, daß eine Querkraft von 4 kN zu einer Schrägstellung der Ständer von $0,01 = 0,57°$ oder in 13 m Höhe zu einer Verschiebung von 0,13 m führt.

- Verstärkungen der Knotenpunkte gemäß Bild 8.6b führen etwa zu einer Verdopplung der Schubsteifigkeit.

- Die im Versuch beobachtete große Verdrehung der Pfosten bestätigt den großen Einfluß der Außermittigkeiten auf das Tragverhalten.

- Die Traglast ist durch Lochleibungsversagen bedingt.

Die erhaltenen Teile des Lagers wurden weitgehend durch eine aufwendige nachträgliche horizontale Abstützung der ursprünglich frei stehenden Regale am Kopf gegen die Hallenkonstruktion saniert.

Zusätzlich zu den Lehren, die sich aus den beiden zuvor beschriebenen Versagensfällen ergeben, sind folgende Lehren zu ziehen:

- Außermittigkeiten in Anschlüssen verursachen große Nachgiebigkeiten.

- Große Lochleibungsbeanspruchungen müssen vermieden werden, wenn die Lochränder nicht gestützt sind.

- Infolge der vorgenannten Einflüsse kann die Schubsteifigkeit fachwerkartiger Ausfachungen sehr klein werden.

8.5 Lehren

Zusammenfassend ist zu lernen, obwohl die Ursachen für die Schäden in den drei Fällen völlig verschieden sind:

- Im Fall 8.1 geht es um Träger. Eine Rolle spielen die infolge der geringen Blechdicke sehr kleine St'Venantsche Torsionssteifigkeit und der – wegen der scheinbar intelligenten Form – große Abstand der Wirkungslinie der Belastung vom Schubmittelpunkt des Profils.
- Im Fall 8.2 geht es um rahmenartige Stützen. Eine Rolle spielen Einschränkung der Tragfähigkeit durch große Verhältnisse von Breite zu Dicke von Querschnittsteilen sowie die Unterschätzung der Nachgiebigkeit von Verbindungen dünner Bleche mit Blindnieten.
- Im Fall 8.3 geht es um Fachwerkständer. Entscheidend ist hier die geringe Schubsteifigkeit infolge Exzentrizitäten und der lokalen Ausbildung der Füllstabanschlüsse.

Hochregale unterliegen in der Bundesrepublik Deutschland im allgemeinen nur dann der Bauaufsicht, wenn die Regale die Gebäudehülle tragen. Formal wird das damit begründet, daß sie Bauwerke in Gebäuden sind. Sie haben aber ein großes Gefährdungspotential, man denke nur an die schwer beladenen Hochregale in Möbelmärkten und die sich unmittelbar vor ihnen bewegenden Kunden, an die Ausreizung der seriell gefertigten Tragkonstruktion, an die in vielen Fällen von Nichtfachkräften vorgenommene Montage und an den rauhen Betrieb mit Gabelstaplern. Die Gefährdung von Menschen durch Unterlassen der Prüfung der Bauvorlagen und der Ausführung ist daher auch von denen zu verantworten, die eine bauaufsichtliche Erfassung aus rein formalen Gründen für überflüssig halten. Sie sollten die Lehre aus Regalzusammenbrüchen ziehen!

9 Versagen von Sonderbauwerken

9.1 Vorbemerkung

In diesem Kapitel wird über das Versagen sehr verschiedenartiger Tragwerke berichtet. Sie werden in Tabelle 9 zusammengefaßt und mit Fall-Nummern versehen.

Die Fälle wurden ausgewählt, weil sie zu Lehren führen können, die denen der in den Kapiteln 2 bis 8 und 10 beschriebenen Versagensfälle nicht nah liegen.

9.2 Druckrohrleitungen

Druckrohrleitungen erhalten im allgemeinen und oft häufig wiederholt die großen Lasten, für die sie entworfen sind. Wasserdrücke aus 1000 m Höhenunterschied zwischen Wasserschloß und Kraftwerk sind keine Seltenheit und Druckstöße kommen hinzu. Über die mit dem Bau solcher Anlagen verbundenen vielseitigen Probleme, z.B. der Gründung und Lagerung, der Verformungen, der Dynamik, des Werkstoffes, wird u.a. in [83] berichtet. Schadensfälle sind nicht selten und führen oft zu großen Katastrophen.

Tabelle 9
Versagen von Sonderbauwerken
Abkürzungen siehe Abschnitt 1.3
Ferner in Spalte Daten: l = größte Spannweite, h = Höhe über Grund, A = Grundrißfläche, ⌀ = Durchmesser, Dimension m, m²

Lfd. Nr.	Jahr	Bauwerk				Stichwörter zum Versagen	Pers.-sch.	Einsturz	Quellen
		Kurzbeschreibung	Land	Ort	Daten				
9.1	1925	Druckrohrleitung für ein Speicherkraftwerk	Deutschland	Süddtschl.	Δh = 1037	Rohrbrüche kurz nach Inbetriebnahme (s. Abschn. 9.2.1)	0	Nein	BI 1927, 523
9.2	1934	Druckrohrleitung für ein Speicherkraftwerk	Frankreich	Schwarzsee bei Colmar	Δh = 110	Rohrbruch kurz nach Inbetriebnahme (s. Abschn. 9.2.2)	10 T	Teil	SBZ 1934, 13.01., 03.03.
9.3	1937	Abraumförderbrücke Böhlen I zum Abraumgraben, -fördern und -absetzen. Max. Leistung rd. 50 000 m³/Tag	Deutschland	Zwenkau südlich Leipzig	l = 200 h = rd. 50	Infolge einer starken Windböe kommt eines der Fahrwerke in Fahrt, wodurch Brücke einstürzt (s. Abschn. 9.3)	4 V	Total	[84] Bild 9.3
9.4	1962	Radioteleskop	USA	Sugar Grove, W. Virginia	⌀ 183	1960 mit dem Bau begonnen, großer Sprung in den Abmessungen (fertig war Jordal Bank in England mit Reflektor ⌀ 76 m), 20 000 t Metallkonkonstruktion. Abbruch der Bauarbeiten nach Montage von 5000 t Stahlkonstruktion 2 Jahre nach Beginn wegen Kostenexplosion (s. Abschn. 9.4.1)	0	Kein	BI 1960, 437; ENR 1960, 03.11.19; 1963, 22.08.; 1960, 03.11, 19; 1963; 22.08.19" FAZ 1962, 28.08.
9.5	1962/63	Offene Fahrzeugunterstellhallen. Hauptträger gekrümmte und gevoutete I-Träger	Deutschland	Verschiedene	l = rd. 17	Auskragende Träger kippen wegen Fehlens seitlicher Stützung des Zuggurtes (s. Abschn. 9.4)	0	Total	[86] Bild 9.4

9.2 Druckrohrleitungen

Tabelle 9 (Fortsetzung)

Lfd. Nr.	Jahr	Bauwerk				Stichwörter zum Versagen	Pers.-sch.	Ein-sturz	Quellen
		Kurzbeschreibung	Land	Ort	Daten				
9.6	1981	Fußgängergalerie in einem Hotel	USA	Kansas City, Missouri		2 Galerien stürzen ab, weil Aufhängung unplanmäßig ausgeführt wurde (s. Abschn. 9.6)	113 T 185 V	Total	BI 1983, 182; [12] 214; [9] 217 Bild 9.7
9.7	etwa 1986	Druckrohrleitung	Schweiz	Burg-lauenen	$\Delta h = 135$	(s. Abschn. 9.2.3)		Teil	Information von H. Roth, Baden (Schweiz) Bild 9.1
9.8	1988	Radioteleskop	USA	Green Bank, W. Virginia	$\varnothing$ 91	Zusammenbruch 27 Jahre nach Inbetrieb-nahme (s. Abschn. 9.4.2)	0	Total	Report of the Assessment Panel. [10], 174. Science (1989), 07.04., 29. Spektrum d. Wissensch. 1989, März, 7 Bilder 9.5 und 9.6
9.9	1991	Beton-Offshore-Plattform Sleipner A	Nor-wegen	Stavanger		Bruch einer Zellenwand (s. Abschn. 9.7)	0	Total	[88] Bild 9.8

Ohne genauere Information

| 9.10 | | Druckrohrleitung | Peru | Arequipa | | (s. Abschn. 9.2.4) | | Total | wie vor Bild 9.2 |

9.2.1 Brüche in einem Druckrohr für ein Speicherkraftwerk in Süddeutschland, Fall 9.1, 1925

Die Druckrohrleitung verbindet das Kraftwerk mit dem 103 m höher gelegenen Speichersee. Die Anlage wurde für die als Bauherr fungierende Gemeinde von einem Ingenieurbüro entworfen, nach diesem „generellen Entwurf" ausgeschrieben und vergeben. Ein anderes, später bauleitendes Ingenieurbüro wich bei der Ausführung verschiedentlich von der Erstplanung ab. Dies gilt z. B. für die Trasse der Druckrohrleitung und damit für deren Neigung und den Durchmesser. Aus Sparsamkeitsgründen erklärte der neue Berater das Wasserschloß an Ort eines krassen Wechsels der Rohrneigung für überflüssig, und es wurde nicht gebaut.

Die Leitung sollte aus überlappt geschweißten, 7,5 mm dicken 600-mm-Muffenrohren hergestellt werden. Die Besetzung des Ruhrgebiets zur Zeit des Baues verhinderte die Lieferung, so daß gebrauchte, 10 mm dicke 800-mm-Flanschrohre zur Leitung überlappt zusammengeschweißt wurden. Da diese an den Flanschen undicht waren, wurden sie durch autogen geschweißte 800-mm-Rohre mit Wanddicken zwischen 4,8 und 7 mm und ebenfalls autogen geschweißten Stößen ersetzt. Bei deren Beschaffung verzichtete der Bauherr auf die Beratung durch einen unabhängigen Fachmann und verließ sich allein auf die Empfehlungen der ausführenden Firma.

In der in Tabelle 9 angegebenen Quelle wird vom „durchaus unsachgemäßen Verlegen" der Rohre gesprochen und festgehalten, daß die Anweisungen für den Betrieb und die Öffnungs- und Schließzeiten des Reglers erst nach Auftreten der ersten Rohrbrüche festgelegt wurden.

Die schließlich fertiggestellte Druckrohrleitung riß innerhalb einer Betriebsdauer von 6 Wochen 7 mal auf. Der 1. Bruch trat bereits 1/2 Stunde nach Inbetriebnahme ein. Die meisten Brüche geschahen bei Betriebsänderungen, wie Öffnen und Schließen der Turbinen auf, und die ersten Brüche betrafen immer Längsnähte der Rohre. „Die aufgeplatzte Naht war jeweils mangelhaft, nur einseitig geschweißt, z.T. nur überkleistert. Die Schnittflächen zeigten z.T. Rostspuren, ein Beweis, daß von innen Wasser in die Naht dringen konnte."

Durch die Untersuchungen nach dem Schaden wurde festgestellt, daß bei der Ausführung weitere Mängel, z. B. bereichsweise zu geringe Blechdicken, aufgetreten waren und daß die Rohrleitung bei dem allgemein üblichen Abpressen mit 1,5 fachem statischem Druck versagt hätte.

In der Zusammenfassung der in Tabelle 9 angegebenen Quelle wird der Rohrlieferant, wenn auch der weitaus größte Teil der Lieferung gute Schweißarbeit aufwies, wegen einzelner schlechter Schweißnähte in erster Linie für verantwortlich gehalten. Ferner wird herausgestellt, daß die „weder von den Beratern der Stadt noch von der Turbinenfirma erkannten und deshalb durch keinerlei besondere Vorsichtsmaßregeln gemilderten außergewöhnlich ungünstigen Verhältnisse dieser Fallrohrleitung einen wesentlichen Teil des Mißerfolges mit verschuldet haben."

9.2 Druckrohrleitungen

Über den Einzelfall hinausgehende Bedeutung hat sicher der Hinweis: „Es soll nicht verschwiegen werden, daß manches hätte verhütet werden können, wenn die Stadtverwaltung rechtzeitig einen Ingenieur mit der Bearbeitung der ganzen Frage und mit der Beratung betraut hätte, statt sich hier und dort scheinbar billigen Rat bei selbst schlecht beratenen Unternehmerfirmen zu holen".

9.2.2 Brüche im Druckrohr für ein Speicherkraftwerk in den Vogesen, Fall 9.2, 1934

Das Speicherkraftwerk Schwarzsee in den Vogesen westlich von Colmar gehört zum Rheinkraftwerk Krembs. Eine Druckrohrleitung verbindet den 950 m über NN liegenden Schwarzsee mit dem 110 m höher liegenden Weißsee. Zur Energiespeicherung können 2 Mill. m^3 in den oberen See gepumpt werden.

Kurz nachdem die Pumpe erstmalig in Gang gesetzt und auf normale Tourenzahl gebracht worden war, brach die Druckrohrleitung dicht oberhalb des Maschinenhauses. Aus dem aufgerissenen Loch ergoß sich das Betriebswasser unter dem Druck von etwa 90 m Wassersäule in hohem Bogen auf das Maschinenhaus, durchschlug dessen Dach und überschwemmte es, bevor die Abschlußklappen des Einlaufs am Weißsee geschlossen werden konnten.

Von der Betonabdeckung ist ein etwa 12 t schweres Stück etwa 45 m weit in eine der rückwärtigen Transformatorenzellen geschleudert worden. 10 Menschen verloren bei der Katastrophe ihr Leben.

Als Ursache wurden versteckte Materialfehler in einem Anschlußwinkel eines Mannloches der Verteilleitung ermittelt. Davon ausgehend riß das hier 36 mm dicke Mantelblech auf eine Länge von rd. 7 m auf.

Überraschend ist, daß dieser Mangel trotz der nachfolgend skizzierten Prüfungen nicht erkannt wurde.

Die montierten Rohre waren vor Inbetriebnahme zweimal auf 1,5 fachen größten Betriebsdruck, alle geraden Rohrschüsse waren vor dem Einbau auf doppelten statischen Maximaldruck abgepreßt worden, ebenso die ganze Verteilleitung mit allen Schiebern, Drosselklappen, Anschlüssen usw. als Ganzes in einer dreistündigen Druckprobe. Ferner wurde die gesamte Druck- und Verteilleitung abermals in einer zehnstündigen Gesamtdruckprobe mit einem um rd. 80 % erhöhten maximalen statischen Druck kontrolliert.

In den Berichten wird der Bruch im Bereich der Materialfehler als Ermüdungsbruch bezeichnet. Es kann sich dabei nur um ein Low-Cycle-Fatigue-Problem handeln. Es ist wahrscheinlich, daß die Risse durch die Prüfungen ausgelöst oder zumindest ausgeweitet worden sind, aber eben nicht ganz bis zum Versagen.

Es handelt sich hier um ein grundsätzliches, mit Probebelastungen verbundenes Problem: Man kann durch sie wegen der Einwirkungsintensität, die größer als die in späteren Gebrauchzuständen ist, ein Tragwerk schädigen und so zum späteren Versagen beitragen!

9.2.3 Einbeulen einer Druckrohrleitung durch Vakuum, Fall 9.9, etwa 1986

Die Druckrohrleitung Burglauenen in der Nähe von Grindelwald hat rd. 135 m hydrostatische Druckhöhe und ist rd. 430 m lang. Die Rohre haben 1,4 m Durchmesser und 8 mm Wanddicke. Der Betriebsdruck incl. Druckstoß beträgt 19,6 bar.

Die Druckrohrleitung wurde bei einer Entleerung zwischen den zwei Fixpunkten auf einer Länge von rund 110 m infolge Vakuum vollkommen eingebeult (Bild 9.1). Das Vakuum entstand, weil sich im unterhalb der Drosselklappe angeordneten Belüftungsrohr ein Eispfropfen gebildet hatte und dadurch beim Entleeren der Druckrohrleitung mit geschlossener Drosselklappe keine Luft in die Rohrleitung nachströmen konnte.

Bild 9.1
Druckrohrleitung Burglauenen, etwa 1986, Fall 9.7
Durch Vakuum eingebeultes Druckrohr, ⌀ 1400 mm, Wanddicke 8 mm

9.2.4 Druckrohrleitung Arequipa, Fall 9.10

Von der Zerstörung (Bild 9.2 a–c) ist nur bekannt: Die schwere Havarie der zweisträngigen Druckrohrleitung war die Folge hoher, kurz aufeinanderfolgender Druckstöße, verursacht durch einen unkorrekt schließenden Kugelschieber.

9.3 Abraumförderbrücke Böhlen I, Fall 9.3, 1937

Abraumförderbrücken befördern im Braunkohlentagebau den Abraum auf kürzestem Weg von der Abbauseite über die Grube auf die Kippe. Sie vereinen damit die sonst getrennten Arbeitsvorgänge der Gewinnung, des Transportes und des Absetzen.

9.3 Abraumförderbrücke Böhlen I

Bild 9.2
Zweisträngige Druckrohrleitung Arequipa, Fall 9.10
a) Vor der Zerstörung
b) Nach der Zerstörung
c) und d) Details

Südlich von Leipzig wurde der Aufschluß Böhlen als erster Tagebau überhaupt für den Brückentagebau konzipiert. 1930 wurde die insgesamt rd. 340 m lange Abraumförderbrücke Böhlen I in Betrieb genommen [84]. Im Bild 9.3a erkennt man links deren Kippenstütze, dann die Baggerstütze und rechts eine weitere Stütze am rechten Ende einer Zubringerbrücke. Alle Stützen sind mit Schienenfahrwerken ausgerüstet. Die Bauteile der Brücke sind statisch bestimmt gelagert, damit sich die Fahrwerke, jeweils den lokalen Situationen folgend, unabhängig voneinander bewegen können, ohne Zwang in das Tragwerk einzuprägen. Die Bauweise erlaubt u. a. – selbstverständlich in bestimmten Grenzen – das Vorlaufen von Fahrwerken gegenüber anderen durch mögliche horizontale Knicke im Bauwerk oder Fahren auf unebenem Gelände durch die Möglichkeit vertikaler Knicke zwischen den Brückenteilen. Auch die veränderliche Stützweite der Hauptbrücke über der Grube mit 180 bis 200 m resultiert aus der Verschiebemöglichkeit zum Vermeiden von Zwängungen.

Nach 7 Betriebsjahren brachte im Mai 1937 bei einem schweren Gewitter eine gewaltige Böe mit Windgeschwindigkeiten bis zu 40 m/s das Kippenstützenfahrwerk in Bewegung, mit den Fahrwerkbremsen konnte die Fahrt nicht gestoppt werden. Nach Überschreiten der konstruktiv gegebenen Grenze stürzte die Kippenstütze um und die Hauptbrücke von ihrem Baggerstützenlager ab (Bilder 9.3b und c). Alle wesentlichen Teile der Konstruktion wurden zerstört. Die Gewalt der Windkräfte hatte das blockierte Fahrwerk der Kippenstütze 60 m auf den Schienen fortgeschoben.

Leider wird nicht berichtet, warum ein Orkan mit 40 m/s zu diesen Folgen führen mußte. Es wird nichts über die Kräfte am Kippenfahrwerksfuß in Richtung der Schienen, nichts über deren evtl. durch die Geländeverhältnisse bedingte Längsneigung, nichts über eine mögliche Arretierung des Fahrwerks z. B. mit Schienenzangen und nichts über die Reibungsverhältnisse Rad–Schiene gesagt. So bleibt die Ursache der schweren Havarie letztlich ungeklärt.

Dennoch lehrt die Katastrophe erneut, Reibungskräfte, von denen die Standsicherheit abhängt, äußerst vorsichtig anzunehmen, mit unterem Grenzwert beim Widerstand und mit oberem bei Zwängungen. Einen Eindruck von den Streuungen der Reibungszahl einiger Paarungen von Reibpartnern gibt [85].

Es sei angemerkt, daß die neue Abraumförderbrücke Böhlen II als Ersatz für die zerstörte Brücke bereits 1939 in Betrieb genommen werden konnte und bis zum Ende des Tagebaus Zwenkau 1998 m Dienst war. Der maximale Abstand zwischen Kippen- und Baggerstütze – sie erhielt eine Zwischenstütze – betrug 370 m und die Gesamtlänge nach mehreren Verlängerungen des Auslegers 525 m.

9.4   Offene Fahrzeugunterstellhallen, Fall 9.5, 1962/63

Um 1960 wurden in vielen Teilen der Bundesrepublik Deutschland von mehreren Stahlbauunternehmungen für die Bundeswehr und den Bundesgrenzschutz offene Hallen zum Unterstellen von Fahrzeugen errichtet. Die Hallenbinder, die Haupttrag-

9.4 Offene Fahrzeugunterstellhallen

a)

b)

c)

Bild 9.3
Abraumförderbrücke Böhlen I, 1937, Fall 9.3
a) Schema
b) Bereich der Baggerstütze nach Havarie
c) Bereich des Auslegers nach Havarie

werke dieser Bauwerke, waren einhüftige Rahmen und bei allen Hallen etwa gleich [86] (Bild 9.4a): Zur Überdachung des 14 m langen und 3,65 m hohen Lichtraumprofils gingen die I-Träger von einem kurzen geraden Stielunterteil über einen gekrümmten Abschnitt in den geraden, weit auskragenden, gevouteten Dachbereich über. Die Bauhöhen betrugen am Fuß rd. 1,20 m, am Übergang vom gekrümmten auf den geraden Träger rd. 1,0 m und am Kragarmende knapp 0,2 m. Die Stege waren 8 mm dick, die Gurtlamellen in einem Fall außen 250 × 12, innen 250 × 18.

Die mit Wellasbestplatten belegten Pfetten hingen an den im Abstand von 6,0 bis 7,0 m angeordneten Hallenbindern. Zusammen mit den in den Endfeldern der Dachebene liegenden Stabilisierungsverbänden bilden sie eine nahezu starre Scheibe und sichern den gedrückten Untergurt gegen seitliches Ausweichen.

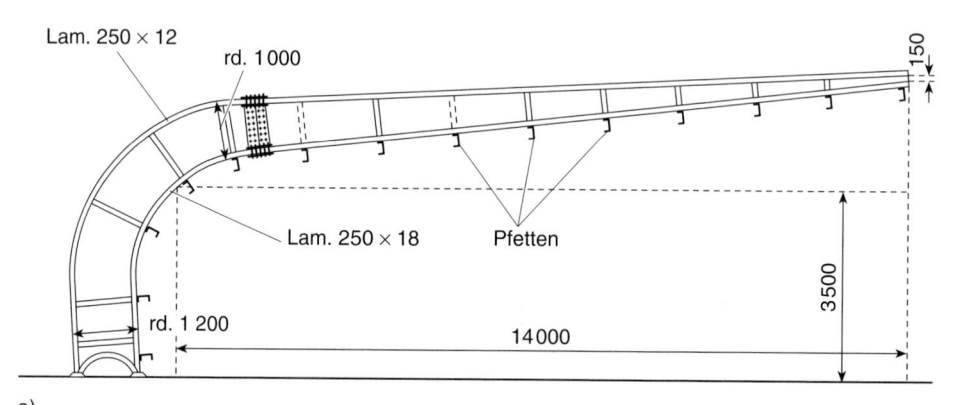

Bild 9.4
Offene Fahrzeugunterstellhallen, 1962/63, Fall 9.5
a) Hallenbinder
b) Ausweichen des Zuggurtes im gekrümmten Bereich

9.4 Offene Fahrzeugunterstellhallen

In Winter 1962/63 brachen mehrere Hallen verschiedener Hersteller in verschiedenen Gegenden Deutschlands zusammen. Die Schneelasten lagen dabei in mehreren Fällen unter den nach den Baubestimmungen anzusetzenden und beim Standsicherheitsnachweis berücksichtigten und überstiegen diese in keinem Fall. Das Versagensbild 9.4b ist für alle Fälle typisch: der Zuggurt versagt im gekrümmten Bereich durch seitliches Ausweichen.

Im Tragsicherheitsnachweis waren für die Träger, dies auch für die gekrümmten Bereiche, die für einen geraden Träger ermittelten Spannungen den zulässigen gegenübergestellt. Beim Nachweis der Beulsicherheit der Stegbleche waren im gekrümmten Bereich die quergerichteten Druckspannungen σ_{St} aus der Umlenkung der inneren Gurtkraft $\sigma_G \cdot A_G$ nicht berücksichtigt worden. Eine einfache Betrachtung („Kesselformel") ergibt dafür

$$\sigma_{St} \cdot t_{st} \cdot r = \sigma_G \cdot A_G$$

woraus im vorliegenden Fall mit $t_{st} = 0{,}8$ cm, $r = 250$ cm und $A_G = 45$ cm²

$$\sigma_{St} = 0{,}225 \cdot \sigma_G$$

folgt. Die bei für St 37 ausgenutztem Gurt mit $\sigma_G = 16$ kN/cm² vorhandene Stegquerspannung $\sigma_{St} = 3{,}6$ kN/cm² ist größer als die Knickspannung des Steges $\sigma_{R,d}$, dies selbst bei Annahme beiderseitiger Einspannung. Hierfür folgt

$$\text{mit } \lambda = 55 \cdot 2 \cdot \sqrt{3/0{,}8} = 238$$

$$\text{und } \bar{\lambda} = \lambda/\lambda_a = 238/92{,}9 = 2{,}56$$

der κ-Wert aus DIN 18800/2 für die Knickspannungslinie c κ = 0,127, also die Knickspannung

$$\sigma_{R,d} < 0{,}127 \cdot 24 = 3{,}05 \text{ kN/cm}^2$$

Man erkennt schon an diesem elementaren Vergleich, daß die im Steg quergerichteten Spannungen bei der gewählten kleinen Blechdicke lokal zum Versagen führen. Aber selbst dann, wenn der Steg durch Dicke oder Aussteifung beulsicher wäre, kann Instabilität im gekrümmten Bereich durch seitliches Ausweichen des Zuggurtes auftreten. Man muß m. E. allerdings nicht wie in [86] den etwas ausgefallenen Begriff „Knicken eines Zuggurtes" bemühen. Vielmehr kann auch hier die Stabilität durch Druckkräfte gefährdet sein, nämlich durch die quergerichteten aus der Umlenkung der Gurtkräfte. Das wird deutlich, wenn man sich den Steg durch stabile Stäbe – Beulen des Stegbleches sei hierbei ausgeschlossen – zwischen den beiden Gurten ersetzt vorstellt. Wenn der Zuggurt seitlich nicht oder nur schwach gestützt ist, finden die bei dessen angenommener seitlichen Auslenkung auftretenden Abtriebskräfte keine oder keine ausreichenden Rückstellkräfte vor. In ein solches Modell kann man auch das Querbiegeverhalten des Steges, z.B. durch Einspannung in die Gurte oder durch Quersteifen, durch entsprechende Annahmen für die Querstäbe einbeziehen.

Aus diesem Fall kann man folgende Lehre ziehen:

- Instabilität kann mit Ausweichen in vielen Richtungen verbunden sein. Bei Stabwerken ist es nicht ausreichend, nur an die klassischen Fälle Biegeknicken und Biegedrillknicken zu denken.
- Der Begriff „Knicken eines Zuggurtes" ist überflüssig. Genau so könnte man bei einem Pylon, an dessen Kopf zwei Schrägseile angreifen, vom „Knicken von Zugseilen" sprechen. In beiden Fällen geht es um die Instabilität der gedrückten Bauteile, einmal des Stegbleches, zum anderen des Pylons.
- Hilfen für die Stabilitätsuntersuchung gekrümmter I-Träger liefert [86].
- Bestimmte Fehler scheinen in bestimmten Zeiten für eine Branche in der Luft zu liegen. Daß zur gleichen Zeit mindestens 3 Aufsteller und 3 Prüfer von Standsicherheitsnachweisen grundsätzlich gleiche Fehler gemacht oder nicht entdeckt haben, muß Anlaß sein, immer wieder kritisch über Grundlagen der Bauwissenschaft und ihre verständliche Umsetzung in Normen nachzudenken sowie für die Kenntnisnahme und Beachtung in der Praxis zu sorgen.

9.5 Radioteleskope

9.5.1 Radioteleskop in Sugar Grove, Fall 9.4, 1962

Stählerne Parabolantennen werden etwa seit 1930 für den Nachrichtenverkehr gebaut. Mit der Verwendung für die astronomische Forschung erhielten die nur für den Empfang konzipierten Antennen den Namen Radioteleskop. Sie wurden im Lauf der Zeit immer größer und erreichten 1962 mit dem nicht voll steuerbaren Bauwerk in Green Bank, West Virginia, einen Reflektordurchmesser von 91 m und mit dem 1971 in Betrieb gestellten, voll steuerbaren in Effelsberg in der Eifel 100 m Reflektordurchmesser [87]. Ihr Gesamtgewicht mit 600 bzw. 3200 t zeigt, um welch große Konstruktionen es sich dabei handelt. Das neueste, im Jahr 2000 fertiggestellte und ebenfalls voll steuerbare Radioteleskop in Green Bank, West-Virginia, hat einen parabolischen Hauptspiegel mit Maßen im Grundriß von 110 m × 100 m. Auf den 1960 begonnenen Versuch, beim Radioteleskop in Sugar Grove in den USA auf 183 m Spiegeldurchmesser zu springen, wird in Tabelle 9 mit dem Fall 9.4 kurz hingewiesen, obwohl es nicht zu einem Einsturz kam, sondern das Projekt aus Kostengründen abgebrochen werden mußte.

9.5.2 Radioteleskop Green Bank, Fall 9.8, 1988

Das Radioteleskop Green Bank mit einem 91-m-Reflektor wurde nach zwei Jahren Bauzeit im Oktober 1962 in Dienst gestellt (Bild 9.5a). Es war für eine Nutzungsdauer von etwa 10 Jahren konzipiert, wurde aber weiter benutzt, da andere Teleskope abgebaut und kein neues errichtet worden war, das die Aufgaben von Green Bank übernehmen konnte. Aus diesem Grund galt es auch nach wie vor als nicht

9.5 Radioteleskope

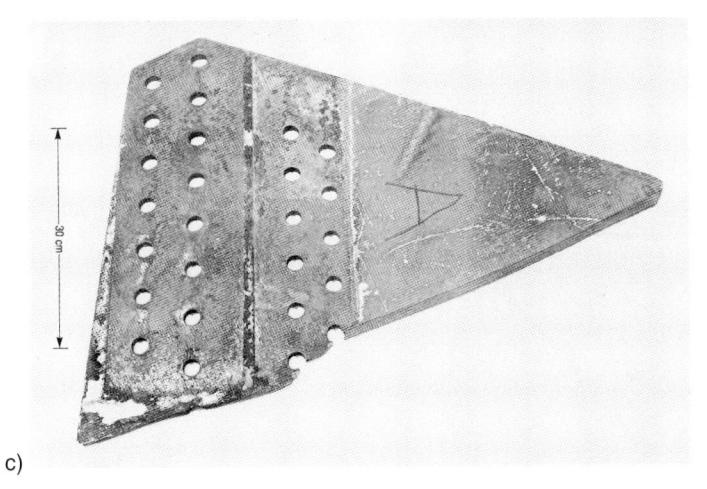

Bild 9.5
Radioteleskop Green Bank, 1988, Fall 9.8
a) Aufnahme im Betrieb
b) Eingestürztes Teleskop
c) Gerissenes Knotenblech

veraltet. Die mit ihm gewonnenen Ergebnisse in der Forschung hatten die ursprünglichen Erwartungen der Astronomen weit übertroffen.

Die Struktur des Reflektors geht aus Bild 9.6a hervor: der Parabolspiegel ist ein Trägerrost aus regelmäßig radial und kreisförmig angeordneten, einander durchdringenden Fachwerkträgern. Es stützt sich auf vier starke Fachwerkträger, die auf den Seiten eines Rhombus angeordnet sind, ab. In zwei einander gegenüberliegenden Ecken dieses Rhombus befinden sich die Lager, die zusammen die Drehachse bilden. Die Neigung wird mit Hilfe eines halbradförmigen Fachwerkträgers, der an den beiden anderen Ecken des Rhombus angeschlossen und unter der Reflektorfläche angeordnet ist, eingestellt. Das Teleskop ist nicht voll steuerbar, da die Lager fest auf Türmen liegen und daraus eine in Ost-West-Richtung orientierte Drehachse folgt. Beobachtungen eines Bildpunktes mit gesteuerter Neigung des Spiegels sind nur entlang des Meridians und daher nur sehr kurz möglich.

Der Betreiber des Teleskops inspizierte von Beginn des Einsatzes an routinemäßig optisch die radialen und kreisförmigen Fachwerkträger und reparierte gelegentlich Mängel an kleinen Tragwerksgliedern. Diese Mängel traten üblicherweise an den Knotenblechen auf. Im Lauf von 26 Jahren gab es einige Hundert solcher Reparaturen, einige häuften sich in bestimmten Gebieten. Nie haben sie die wissenschaftlichen Arbeiten behindert. – Eine neue Empfangsanlage wurde ergänzt und die ur-

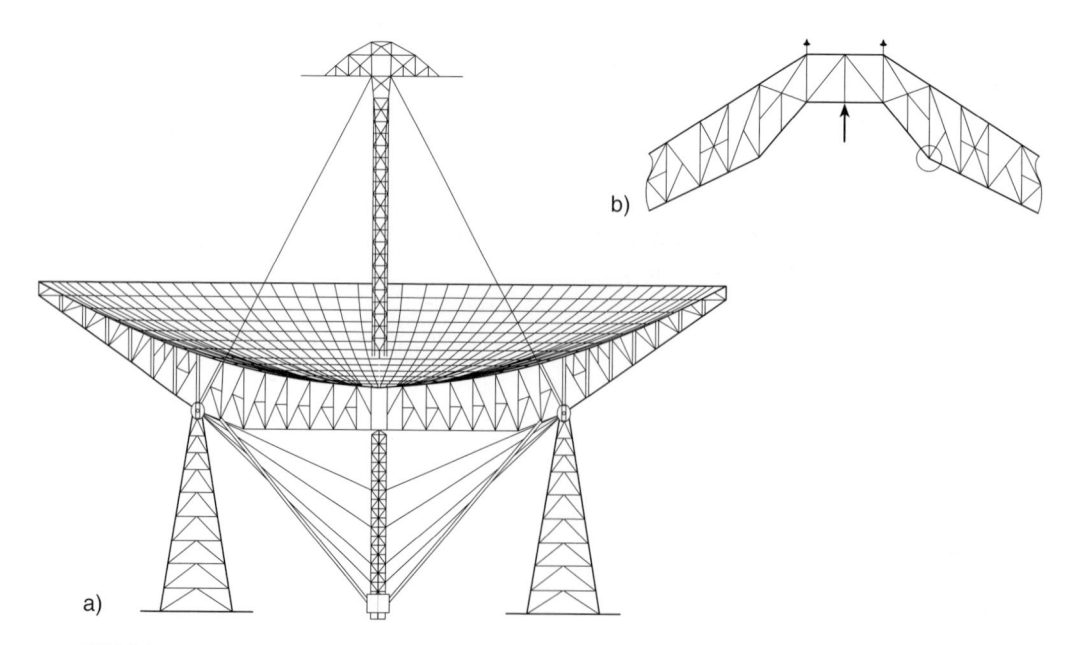

Bild 9.6
Radioteleskop Green Bank, 1988, Fall 9.8
a) Struktur der Tragkonstruktion
b) Struktur der rhombenförmig angeordneten Fachwerkhauptträger im Bereich der Lagerecke mit Kennzeichnung des Knotenpunktes, in dem Knotenblech versagte

sprüngliche Spiegelfläche durch eine feinere für höhere Radiofrequenzen ersetzt. Durch die FEM-Analyse wurde später bestätigt, daß nach diesen Modifikationen die strukturelle Integrität der direkt betroffenen Teile etwas verbessert wurde.

In einer kühlen, windlosen Nacht stürzte das Teleskop am 15. November 1988 ohne Vorwarnung während eines Neigungsvorganges ein (Bild 9.5b). Mehrere Kommissionen untersuchten die Katastrophe. Unter anderem wurden in den Trümmern nach Hinweisen für die Ursache gesucht und mit den Ende der 80iger Jahre gegebenen Möglichkeiten einer FEM-Analyse, die den Entwerfern nicht zur Verfügung standen, festgestellt, daß Beanspruchungen in vielen Bauteilen einschließlich einiger radialer Rippen und Kreisringträger des Teleskopspiegels größer waren, als sie heute zulässig sind. Zur Zeit des Teleskopentwurfes waren Untersuchungen des idealen Gelenkfachwerkes üblich und möglich, die Wirkung der biegesteifen Abschlüsse wurde über sogenannten Nebenspannungen abgeschätzt. Dieses Verfahren hatte sich bewährt, solange es um das Verhalten unter vorwiegend ruhenden und nicht häufig wiederholten Einwirkungen ging. Aber das Radioteleskop war quasi eine Maschine, jede ihrer Bewegungen veränderte die Beanspruchungen in den meisten Teilen der Struktur genau so wie die Windlasten. Häufige Änderungen der Spannungen waren die Folge.

In den Trümmern wurde ein gerissenes, größeres Knotenblech gefunden (Bild 9.5c), mit dem ein geknickter Untergurtstab eines der starken, rhombusförmig angeordneten Fachwerkträger in einem Knoten gestoßen war (Bild 9.6b). Schon die Inaugenscheinnahme der 93 cm langen Bruchfläche im 38 mm dicken Blech ließ erkennen, daß ein großer Teil des Risses bereits vor dem Zusammenbruch vorhanden war und daß es sich um einen Ermüdungsbruch handelte. Dies wurde durch eine Laboranalyse bestätigt. In zwei anderen, gleichen Knotenblechen des Tragwerkes wurden keine Risse gefunden, in dem vierten baugleichen war ein bedeutend kleinerer Riß vorhanden.

Beim Vergleich der Designmethoden muß auch bedacht werden, daß sich unser Wissen über Ermüdung und Rißfortschritt in den letzten Jahrzehnten erheblich erweitert hat. Mit sogenannten „ermüdungssicheren Konstruktionen" die Gefahren zu bannen, die Laständerungen und -wiederholungen für die Standsicherheit bringen können, dies besonders für hoch ausgenutzte Tragwerke, ist heute im allgemeinen nicht mehr ausreichend.

Die wichtigsten Ergebnisse der FEM-Berechnung sind:

- Einige Untergurtknotenbleche der rhombenförmig abgeordneten kräftigen Fachwerkträger unterliegen zahlreichen Beanspruchungszyklen großer Intensität.

- Die Fachwerkträger des Spiegelrostes im Umkreis der Lager des Reflektors erleiden so hohe Spannungen, daß Knicken von Stäben und plastische Verformungen zu erwarten sind. Daraus folgt: Entweder lagern sich Beanspruchungen in benachbarte Bauglieder um und beanspruchen diese damit höher, als es die FEM-Analyse ausweist. Oder es kommt zu Schäden an den überbeanspruchten Bauteilen, wie man sie von Anfang an beobachtet hat.

Es muß beachtet werden, daß die Analyse vor dem Zusammenbruch ein idealisiertes System betraf. Es wird nie erzeugt, da sich Beanspruchungen und Verformungen während der Montage in einem zum Teil fertigen System einstellen, die zu Abweichungen vom Ideal führen. Hieraus können sich in Baugliedern größere Beanspruchungen als die berechneten ergeben.

Man kann aus der nachträglichen Analyse schließen, daß das Tragwerk von Anfang an am Rande des Versagens war, eines lokalen oder vielleicht sogar eines totalen. Einen deutlichen Anteil daran hatte die Tatsache, daß die Stabilität der Hauptfachwerkträger von der Stützung durch die Träger des Spiegelrostes abhing, die selbst im Laufe der Zeit überbeansprucht waren.

Wegen der komplexen Umlagerungen darf man keine strenge Korrelation zwischen Trägern, die nach der Analyse überbeansprucht sind, und beobachteten Schäden erwarten. Dagegen gibt es eine globale Übereinstimmung zwischen den entsprechenden Bereichen.

Durch die Untersuchungen wurde festgestellt, daß die wahrscheinliche Ursache für den Zusammenbruch der progressive Bruch des Knotenbleches am Ende des Untergurts des Fachwerkhauptträgers an der Nordostecke war. Sein Versagen zerstörte die Tragfähigkeit des Trägers und löste damit den totalen Zusammenbruch aus. Der fortschreitende Bruch im Knotenblech wurde durch große Spannungen verursacht. Der Bruch ging von zwei gestanzten Bolzenlöchern aus (Bild 9.5c), dort wurde vermutlich beim Stanzen ein kleiner Riß initiiert. Die metallurgische Untersuchung bestätigt den Knotenblechbruch als Ermüdungsbruch, ausgehend von den Schraubenlöchern, mit zähem Restbruch.

Es konnte nicht eindeutig geklärt werden, ob der Riß soweit angewachsen war, daß das übrige Material im Knotenblech die Last nicht mehr tragen konnte, oder ob ein anderes kleineres Ereignis, z.B. ein lokales Versagen in der Nachbarschaft, dem Zusammenbruch vorausgegangen war und dem Knotenblech neue Belastung zugeführt hatte. Außerdem konnte eine erhöhte Reibungskraft oder eine andere Störung eines Stützenlagers nicht ausgeschlossen werden. Das West-Lager wurde nach dem Unfall inspiziert. Nach der Bergung wurde das entlastete Lager zwar mit Leichtigkeit gedreht, aber als das Lager geöffnet wurde, wurden im Lagerfett eine große Menge von Metallspänen entdeckt, und die Lagerflächen zeigten eine rauhe Oberfläche, die progressiven Schaden beweist.

Allen Betreibern von Radioteleskopen und anderen vergleichbaren Bauwerken muß bewußt sein, daß ihre Geräte bewegliche Maschinen sind und nicht statische Gebäude. Inspektionen und Instandhaltungspläne, die auf angemessenem Wissen der Beanspruchungen basieren, sind normale Anforderungen an jegliche Art von Maschinen. Entwerfer und Konstrukteure sollten auf der Basis ihrer Kenntnisse Art, Ort und Zeiten für Inspektionen festlegen. Bauteile mit beschränkter Lebenszeit müssen gekennzeichnet und Ersatz bereitgestellt werden.

9.6 Einsturz einer Fußgängergalerie im Hyatt-Hotel in Kansas City, Fall 9.6, 1981

1981 starben beim Absturz von zwei übereinander liegenden Fußgängergalerien in die Lobby des Hyatt-Hotels in Kansas City (Bild 9.7a) 113 Menschen, 185 wurden zum Teil schwer verletzt. Ursache für diese folgenschwere Katastrophe war ein im Grunde simples Detail, nämlich die Verbindung der Querträger der oberen der zwei brückenartigen Galerien mit ihren Aufhängestangen (Bild 9.7b). Sowohl im Entwurf als auch in der davon abweichenden Ausführung wurden fundamentale Fehler gemacht und von Grundregeln für derartige Konstruktionen abgewichen. In beiden Fällen fehlten

- die üblichen Quersteifen an den Querträgern, um die auf die Flanschkanten wirkenden Kräfte in die Stege zu leiten,
- die Scheiben unter den Schraubenmuttern, um die Kräfte an ihrer Einleitungsstelle auf eine hinreichend große Fläche zu verteilen und
- die Sicherungen der Schrauben, z. B. durch Konterung.

Die gegenüber der an sich schon mangelhaften Planung geänderte Ausführung in Höhe der oberen Galerie durch Stoß der Aufhängestangen (Bild 9.7d) hatte insofern gravierende Folgen, als damit nicht nur die Last aus dieser Brücke selbst, sondern auch die aus der darunter hängenden in die obere Hängestange mit der Last F_U gemäß Bild 9.7c eingeleitet werden mußte. Für die Ableitung dieser großen Kraft über die Flansche waren diese selbst und die Schweißnähte zu schwach (Bild 9.7c mit eingetragener Last F_U und zugehörigem Versagenszustand).

Es ist sicher zweifelhaft, ob jeder Fachmann die Folgen dieser Änderung sofort erkannt hätte. Man sollte daher dieses Beispiel in der Lehre benutzen, um mit ihm auf Gefahren, die grundsätzlich mit scheinbar noch so unbedeutenden Änderungen verbunden sein können, aufmerksam zu machen.

9.7 Einsturz der Beton-Offshore-Plattform Sleipner A, Fall 9.8, 1991

Der folgende Bericht fußt ausschließlich auf der Veröffentlichung von J. Schlaich und K.-H. Reinecke [88], die Bilder sind ebenfalls daraus weitgehend ohne Änderungen übernommen.

Das Tragwerk (Bild 9.8a) besteht aus 24 kreisrunden Zellen, 20 von ihnen sind oben geschlossen, auf den – schattiert gekennzeichneten – anderen ragen vier Türme bis zur Gesamthöhe von 110 m auf. Die 32 Zwickelzellen (Detail A im Bild 9.8a) sind oben offen und stehen unter vollem Wasserdruck, während die anderen Zellen teilweise mit Ballast und Wasser gefüllt werden.

Im August 1991 brach im Gandsfjord bei Stavanger eine Zellenwand bei einer Prüfung zum Tiefenabsenken, wenige Tage bevor das Deck aufgeschwommen werden sollte. Zur Zeit des Versagens war der Bohrschaft D3 leer, um den Auftrieb der Plattform sicherzustellen. Beim Auftreten des Bruchs wirkte auf die Zellenwand aus der Zwickelzelle entsprechend der Wassertiefe eine Belastung 0,67 MN/m².

234   9 Versagen von Sonderbauwerken

a)

b)

c)

Querträger aus 2 MC 8 × 8,5
Schweißnähte
t = 8
s = 4,5
Hängerlast F_U
b
b
b = 47,5 — b = 47,5

d)

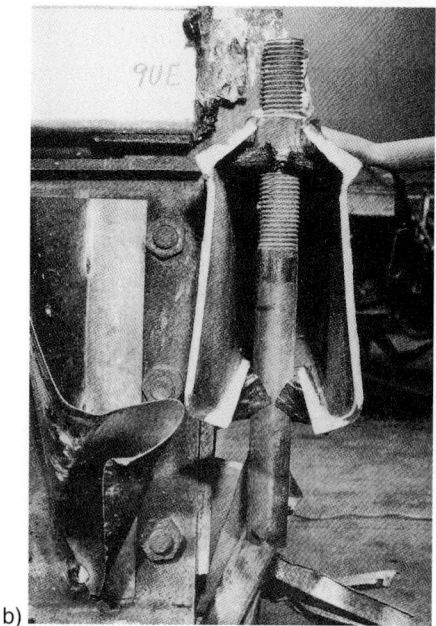

Geplant: durchgehende Aufhängung

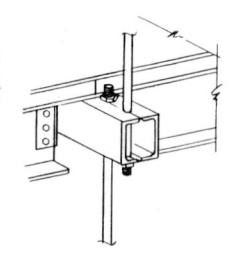

Ausgeführt: unterbrochene Aufhängung

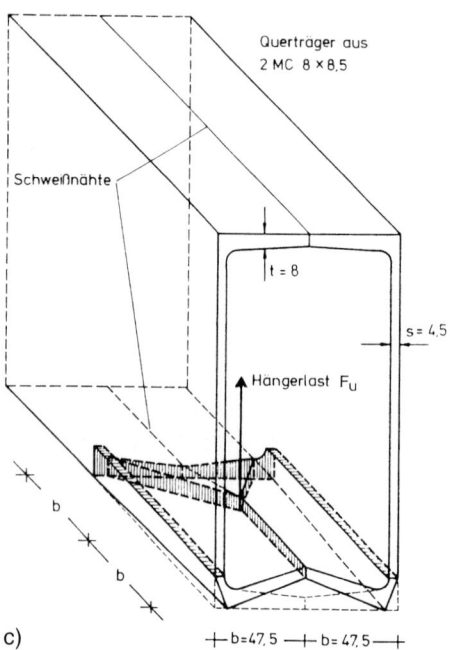

Bild 9.7
Hyatt-Hotel in Kansas City, 1981, Fall 9.6
a) Abgestürzte Galerie
b) Versagensbild des Aufhängequerträgers
c) Querträger mit Last F_U und zugehörigem Versagenszustand
d) Aufhängung der Querträger, Planung und Ausführung

9.7 Einsturz der Beton-Offshore-Plattform Sleipner A

Das Leck war so groß, daß die Plattform innerhalb von 18 Minuten sank. Glücklicherweise kam niemand zu Schaden. Die Betonplattform brach unter dem Wasserdruck während des Sinkens wahrscheinlich weitgehend in sich zusammen, bevor durch den Aufprall auf dem Meeresboden schließlich nur noch ein Trümmerhaufen übrig blieb.

Die von den Untersuchungsausschüssen der Baufirma sowie des Bauherrn festgestellten Hauptursachen für das Versagen

- Fehler in der Finite-Element-Analyse,
- mangelhafte Bewehrungsführung im Knotenbereich der Zellwände

wurden durch Untersuchungen der Verfasser von [88] bestätigt: Die Schnittgrößen wurden mit EDV-Programmen nach der FEM-Methode unter Annahme eines linearelastischen Baustoffverhaltens berechnet und die Bewehrung allein mit EDV-Hilfe bemessen und dargestellt. Durch die gewählte Modellierung wurden die Schnittgrößen in den Trennwänden neben den Zwickelzellen erheblich unterschätzt, die für die Bemessung maßgebende Größen, besonders die Querkraft am Knotenanschluß, wurde nur mit nur 45% der wahren Größe ausgewiesen.

Die Bewehrung im Bereich des Knotens (Bild 9.8b) war völlig unzureichend. Das betrifft einmal die Länge des rd. 1 m langen, mit angeschweißten Ankerplatten versehenen Stabes. In einem Bericht heißt es dazu: „Ein erfahrener Konstrukteur würde, ohne viel nachzudenken, den Stab bis in die Druckzone auf beiden Seiten verlängern". Zum anderen fehlen Bügel im Endbereich der Zwickelzellenwände zur Aufnahme der großen Querkräfte. Sie waren übrigens bei anderen Plattformen immer eingebaut worden.

Folge dieser Mängel war mit großer Wahrscheinlichkeit der im Bild 9.8c dargestellte Bruch: Hinter der Verankerung der zu kurzen Stäbe bildeten sich Risse, und der Stab wurde herausgezogen. Der Riß schritt in den Knotenbereich fort, und schließlich brach die Zellenwand ab.

Eine elementare Gleichgewichtsbetrachtung (Bild 9.8d) und vollends die Skizze eines einfachen Stabwerkmodells für die Lastabtragung in den Wänden der Zwickelzelle und im Knotenbereich hätten gezeigt, daß jede Zellwand rückgehängt und mit der gegenüberliegenden verbunden werden muß.

Die Verfasser stellen die Frage: „Können ... Tragwerksplaner, Bauausführende und Normenmacher in Deutschland oder in anderen Ländern guten Gewissens sagen, daß „uns das nicht passieren kann?" Für sie ist der Schadensfall ein Hinweis auf Probleme und Mängel grundsätzlicher Art. Sie beziehen sich auf das IABSE-Colloquium „Structural Concrete" 1991 in Stuttgart [89], auf dem gerade die hier auftretenden Fragen erörtert und in einem Schlußbericht zusammengefaßt wurden. Folgende der dort in 20 Punkten aufgestellten Schlußfolgerungen und Forderungen haben mit den Ursachen des Totalverlustes der Sleipner-Plattform zu tun:

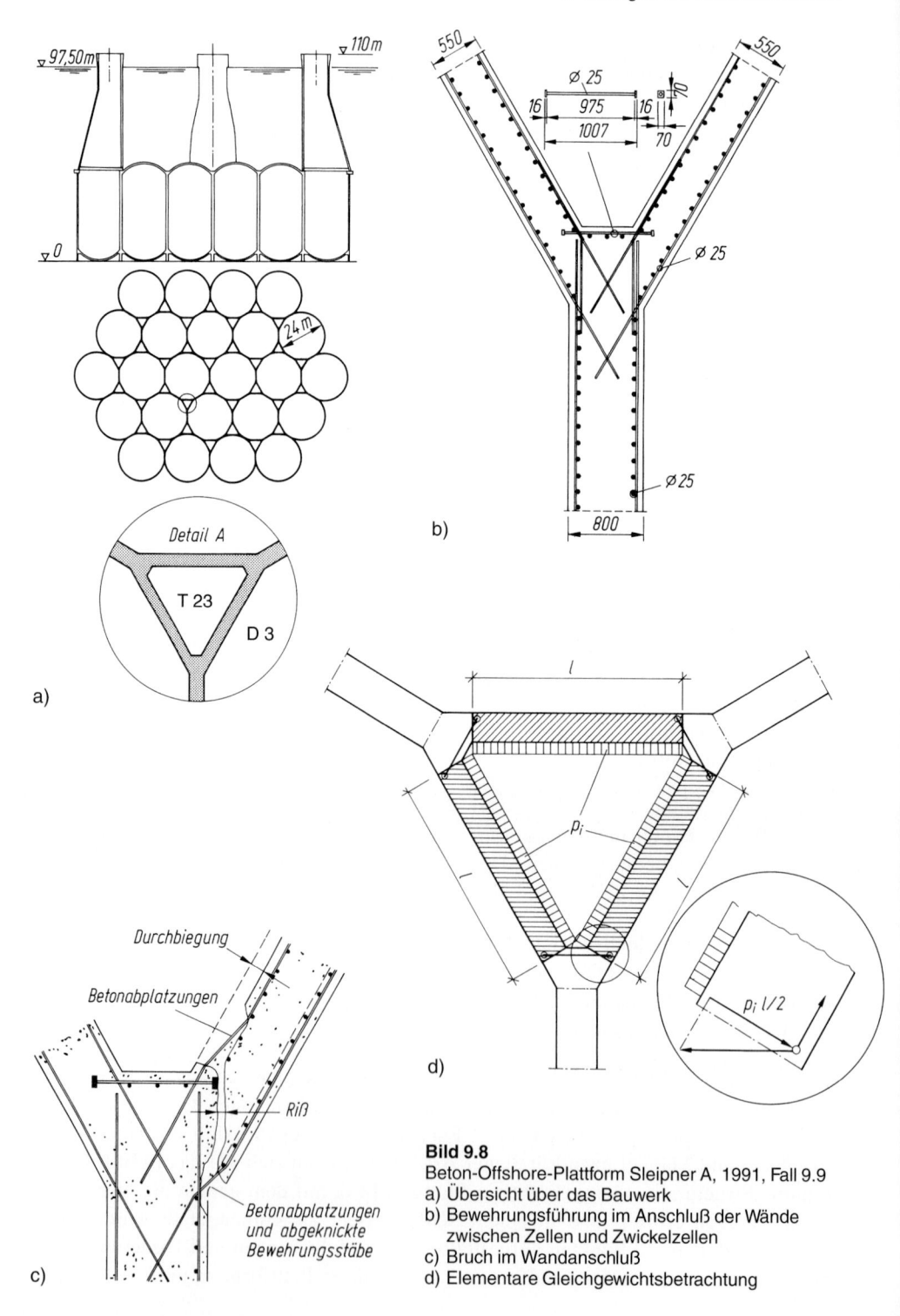

Bild 9.8
Beton-Offshore-Plattform Sleipner A, 1991, Fall 9.9
a) Übersicht über das Bauwerk
b) Bewehrungsführung im Anschluß der Wände zwischen Zellen und Zwickelzellen
c) Bruch im Wandanschluß
d) Elementare Gleichgewichtsbetrachtung

9.7 Einsturz der Beton-Offshore-Plattform Sleipner A

- „Das Hauptaugenmerk des Tragwerkplaners sollte darauf gerichtet sein, das Gesamttragverhalten besonders sorgfältig zu betrachten ... und den Kraftfluß im Tragwerk durch den Entwurf günstig zu beeinflussen".
  Hier: Einem unbefangenen Beobachter stellt sich die Frage nach dem Zweck der so ungünstig beanspruchten Zwickelzellen.

- „Schäden an Bauwerken zeigen sehr nachdrücklich, daß die Standsicherheit und Tauglichkeit der Tragwerke insgesamt sehr stark von der sorgfältigen Bemessung und konstruktiven Durchbildung insbesondere der Bereiche mit geometrischen oder lastbedingten Diskontinuitäten sowie der Knoten abhängt. ..."
  Hier: Diese Erkenntnis berücksichtigen Normen immer noch unzureichend. Die Addition konstruktiver Regeln und Vorschriften zur Bewehrungsführung ergeben kein Bemessungskonzept für diese Bereiche.

- „In allen Phasen der Berechnung und Bemessung sollte das gewählte Tragwerk bzw. sein Berechnungs- und Bemessungsmodell unter globalen, regionalen und lokalen Gesichtspunkten untersucht werden, um sein zufriedenstellendes Verhalten sicherzustellen.
  Hier: Offensichtlich wurde weder eine regionale Analyse der Zwickelzellen geschweige denn eine lokale Berechnung und Bemessung durchgeführt.

- „Der Anspruch der verwendeten Berechnungsverfahren sollte in ausgewogenem Verhältnis zu den Annahmen und den gewünschten Ergebnissen stehen. ... Besonderer Wert sollte auf zweckmäßige und anschauliche Modelle gelegt werden, die das Tragverhalten veranschaulichen und nicht unnötig kompliziert sind, aber die wahre Versagensursache widerspiegeln".
  Hier: Eine aufwendige globale Analyse der gesamten Betonplattform mit einem FE-Modell kann nicht alleine als Grundlage der Berechnung und Bemessung angesehen werden, zumal sie ja im allgemeinen wie auch bei Sleipner A nur mit linear-elastischem Materialgesetz erfolgt. Die Knoten und Verankerungen erfordern auf jeden Fall gesonderte Betrachtungen mit Hilfe von Stabwerkmodellen. Weiterhin können die riesigen Datenmengen auch durch ein noch so gutes Post Processing kaum in anschauliche und übersichtliche Ergebnisse aufbereitet werden, wie es bei Handrechnungen und einfachen Modellen der Fall ist, die zumindest zum Entwurf und zur Kontrolle durchgeführt werden sollten.

- „Für die Bemessung sollten besonders anschauliche Modelle benutzt werden, die den Kraftfluß verdeutlichen".
  Hier: Eine linear-elastische Spannungsberechnung wird dem Kraftfluß und dem Tragverhalten von gerissenen D-Bereichen wie dieser „sich öffnenden Rahmenecke" nicht gerecht. Bekannte und in Normen festgehaltene Konstruktionsregeln zur Bewehrungsführung können nicht alle in der Praxis vorkommenden Fälle abdecken. Hinge gen bieten Stabwerksmodelle ein konsistentes Bemessungskonzept unter Einschluß der D-Bereiche.

9.8 Lehren

Die Verschiedenartigkeit der Bauwerke und ihres Versagens führt zu vielfältigen Lehren. Sie sind weitgehend bei den einzelnen Versagensfällen angegeben. Zusammenfassend können die wichtigsten wie folgt genannt werden:

- Auf das sichere Funktionieren von Betriebseinrichtungen ist manchmal kein Verlaß. Ihr Versagen kann zu Lastzuständen führen, für die Tragwerke nicht ausgelegt sind. Beispiele sind die Druckrohrleitungen Burglauenen (Fall 9.7) wegen Versagens einer Belüftungsleitung durch Zufrieren und damit Bilden eines Vakuums und Arequipa (Fall 9.20) aufgrund wiederholter Druckstöße infolge Versagens eines Kugelschiebers und damit totale Zerstörung. Beispiele aus anderen Kapiteln sind der Fall 3.30, bei dem letztlich das Nichtfunktionieren einer Schneeabschmelzanlage Ursache für den Dacheinsturz war, oder im Fall 7.15 das Absprengen eines Silodeckels wegen Ausfall der Entlüftungsöffnung durch Zusetzen mit einem Zementpropfen.

- Unsichere oder sogar falsche Systemannahmen können wie bei der Tragwerksanalyse des Radioteleskopes Green Bank (Fall 9.8) zu Fehlern bei der Berechnung der Bauteilbeanspruchungen führen. Besondere Gefahr besteht dann, wenn man die Strukturform für den belastungsfreien Zustand nicht kennt.

- Reibung ist eine unsichere Widerstandsgröße. Ihre Wirkung kann wie im Fall 9.3, Abraumförderbrücke Böhlen I, durch viele Einflüsse und durch Neigung vermindert werden. Andere Beispiele sind im Band I die Fälle 3.41, Autobahnbrücke Heidingsfeld, 3.57, Verbundbrücke Valagin, und 10.42, Traggerüst für die Treffurthbrücke in Chemnitz.

- Instabilitätsmöglichkeiten können verborgen bleiben und müssen daher immer wieder gesucht und gefunden werden, wie im Fall 9.5, den offenen Fahrzeugunterstellhallen, in deren einhüftigen Hallenbindern.

- Auch scheinbar unbedeutende Abweichungen der Ausführung von der Planung können verheerende Folgen haben, wie im Fall 9.6 beim Anschluß von Hängestangen für Fußgängerstege in einem Hotel.

- Konstruieren mit CAD ist meistens sehr hilfreich. Das Ergebnis sollte aber immer, wie die Bewehrungsführung im Fall 9.9, der Offshore-Plattform Sleipner A, von einem erfahrenen Konstrukteur geprüft werden.

10 Versagen von Gerüsten, außer für Brücken

10.1 Tabelle 10, allgemeine Betrachtungen

Eng verwandt mit den Ausführungen in diesem Kapitel sind die im Band 1, Kapitel 10, beschriebenen Traggerüste für Brücken, daher wird hier auf sie verwiesen.

In Tabelle 10 sind 25 Fälle mit genaueren Angaben, zusätzlich 13 mit wenig Informationen erfaßt. Einstürze wegen zu frühen Ausrüstens, die vor allem in der Frühzeit des Stahlbetonbaus vorkamen, werden – abgesehen von der Ausnahme des Falles 10.9 – nicht erfaßt, da es dabei im Normalfall nicht um Schwächen des Gerüstes geht. Beispiele für derartige Einstürze findet man u. a. in der Zeitschrift Beton und Eisen 1911 (Seite 18) und 1917 (Seite 70).

Die in Tabelle 10 erfaßten 25 Zusammenbrüche kann man etwa wie folgt ordnen, wobei – wie wiederholt in anderen Abschnitten betont wurde – gelegentlich auch andere Einordnungen nahe gelegen hätten.

Ursache des Versagens	Fälle	Insgesamt
Fehlen von Seitenaussteifungen oder Abhebeverankerungen	3, 5, 14, 19, 22, 23	6
Kräftespiel nicht richtig oder nicht vollständig erfaßt	4, 6, 7, 24	4
Pfusch	12, 16	2
Überlastung	18	1
Mangelhafte Gründung	2	1
Werkstoffmangel oder zu schwache Verankerung	11, 21, 25	3
Beton nicht ausreichend fest	9	1
Vandalismus	15	1
Unbekannt oder außergewöhnlich	1, 8, 10, 13, 17, 20	6
Summe		25

Tabelle 10

Versagen von Gerüsten, außer für Brücken
Abkürzungen siehe Abschnitt 1.3
In Spalte Daten: l = größte Spannweite, b = Breite, h = Höhe über Grund in m
In Spalte Art: A = Arbeitsgerüst, T = Traggerüst – Angaben zum Einsturz betreffen das Gerüst

Lfd. Nr.	Jahr	Gerüst Zweck	Land	Ort	Daten	Art	Stichwörter zum Versagen	Pers.-sch.	Ein-sturz	Quellen
10.1	1237	Holzgerüst für Einwölbung des Kirchenchores	Deutschland	Walkenried		T	Beim Bau des Gewölbes eingestürzt (s. Abschn. 10.3.1)	3 T	Total	Harz. Merian XXVI, Heft 11
10.2	1912	Stahlgerüst für Betondach über Maschinenhalle im Großkraftwerk Franken	Deutschland	Gebersdorf	l = 20, b = 15	T	Gerüst bricht in einem 20 m × 15 m großen Bereich bei Probebelastung mit Sandsäcken unter 1,25 facher Last der späteren Betonlast zusammen. Ursache vermutlich entweder ungleiche Setzungen oder Bruch von Schrauben in Verbindung Stützen-Streben	9 T 25 V	Total	B + E 1912, 341
10.3	1918	Fabrikhalle, 47 m lang; 15 m hohe Eisenbetonkonstruktion in der Halle als Gerüst für Einbau einer Zwischendecke benutzt	Deutschland		l = 40, b = 33, h = 25	T	Seitenabstützung des 17 m hohen, freistehenden Gerüstes war erst für später vorgesehen. Beim Ausrüsten der zunächst eingerüsteten Eisenbetonkonstruktion stürzte diese mangels seitlicher Stützung ein	8 T	Total	BI 1920, 55 B + E 1918, 222
10.4	1921	Gerüst zur Herstellung der Decke über dem Festsaal in einem Freimaurertempel	Kanada	Salina	l = 13	T	Über mehrere Stockwerke durchgehende Abstützungen versagten wegen Lastumlagerung (s. Abschn. 10.3.2)		Total	BI 1922, 116; ENR 1921,11.07 Bild 10.3

10.1 Tabelle 10, allgemeine Betrachtungen

Tabelle 10 (Fortsetzung)

Lfd. Nr.	Jahr	Zweck	Gerüst Land	Ort	Daten	Art	Stichwörter zum Versagen	Pers.-sch.	Ein-sturz	Quellen
10.5	1935	Aussteifung einer S-Bahn-Baugrube	Deutschland	Berlin	l = 19 h = 11	T	Zusammenbruch infolge Instabilität (s. Abschn. 10.3.3)	19 T ?? V	Total	[92, 93] Bilder 10.4 bis 10.6
10.6	1955	Gerüst für Decken im New York Coliseum	USA	New York	h = 7	T	Zusammenbruch infolge dynamischer Lasten (s. Abschn. 10.3.4)	1 T	Teil	[9], 195 Bild 10.7
10.7	1963	Arbeitsgerüst für Reparaturarbeiten an der Fassade im Innenhof eines Turmhauses. Stahlrohrgerüst	Deutschland	Essen	h = 38	A	Regelgerüstnachweis ging ungerechtfertigt von nicht sicheren Annahmen aus (s. Abschn. 10.3.5)	4 T 5 V	Total	[95] und Tagespresse
10.8	1977	Decke über 2. Geschoß eines Gebäudes für einen Airport	USA	Denver	h = 7	T	Gerüst bricht beim Betonieren eines 6 m × 12 m großen Feldes ein und reißt Arbeiter 6 m in die Tiefe. Ursache ungeklärt	8 V	Teil	ENR 1978, 12.01., 16.
10.9	1978	Klettergerüst für Kühlturm	USA	Willow Island		A	Totalabsturz des Gerüstes wegen Abstützung im nicht festen Beton (s. Abschn. 10.3.6)	51 T	Total	[9] 167, BI 1979, 57, und 1981, 367 Bild 10.8
10.10	1981	Schalungsgerüst für 45stöckiges Hochhaus	USA	New York		T	Feuer zerstört Gerüst und führt zum Absturz von Trümmern auf Nachbarhäuser. Hitze beschädigt Kran		Teil	ENR 1981, 27.08., 28

Tabelle 10 (Fortsetzung)

Lfd. Nr.	Jahr	Gerüst Zweck	Land	Ort	Daten	Art	Stichwörter zum Versagen	Pers.-sch.	Ein-sturz	Quellen
10.11	1981	Gerüst für eine kleine Erweiterung eines Kraftwerkes mit einer Schwergewichtsmauer	USA	Greenup		T	Ankerstäbe brachen beim Verdichten des Betons, Bauarbeiter unter 4 m hohen Beton verschüttet	2 T 10 V	Total	ENR 1981, 29.10., 15
10.12	1982	Gator Bowl Stadium. Stahlrohrgerüst	USA	Jacksonville		A	Fahrbares Rohrgerüst stürzt von einer Fußgängerrampe 18 m tief ab. Ursache vermutlich nicht angezogene Bolzenschraube	2 T	Total	ENR 1982, 07.10., 32/38
10.13	1984	Oberste Decke in 3stöckigem Gebäude	USA	Hörbar Island		T	Holzgerüst bricht beim Betonieren eines 30 × 30 m großen Feldes zusammen	1 T 6 V	Teil	ENR 1984, 02.08., 19
10.14	1984	Gerüst für ein Betondach über einer 2stöckigen Shopping Arkade	USA	Tampe, Florida		T	370 m² eingerüstete Fläche brechen beim Betonieren ein, weil Stützen horizontal nicht ausgesteift waren	1 T	Total	ENR1985, 03.01., 17
10.15	1988	Gerüststeg für Fußgänger	USA	New York		T	2 horizontale Ankerstäbe durch Vandalismus entfernt, Gerüst dadurch instabil	1 T	Total	ENR 1988, 06.10., 12
10.16	1992	Baugrubenaussteifung für Garage	USA	Washington	l = 46 t = 14	T	Mangelhafte Schweißverbindungen zwischen Verbauträgern und den aussteifenden Stäben	0	Teil	SB 1992, 69
10.17	1992	Deckengerüst in einem Gymnasium	Japan	Kanagawa		T	Nach Betonieren von rd. 2/3 der 2. Geschoßdecke, 29 m breit, 69 m lang, stürzt flächenhafte Einrüstung ein und 800 t Material fallen in den darunter befindlichen Swimming-Pool. Ursache unbekannt	7 T 13 V	Total	ENR 1992, 02.03., 9

10.1 Tabelle 10, allgemeine Betrachtungen

Tabelle 10 (Fortsetzung)

Lfd. Nr.	Jahr	Gerüst					Stichwörter zum Versagen	Pers.-sch.	Ein-sturz	Quellen
		Zweck	Land	Ort	Daten	Art				
10.18	1994	Gerüst in einem Kraftwerk, Rahmengerüst	Deutschland	Aschaffenburg	l = 9 h = 41	A	Zusammenbruch wegen Überlastung mit Abbruchmaterial (s. Abschn. 10.3.7)		Total	[96]
10.19	1998	Arbeitsgerüst, 12stöckig, für Fassadenarbeiten	USA	Quincy, Mass.		A	Instabilität führt zum Einsturz eines Gerüstabschnittes	2 V	Teil	ENR 1998, 24.08., 15
10.20	2000	Hölzernes Schalungsgerüst für eine Parkhausrampe in einem Art Center	USA	Philadelphia		T	Beim Betonieren versagt Gerüst und bringt 8 Arbeiter zu einem 12 m tiefen Absturz	8 V	Total	ENR 2000, 21.02., 20

Ohne Datumsangabe

Lfd. Nr.	Jahr	Zweck	Land	Ort	Daten	Art	Stichwörter zum Versagen	Pers.-sch.	Ein-sturz	Quellen
10.21		Fahrbares Gerüst in einem VW-Werk	Deutschland	Hannover	h = 11	A	Gerüst bricht zusammen Vermutung: Materialfehler	9 V	Total	Tageszeitung
10.22		Gerüst für Decke in einem Einkaufszentrum	Deutschland		l = 5 h = 6	T	Einsturz beim Betonieren einer Decke mit 2,5 m breiten Filigranelementen, die an ihren Enden 4 cm tief auf Mauerwerk und in den Drittelspunkten auf Holzschalungsträgern, diese auf ausziehbaren Schalungsstützen auflagen. Letztere wurden, um die Höhe vom rd. 6 m zu erreichen, jeweils 2 aufeinander gestellt und Kopf- und Fußplatten mit 4 Schrauben M 8 durch Löcher $\varnothing$ 14 mm miteinander verbunden. Seitenaussteifungen fehlten	2 V	Total	Bau-BG Hannover

Tabelle 10 (Fortsetzung)

Lfd. Nr.	Jahr	Gerüst					Stichwörter zum Versagen	Pers.-sch.	Ein-sturz	Quellen
		Zweck	Land	Ort	Daten	Art				
10.23		Gerüst für ein schweres Garagendach	USA	New-mark		T	Durch nicht richtig eingeschätzte Lastabtragung versagen lange, nicht ausreichend querversteifte Stützen (s. Abschn. 10.3.8)		Total	[9], 185
10.24		Gerüst für Decke in Chrystal Mall	USA	Alexandria, Virginia		T	Zusammenbruch beim Betonieren (s. Abschn. 10.3.9)	1 T	Total	[9], 188 Bild 10.9
10.25		Gerüst zur Sanierung der Fassade eines Gebäudes aus dem 17. und 18. Jahrhundert	Österreich	Wien	h = 21 b = 51	A	Gerüst brach 3 Wochen nach Aufstellung zusammen. Ursache: Unterschätzung der Windlasten auf das netzbehängte Gerüst und Überschätzung des Ankerausziehwiderstandes im alten Mauerwerk	0	Total	[97]

Zu wenig Angaben

	1914	Decke über einer Aula	Deutschland		13×13 h = 8	T	Beim Betonieren einer Hohlstein-Betondecke stürzt das über zwei Geschosse durchgehende Holzgerüst ein	7 V	Total	B + E 1914, 289
	1933	Arbeitsgerüst für Ausfugearbeiten	Deutschland		h = 7	A		3 V		BI 1934, 361
	1969	Arbeitsgerüst in Kassel	Deutschland			A	Ursache unbekannt	2 T, 9 V		Tageszeitung
	1969	Arbeitsgerüst in London	England			A	Ursache unbekannt	1 T		Tageszeitung
	1970	Arbeitsgerüst in London	England			A	Ursache unbekannt			Tageszeitung

10.1 Tabelle 10, allgemeine Betrachtungen

Tabelle 10 (Fortsetzung)

Lfd. Nr.	Jahr	Gerüst					Stichwörter zum Versagen	Pers.-sch.	Ein-sturz	Quellen
		Zweck	Land	Ort	Daten	Art				
	1970	Arbeitsgerüst in Frankfurt	Deutsch-land			A	Ursache unbekannt			Tageszeitung
	1970	Arbeitsgerüst in Wiesbaden	Deutsch-land			A	Ursache unbekannt			Tageszeitung
	1972	Arbeitsgerüst in Hannover	Deutsch-land			A	Ursache unbekannt	1 V		Tageszeitung
	1973	Arbeitsbühne in Vechta	Deutsch-land		h = 23	A	Ursache unbekannt	5 T		Tageszeitung
	1973	Arbeitsgerüst in London	England			A	Ursache unbekannt	2 V		Tageszeitung
	1974	Arbeitsgerüst in Hannover	Deutsch-land			A	Ursache unbekannt, evtl. Wind	1 V		Tageszeitung
	1975	Arbeitsgerüst in Hannover	Deutsch-land			A	Ursache unbekannt	4 V		Tageszeitung
	1994	Fassadengerüst	England			A	Ursache unbekannt			CE ???

Bild 10.1
Eingestürztes Arbeits- und Schutzgerüst in London, 1970

Die große Anzahl von Arbeits- und Schutzgerüsteinstürzen, 7 genauer beschriebene und 12 andere, steht leider im Widerspruch zur Möglichkeit, genauere Informationen über deren Ursachen zu gewinnen. Oft sind diese zwar ungeklärt, die Beteiligten halten aber auch dann, wenn das nicht der Fall ist, konkrete Angaben im allgemeinen zurück. Damit wird verhindert, aus den oft folgenschweren Einstürzen (Bild 10.1) zu lernen: Wie wichtig das ist, erkennt man aus der Tatsache, daß bei den 12 am Ende der Tabelle 10 stehenden Einstürzen mindestens 8 Menschen ums Leben gekommen und 20 verletzt worden sind. Es wäre wichtig, nicht nur Mängel zu registrieren, die nicht zu einem Einsturz geführt haben (Beispiele im Bild 10.2), sondern den Zusammenhang zwischen derartigen Mängeln und den Folgen zu dokumentieren.

Es fällt im Gegensatz zu den in den Kapiteln 3 bis 9 beschriebenen Versagensfällen auf, daß die Ursachen für Gerüsteversagen außergewöhnlich vielseitig sind. Dennoch dominiert mit 6 Fällen das Fehlen ausreichender Seitenaussteifungen. Für die 4 Fälle, in denen das Kräftespiel nicht richtig oder nicht vollständig erfaßt wurde, ist das Fehlen einer ausreichenden Abstimmung zwischen den für das Bauwerk und den für das Gerüst Zuständigen, also Mangel an Koordinierung, verantwortlich.

10.2 Allgemeine Veröffentlichungen über Gerüsteinstürze

Die große Anzahl von Gerüsteinstürzen, auch im Brückenbau, gab immer wieder Veranlassung zu Veröffentlichungen, die über die Betrachtung von Einzelfällen hinausgehen. Typisch dafür ist der Titel des 1973 erschienenen Aufsatzes „Falsework

10.2 Allgemeine Veröffentlichungen über Gerüsteinstürze

Bild 10.2
Beispiele für Mängel bei Arbeits- und Schutzgerüsten
a) Mangelhafte Gründung, Fehlen der Fußplatte und Anschluß einer Diagonale an eine Fußspindel
b) Zu großer Abstand des Anschlusses der Aussteifungsdiagonalen von Pfosten und Horizontalen
c) Zum Teil zu weit aus dem Lot stehende Stahlrohrstützen
d) Mangelhafte Gründung, ohne Abfangung zu weit ausgedrehte Fußspindel

failures: can they be prevented?" [90]. In der Arbeit wird herausgestellt, daß die verwendeten Gerüstbauteile, z. B. Kanthölzer, stählerne Schalungsträger und -stützen oft deutlich sichtbare Spuren vorhergegangener Einsätze tragen. Es wird deutlich gemacht, daß sich wegen des temporären Charakters der Gerüste aus wirtschaftlichen Gründen häufig für die Tragfähigkeit nachteilige Kompromisse ergeben. Es wird von Fällen berichtet, in denen trotz Vorliegens einer einwandfreien statischen Berechnung und ordnungsgemäßer Konstruktionszeichnungen Lehrgerüste nicht die erforderliche Tragfähigkeit aufwiesen, weil die zur Herstellung benutzten, aus früheren Einsätzen stammenden Holz- und Stahlbauteile nicht mehr die erforderliche Tragfähigkeit hatten, da sie z. B. durch alte Bohrungen oder Ausklinkungen in den Endquerschnitten geschwächt waren. Der mit der Herstellung des Lehrgerüstes aus dem ihm zur Verfügung gestellten Material beauftragte Polier oder Richtmeister ist – stets den vorübergehenden Charakter der Konstruktion vor Augen – geneigt, solche Mängel zu übersehen und als unerheblich abzutun.

Wichtigste Voraussetzung zur Verhinderung von Lehrgerüsteinstürzen ist daher die Verwendung von einwandfreiem Baumaterial und die Überwachung und Überprüfung der Konstruktion durch den verantwortlichen Konstrukteur und Statiker, denn nur er ist in der Lage, bei Verwendung gebrauchten Materials die möglichen Auswirkungen evtl. vorhandener Bohrungen und Querschnittsschwächungen abzuschätzen und gegebenenfalls Verstärkungen zu fordern.

Als häufiger Mangel wird das Fehlen eingehender Untersuchungen des anstehenden Baugrundes, besonders im Hinblick auf Veränderungen seiner Tragfähigkeit bei länger anhaltenden Niederschlägen herausgestellt.

Verbreitet ist das Reparieren beschädigter stählerner Rüstkonstruktionen auf den Baustellen durch Schweißen, wobei die Ausführung oft nicht einwandfrei ist. Schweißen durch nicht ausreichend qualifiziertes Personal, ohne Kenntnis der Schweißeignung des Werkstoffs und unter Verwendung ungeeigneter Elektroden ist nicht selten. So werden oft vorher sichtbare Schäden zwar verdeckt, aber keinesfalls behoben.

In [91] berichtet U. Ullrich auf der Grundlage einer amerikanischen Veröffentlichung über typische Ursachen von Schadensfällen im Schalungs- und Gerüstbau bei Hochbauten unter nordamerikanischen Baustellenbedingungen. Dabei handelt es sich nicht nur um solche mit spektakulären Einstürzen, sondern auch um Bauschäden, deren Beseitigung große Aufwendungen erforderte.

Häufigster Bauschaden ohne Einsturz, jedoch mit großen Folgekosten, ist ein Abweichen der Schalung von der planmäßigen Form. Dafür werden verschiedene Ursachen erwähnt:

- Ungleiche Setzungen unter den Schalungsstützen. Es wird ein Fall mit 8 cm Unterschied erwähnt, der sich von der untersten Decke bis zur obersten fortpflanzte, da man auf jedes Nivellieren der Schalung verzichtete und vorweg abgelängte Rundholzstützen verwendete.

- Vergessen der Überhöhung, besonders bei weit gespannten Rüstkonstruktionen zum Ausgleich der Durchbiegungen infolge der großen Betonlasten. Es wird ein Fall erwähnt, bei dem das Entfernen des bereits verlegten Parketts, das Ausgleichen der Decken und Neuverlegen des Fußbodens eine halbe Million Dollar kostete.
- Ausbuchten von Schalungen durch Verwendung von Innenrüttlern in Schalungsnähe. Es wird berichtet, daß beim Bau der New Yorker Konzerthalle mit einem Aufwand von über einer halben Million Dollar Betonstützen und Decken vor dem Verkleiden begradigt werden mußten.

In fünf weiteren Schadensfällen stürzten Schalung, Rüstung und bereits fertiggestellte Betontragwerke teilweise oder vollständig ein. Davon sind drei Unfälle auf den Anprall von Betonfahrzeugen an Rüststützen zurückzuführen. In einem Fall stürzte eine viergeschossige Garage beim Betonieren des Daches infolge unterschiedlicher Setzungen der Betonkonstruktion ein. Die Untersuchungen ergaben, daß ein Stützenfundament auf den Geröll- und Schlammablagerungen eines alten Bachbettes gegründet war, alle anderen Stützenfundamente dagegen auf Felsboden standen. Erst durch die Last der 4 Geschosse wurde die Geröll- und Schlammschicht verdrängt und der Einsturz ausgelöst. Bei einem weiteren Garageneinsturz waren die Betonierarbeiten am Dach bereits einige Stunden beendet. Der Einsturz wurde verursacht, weil die Gerüstrohrstützen die Decke durchstoßen hatten, auf denen sie standen. Diese Decke sollte mit früh hochfestem Zement hergestellt werden; statt dessen war normaler Zement benutzt worden. Der Vorgang ähnelt dem in Tabelle 10 angegebenen Fall 10.23.

Der amerikanische Autor konnte auch keine Patentrezepte zur Vermeidung solcher Schadensfälle anbieten. Das Hauptproblem sieht er jedoch weniger in einer Verschärfung der Kontrolle als vielmehr in einer besseren Ausbildung und Unterweisung der Schalungs- und Gerüstmonteure.

10.3   Einzelfälle

10.3.1   Gerüst zum Bau einer gotischen Basilika, Fall 10.1, 1237

Dieser Fall soll hier beschrieben werden, da er für mich der älteste Gerüsteinsturz ist, über den ich ein Dokument gefunden habe [92].

Um das Jahr 1210 wurde in Walkenried mit dem Bau einer „der Macht und dem Reichtum des Klosters entsprechenden" neugotischen Klosteranlage begonnen. Er sollte so großartig werden, daß er in Deutschland nicht seinesgleichen habe.

Daher gehörte zur Klosteranlage eine über 90 m lange und über 42 m breite gewölbte Basilika mit einem fünfschiffigen Chor. Sie wurde 1290 geweiht, von ihr sind heute nur Ruinen erhalten.

Etwa im Jahr 1237 stürzte beim Bau der Kirche ein Baugerüst ein, 3 Arbeiter verloren ihr Leben. Natürlich wissen wir nichts über die Ursachen, aber aus den *Antiqui-*

tates Walckenredenses von Johann Georg Leuckfeld können wir entnehmen, daß das Unglück zu einer zeitgemäßen Verbesserung der Bauaufsicht geführt hat:

- „… Die erste von diesen Kapellen ist … von dem Abte Diederichen im Jahr 1238 erbauet … worden, … dazu die Gelegenheit diese gewesen sein soll: Es habe nämlich um selbige Zeit … einmals des Nachts sich ein grausames Gepoltere hören lassen, daß man nicht anders vermeynet, als ob das ganze schon ziemlich weit verfertigte Kirchen-Gebäude wieder eingefallen seyn müste, an welchem doch bey anbrechendem Tage nicht der geringste Schade zusehen gwesen,

- … gleichwohl aber war dieser Lerm … nicht ohne allen effect, in dem noch selbigen Tages darauf von freyen Stücken das ganze große Bau-Gerüst mitten unter der Arbeit eingebrochen ist, und viel Leute theils getödtet, theils sehr beschädiget hat,

- … darüber auch besagter Abt dermaßen erschrocken, daß er lange Zeit ganz lahm sitzen müssen, und wenig bei den Arbeit-Leuten seyn können. Damit aber durch seyne Abwesenheit der Bau nicht gehindert werden möchte, so hat er auf Zureden des damahlig lebenden Grafen von Clettenberg Alberti diese gedachte Capell an berühmtem Orte auf das schleinigste aufführen lassen, damit er in derselben nebst seinen Mönchen vor die Arbeit-Leute so wohl Messe lesen, als auch in selbiger auf den kostbaren Bau desto genauer Obacht geben könte …"

10.3.2 Gerüst zur Herstellung der Decke über einem Festsaal, Fall 10.4, 1921

1921 stürzten die Einrüstung eines Teiles des Freimaurertempels in Salina (Kanada), eines großen Eisenbetonbaus, und mit ihm fertige Teile des Gebäudes ein. Entwurf und Konstruktion des Gebäudes enthielten viele Fehler. In der Annahme, daß deswegen hieraus keine Lehren zu ziehen sind, könnte man leicht über die Katastrophe hinweggehen. Dennoch sollen hier die wesentlichen Mängel betrachtet werden.

Im 52 m langen, 38 m breiten und 27 m hohen Freimaurergebäude sind wegen der unterschiedlichen Raumgrößen die Decken unregelmäßig angeordnet und die Deckenträger verschieden weit gespannt (Bild 10.3). An drei Seiten des großen Festsaales, 30 m lang, 24 breit und 12 m hoch, sind auf zwei Stockwerken größere Räume, 10 bis 11 m breit, angeordnet. Unter dem Festsaal befinden sich ein 13 m breiter und 6 m hoher Speisesaal, über ihm Wohnungen.

Die Decke des Festsaals ist der Boden für die Wohnungen. Sie besteht aus einer Reihe von 12,5 m langen Balken im gegenseitigen Abstand von 0,9 m, die an ihren äußeren Enden in Säulen eingebunden und innen mit den Untergurten von zwei schweren Eisenbetonfachwerkbindern verbunden werden sollten.

Zur Zeit des Einsturzes war der Bau mit Ausnahme dieser großen Binder und des Daches fertig. Die betonierte Decke über dem Festsaal (= Boden der Wohnungen) ruhte bis zur Fertigstellung der Fachwerkbinder auf Stützen, die 12 m tiefer auf dem Festsaalboden aufgestellt waren. Zu dessen Entlastung waren darunter in allen

10.3 Einzelfälle

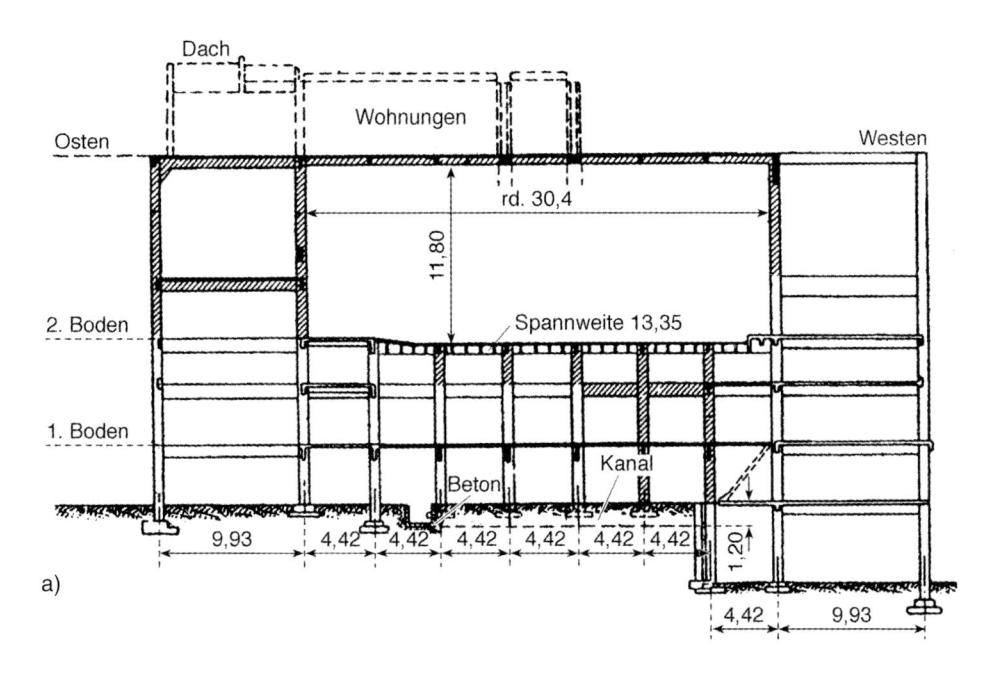

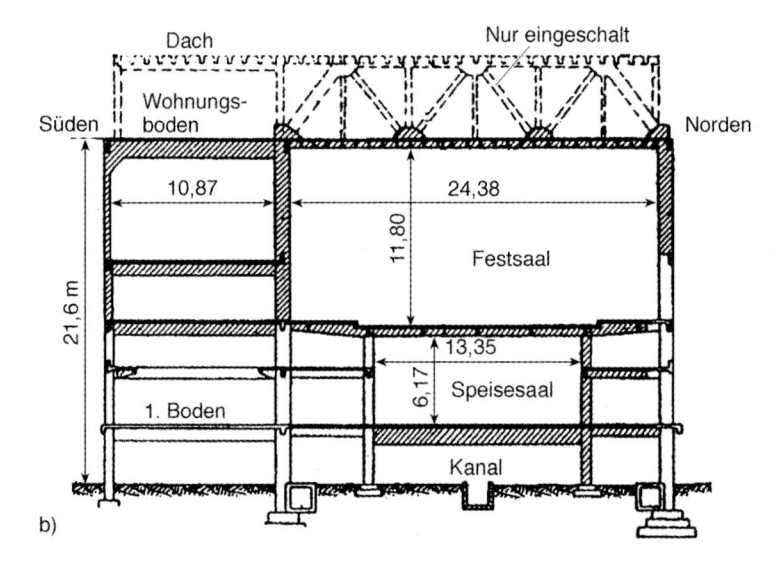

Bild 10.3
Einrüstung für Festsaal im Freiermaurertempel Salina, 1921, Fall 10.4
a) Längsschnitt
b) Querschnitt

Stockwerken ebenfalls Stützen vorhanden, die untersten standen auf Bodenschwellen auf dem Gelände. Deren Setzung wird im Untersuchungsbericht als die erste Ursache für den Unfall angegeben.

Unmittelbar unter den Untergurten der Betonfachwerkbinder standen nahe beieinander zwei Reihen Stützen. Unter dem übrigen Teil des Wohnbodens waren die Stützen gleichmäßig unter die Unterzüge verteilt. Jede der eng gestellten Stützen unter den Untergurten trug etwa die 1,6- bis 1,7fache Last der übrigen, obwohl die Fachwerkträger nur eingeschalt und nur ihre Untergurte betoniert waren.

Der Beton des Wohnbodens war zum Zeitpunkt des Einsturzes 5 bis 6 Wochen alt. Ein Teil der diese Decke tragenden Stützen war auf der weitgespannten Konstruktion des mittleren Teiles des Hörsaalfußbodens abgestützt, die übrigen ruhten auf den Trägern mit kurzen Spannweiten an der Nord- und Südseite und am östlichen Ende des Festsaales. Die Stützen unter dem Festsaalfußboden standen auf der weitgespannten Konstruktion des ersten Fußbodens über dem Speisesaal. Darunter standen unter jedem weitgespannten Träger dieses Fußbodens 11 Holzstützen 15×15, die auf dem Erdboden oder auf der Sohle eines Kanals ruhten. Der Beton des Festsaalfußbodens war mehr als 3 Monate, der des Speisesaalfußbodens 5 bis 6 Monate alt. Alle erwähnten Stützen waren seit dem entsprechenden Betonieren dauernd vorhanden.

Augenzeugen berichteten, daß sie ein Ausbiegen der langen Stützen in der östlichen Hälfte des Festsaales unter dem Fußboden ungefähr eine Stunde vor dem Einsturz beobachtet hätten, ferner, daß einzelne Stützen lose waren. Während sie dabei waren, die verbogenen Stützen seitlich auszusteifen und die losen zu verkeilen, brach eine der langen Stützen im östlichen Endbereich des Hörsaales zusammen. Dem Versagen der ersten folgte innerhalb weniger Augenblicke das weiterer Stützen, und der Wohnungsfußboden stürzte herab, große Teile des zweiten und ersten Fußboden mit sich reißend. Zum Zeitpunkt des Einsturzes wurde nicht betoniert.

Die Ursache wird in dem Bericht wie folgt erkannt: Die 13 m weit gespannten Träger des Bodens unter dem Speisesaal waren nicht darauf bemessen, die zum Zeitpunkt des Einsturzes vorhandenen Lasten, die viel größer als die nach der Fertigstellung waren, selbst zu tragen. Daher sollten alle Lasten über die in allen Stockwerken angeordneten Gerüststützen bis in den Boden geleitet werden. Dafür standen im untersten Geschoß unter jedem Balken die bereits erwähnten 11 Holzpfosten 15×15. Damit hatte man diesen Stützen die Aufnahme aller über ihnen wirkenden Lasten zugemutet. Im Bericht wird festgestellt, daß die Abmessungen dieser Stützen nicht ausreichen, einen Zusammenbruch zu verhindern für den Fall, daß Durchbiegungen als Folge des Nachgebens der Stützengründung die Lasten anders als angenommen verteilten.

Der Unfall war 1922 einer der bemerkenswertesten in der Geschichte des Eisenbetonbaus, weil die oberste Decke, die zuerst einstürzte, 5 Wochen alt war und die unteren Decken, deren fortschreitende Durchbiegung den oberen Decken das Nachgeben und Einstürzen ermöglichte, 8 Wochen bis 5 Monate.

10.3 Einzelfälle

Als Hauptfehler bei diesem Bau wird das Nichterkennen des Verhaltens der Konstruktion im ganzen bezeichnet, das in der ganz anders wirkenden Lastverteilung während der Herstellungs- und Erhärtungszeit gegenüber dem Zustand des fertigen Bauwerkes liegt und in der Tatsache, daß die weit gespannten, unter Dauerlast stehenden Träger – auch infolge Kriechen – mit ihren Durchbiegungen den Setzungen der Hilfsstützen folgten.

10.3.3 Gerüst zur Aussteifung einer S-Bahn-Baugrube in Berlin, Fall 10.5, 1935 [93, 94]

1935 war in Berlin die Nordsüd-S-Bahn im Bau. Sie sollte den Norden und den Süden der Stadt an die Stadtmitte anschließen und am Bahnhof Friedrichstraße eine Umsteigemöglichkeit zur Westost-Bahn schaffen.

Der Tunnel wurde in offener Baugrube hergestellt und die Baugrube nach dem sogenannten Berliner System ausgesteift (Bild 10.4). Dabei wird der Boden neben der Grube durch horizontal zwischen I-förmigen Walzträgern (a) – Abstand rd. 2 m – eingebaute Bohlen (e) gestützt. Der Bodendruck auf die beiden Wände wird über Holzsteifen (b) ausgeglichen. Damit diese Steifen nicht zu lang und auch handlich bleiben, werden sie an Mittelstielen (c) unterbrochen. Zwischen die vertikalen Walzträger (a) und Mittelstiele (b) einerseits und die Holzsteifen (d) andererseits werden horizontal angeordnete U-Profile (e) eingebaut und beide mit Keilen (f) verkeilt. Der Abstand der Mittelstiele (b) in Baugrubenlängsrichtung ist im allgemeinen dreimal so goß wie der der Walzträger (a), also rd. 6 m. Daher werden an den Stellen, an denen die Holzsteifen (d) keinen Mittelstiel (b) treffen, kurze Holzstempel (g) zwischen die U-Profile (e) eingepaßt. In Längsrichtung der Baugrube werden die Mittelstiele durch Verschwertungen (h) in jedem vierten oder fünften 6-m-Feld ausgesteift.

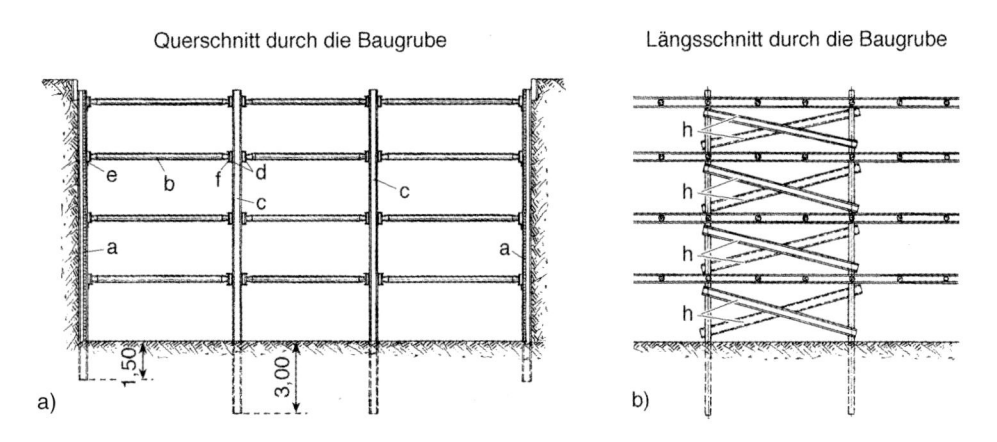

Bild 10.4
Regelaussteifung einer Baugrube der Berliner S-Bahn, 1935, Fall 10.5

Diese Ausführung war z.Z. des Baus der Nordsüd-S-Bahn in den Regelblättern der Bauherrschaft vorgegeben, ferner die Einbindetiefe der Mittelstiele (b) mit mindestens 3 m, die der Walzträger (a) mit mindestens 1,50 m.

Die Maße der Aussteifung im Bereich der späteren Einsturzstelle sind im Bild 10.5a angegeben. Man erkennt die rd. 15 m tiefe und rd. 20 breite Baugrube und die für die vertikalen Tragglieder gewählten Walzprofile I 340. Es fällt auf, daß die Holzstiele (d) unterschiedlich lang waren und daß die Soll-Einbindetiefen der Walzträger (a) und der Mittelstiele (b) z.T. erheblich unterschritten wurden. Diese Abweichungen gehen auf Änderung der Bauplanung während des Baues zurück. Zunächst war eine zweischiffige Baugrube vorgesehen, die Planung für deren Aussteifung entsprach der Regelausführung des Berliner Systems. Erst nachdem bereits sehr viel Boden ausgehoben war, wurde das Projekt aus hier nicht zu erörternden Gründen geändert, indem die Sohle 1 m tiefer gelegt und der Tunnel, der eine dreischiffige Baugrube erforderte, breiter wurde. Man verzichtete auf einen Rück- und Neubau. Die zu geringe Einbindetiefe, mit der die Standsicherheit durch Herausziehen der Mittelstiele gefährdet war, sollte durch andere Maßnahmen ausgeglichen werden.

Durch die Änderung wurden die Walzprofile in der ursprünglichen Außenwand auf der Ostseite zu Mittelstielen (c_1), sie standen daher im Abstand von 2 m und besaßen keine Verschwertung in Längsrichtung. Die Walzträger der neuen Außenwand (a_1) besaßen in bezug auf die neue Sohle II-II fast die Regeleinbindetiefe, dagegen waren die Mittelstiele als ehemalige Wandstiele für die neue Sohltiefe nur rd. 0,80 m anstelle von 3,00 m in den Boden eingebunden. Zum Zeitpunkt des Einsturzes fehlten zwischen den Stielen (c_1) die Verschwertungen zwischen der untersten Steifenlage und dem Baugrund. Alle Zwischenstützen standen auch in Baugrubenlängsrichtung insofern frei, als die Wand auch im Übergang zum zweischiffigen Verbau nicht an die Wand a_1 angeschlossen war.

In dieser Situation stürzten im August 1935 im südlichen Bereich der neuen S-Bahnstrecke die Wände der Baugrube ohne jede Vorankündigung innerhalb weniger Sekunden auf eine Länge von 60 m ein, 19 Bauarbeiter wurden verschüttet und verloren ihr Leben. Gleise der neben und bereichsweise auf der Baugrube verlaufenden Straßenbahn stürzten ebenfalls ab, ein Straßenbahnzug konnte kurz vor der Einsturzstelle angehalten werden. Die Katastrophe ist sicher der schwerste Bauunfall in Deutschland in der ersten Hälfte der 30er Jahre.

Zur Klärung der Unfallursache wurden umfangreiche Untersuchungen durchgeführt. Sie ergaben als Hauptursache ein Stabilitätsversagen.

F. Dischinger berichtet in [93] über die Ursachen des Einsturzes. Er weist mit einer einfachen Stabilitätsbetrachtung – die Zahlenrechnung ist nicht wiedergegeben – nach, daß die Stiele c_1 in Längrichtung ausweichen mußten (Bild 10.6): Die Längskräfte H aus dem auf einen Verschwertungsabschnitt entfallenden Erddruck E infolge einer virtuellen Auslenkung dx $H = E \cdot (2\,dx/b)$ waren größer als die durch die Auslenkung verursachten rückstellenden Kräfte R durch die Verschwertung. R war so klein, weil die Verschwertung im untersten Bereich fehlte, die Stiele we-

10.3 Einzelfälle

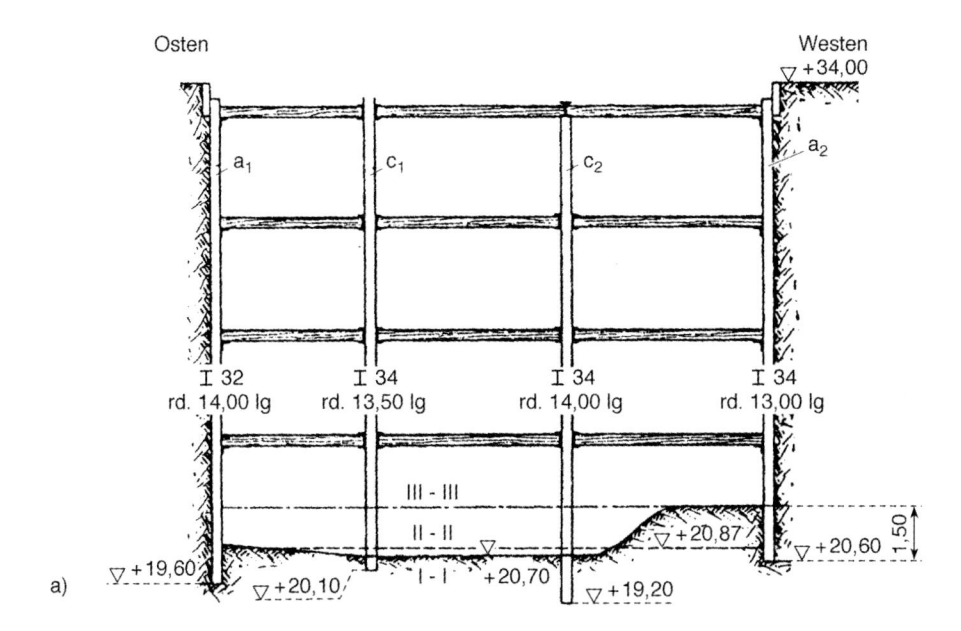

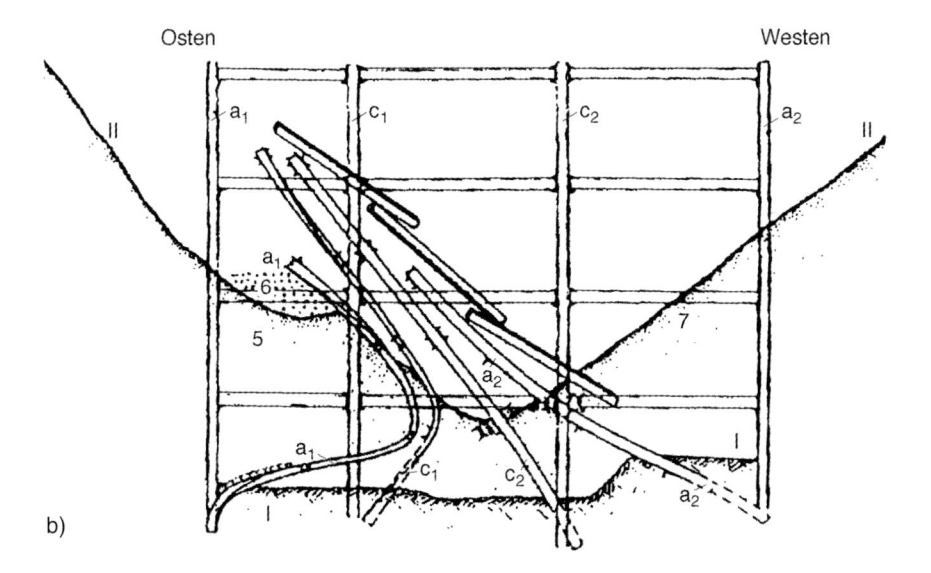

Bild 10.5
Aussteifung der eingestürzten Baugrube der Berliner S-Bahn, 1935, Fall 10.5
a) Ausführung im Bereich des Einsturzes
b) Eingefallene Baugrube

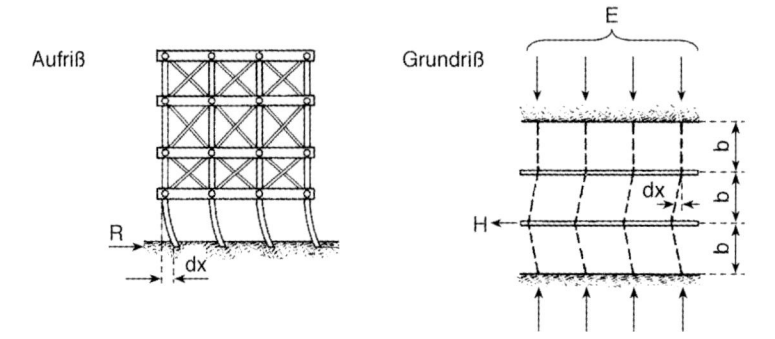

Bild 10.6
Aussteifung einer Baugrube der Berliner S-Bahn, 1935, Fall 10.5
Stabilitätsbetrachtung

gen der zu geringen Einbindetiefe kaum in den Boden eingespannt waren und mit dem Profil I 340 sehr geringe Seitensteifigkeit hatten. Es kommt hinzu, daß horizontale, durch Baustellenbehinderungen für das Einbringen der I 340 bedingte Knicke zwischen den Holzsteifen (d) Längskräfte in die Stützenreihe c_1 eingetragen wurden. Dischinger berichtet, daß der Einsturz u. a. dadurch vermieden worden wäre, wenn I-Profile mit größerer Seitensteifigkeit, z. B. IPB-Profile, verwendet worden wären.

Bild 10.5b zeigt die Lage der einzelnen Wände an einer Stelle der Baugrube. Beim Räumen der Einsturzstelle wurde festgestellt, daß die Stützen der Reihe c_1 bis 5 m in Längsrichtung gefallen waren, sich dagegen die Stützen der Reihen a_1, c_2 und a_3 nur in Querrichtung verschoben hatten.

10.3.4 Gerüst zum Bau des New York Coliseum, Fall 10.6, 1955 [9]

In einem Lehrgerüst zur Herstellung von Betonteilen in einem Treppenhaus mit Rolltreppen wurden einige Holzstützen 10 × 10 nicht direkt auf der Bodenplatte gegründet, sondern auf Holzbalken 15 × 30, mit denen die Rolltreppengrube überbrückt wurde (Bild 10.7). Die Rüstung bestand aus zweistöckigen Stützen, 6,7 m hoch, in der unteren Stufe standen Holzstützen in einem Raster 0,76 m × 1,22 m mit einer Reihe horizontaler Versteifungen in zwei Richtungen bis zum Kopf, versehen mit Diagonalen. In der oberen Stufe standen auf Zwischenschwellen längenverstellbare Stahlrohrstützen mit Aussteifungen.

Das gleiche Gerüst war bei diesem Projekt für ungefähr 60 mal in ähnlichen Gebieten, einige mit der gleichen 6,7-m-Höhe, benutzt worden.

Das Einsturzgebiet deckte rd. 930 m². Am Tag des Zusammenbruchs waren rd. 535 der geplanten 765 m² betoniert, als das Gerüst ohne jegliche Warnung zusammenbrach. Die Arbeiter waren zu dieser Zeit auf und unter der Decke abseits von der Einbruchstelle, ausgenommen ein Arbeiter, der sein Leben verlor.

10.3 Einzelfälle

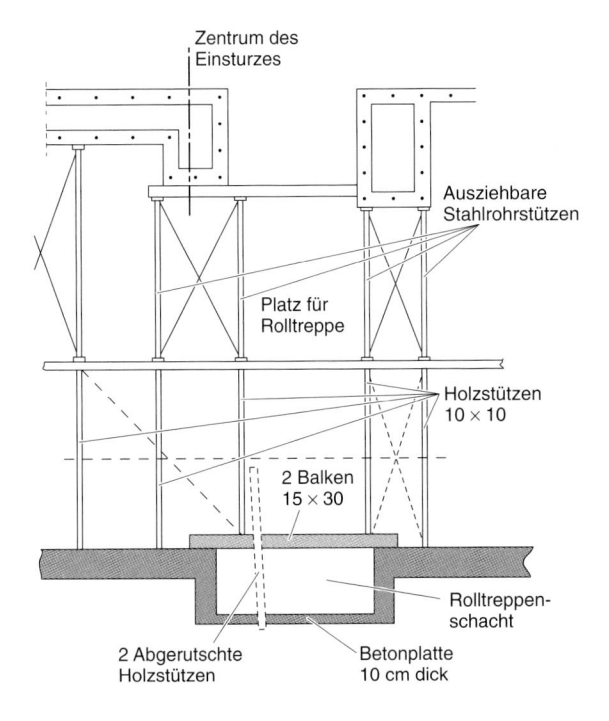

Bild 10.7 Treppenhauseinrüstung im New York Coliseum, 1963, Fall 10.6

Bei der Beseitigung der Trümmer wurde festgestellt, daß zwei Stützen 10×10 aus ihren Lagern auf den Balken 15×30 verrutscht waren. Diese Holzstützen fielen ungefähr 1 m tief und durchschlugen den 10 cm dicken Beton des Grubenfußbodens (Bild 10.7).

Der Beton wurde von Klein-Transportfahrzeugen, die auf Bohlenwegen fuhren, eingebracht. Ihre Höchstgeschwindigkeit wird mit rd. 20 km/h angegeben, jeder trug 0,34 m^3 Beton. Die Last der Einspänner bei Höchstgeschwindigkeit wurde für den Fall bestimmt, daß sie synchron arbeiten und Seitenkräfte über Beschleunigen und Bremsen in das Deck eintragen. Das Stützsystem muß diese Lasten mit Hilfe der schrägen Aussteifungen abtragen. Entsprechende Aussteifungen fehlten, und das Gerüst stürzte ein. Die horizontalen Kräfte durch die schnell fahrenden und schnell stoppenden Fahrzeuge führten dazu, daß die Holzstützen von den Holzbalken „wanderten".

Das Bauwerk wurde fertiggestellt, indem die Fahrzeuge mit langsamer Geschwindigkeit fuhren, Schrägsteifen hinzugefügt und die hölzernen Zwischenbalken an die oberen Stützen angenagelt wurden.

Neben der Mahnung zu besonderer Vorsicht von zweistöckigen Stützen veranlaßt der Einsturz dazu, klare Absprachen für die Benutzung von Fahrzeugen auf Gerüsten zu treffen, damit deren dynamisch verursachte Lasten bei Standsicherheitsnachweisen zutreffend berücksichtigt werden. Die Sicherung der Lage von Stützen ist in solchen Fällen besonders wichtig.

10.3.5 Arbeitsgerüst für Reparaturarbeiten in Essen, Fall 10.7, 1963 [95]

Für Reparaturen an der Fassade eines Hochhauses wurde ein 38 m hohes sogenanntes Mattengerüst als Arbeitsgerüst aufgestellt. Die Stiele der zweistelligen rahmenartigen Ständer waren Gerüstrohre 48,3 × 4,05, die in Abständen von 2 m mit angeschweißten Anschlußhaken für die Randträger U 45 × 30 × 3 der 2,5 m weit gespannten Matten versehen sind. Alle Bauteile waren aus Stahl St 37 gefertigt.

Entscheidend für die Tragfähigkeit des Gerüstes sind wegen der schlanken Stützen vor allem die Anordnung der Verankerungen normal zur Wand und die Aussteifungen parallel zur Wand. Letztere bringen im allgemeinen keine Probleme, da die dafür eingebauten durchlaufenden Längsverstrebungen bei entsprechender Anzahl und entsprechenden Anschlüssen ausreichend sind. Für sogenannte Regelgerüste bis 25 m Höhe war zur Zeit der Gerüstaufstellung in einer allgemeinen bauaufsichtlichen Zulassung festgelegt, daß die Verankerungen mit dem Gebäude vertikal keinen größeren Abstand als 6 m und horizontal keinen größeren als 5 m haben dürfen. Das eingestürzte Gerüst war allein schon deswegen kein Regelgerüst, weil es mit 38 m die Grenzhöhe 25 m überschritt. Außerdem betrug der horizontale Abstand der Verankerungen 10 m, und es waren vermutlich gleichzeitig mehrere Arbeitsbühnen übereinander belastet und außerdem Arbeitsbühnen durch Konsolen verbreitert.

Daher hätte die Tragsicherheit des Gerüstes nachgewiesen werden müssen und – wie allgemein in der zutreffenden Norm gefordert – die Abstände der Verankerungen in beiden Richtungen nicht über 6 m liegen dürfen. Einige Verankerungen waren im Gegensatz zu den Forderungen der Norm an Befestigungseisen von Abfallrohren befestigt.

In [95] wird erörtert, daß die Zulassung für das Regelgerüst nahegelegt hat, die dort angenommene Knicklänge von 2 m zu übernehmen und dies bei 6 m Vertikalabstand der Verankerungen wegen der Rahmenwirkung der Ständer und der horizontal aussteifenden Wirkung der Matten als berechtigt anzusehen. Wenn dennoch aufgrund einer Stabilitätsuntersuchung im Tragsicherheitsnachweis des Regelgerüstes eine größere Knicklänge hätte angenommen werden müssen, so wäre auch hiermit ausreichende Sicherheit nachzuweisen gewesen.

Mit diesen Argumenten belegt der Gutachter, daß für das zur Rede stehende Gerüst mit den gleichen Grundannahmen wie für das Regelgerüst ausreichende Tragsicherheit nachgewiesen worden wäre. Da diese Annahmen denen einer allgemeinen bauaufsichtlichen Zulassung entsprochen hätten, sieht er im Unterlassen des Einzelnachweises keine Ursache für den Einsturz. Die Ursache liegt nach seinem Urteil vielmehr in unzutreffenden Annahmen für den Tragsicherheitsnachweis des Regelgerüstes selbst. Er faßt daher zusammen:

> „Die eigentliche Ursache liegt darin begründet, daß schon das Regelgerüst gemäß Zulassungsbescheid vom … gefährdet ist."

Die Lehre aus dem Gerüsteinsturz war somit vor allem die Verbesserung der Annahmen für Tragsicherheitsnachweise für Anträge auf allgemeine bauaufsichtliche Zulassung von Regelgerüsten.

10.3 Einzelfälle

10.3.6 Einsturz einer Kletterschalung beim Bau eines Kühlzugturmes in Willow Island, Fall 10.9, 1978

Die Betonschalen großer Kühlzugtürme werden mit Hilfe von Kletterschalungen hergestellt. Das Gerüst für die Schalung stützt sich auf die zuvor hergestellten Teile des Turmes ab und klettert mit Hilfe von mechanischen oder hydraulischen Hubeinrichtungen von Abschnitt zu Abschnitt immer höher.

Der Kühlturm in Willow Island hatte 109 m Basisdurchmesser und sollte 131 m hoch werden. Sein Klettergerüst ist im Bild 10.8 perspektivisch dargestellt. Es besteht aus der inneren und der äußeren Rüstung mit je 4 Arbeitsbühnen. Auf die Einrichtungen zum Heben mit Hilfe von Kletter- und Gleitträgern muß hier insoweit eingegangen werden, als das Gerüst mit jedem 1,52 hohen Betonring mit 2 einbetonierten Bolzen verbunden wird. Pro Tag wird ein rd. 20 cm dicker Ring betoniert. Aus der Höhe der Konstruktion ergibt sich, daß das Gerüst mit je einem Drittel der Bolzen in einem 3 Tage, in einem 2 Tage und einem 1 Tag alten Betonring verankert ist.

Das Gerüst erhielt lokal relativ große Lasten aus 6 über den Umfang verteilten Anlagen zum Fördern des Betons. Dafür sind auf das Klettergerüst Träger mit Kranrollen aufgebockt (Bild 10.8), an denen außen (Seite der Winde) und innen das Aufzugsseil und zusätzlich innen das stationäre Führungsseil für den Betonkübel angreifen.

Das Schalungsgerüst in Willow Island stürzte beim Betonieren des 29. Ringes aus rd. 50 m Höhe ab und riß 51 Arbeiter mit in den Tod. Das Versagen ging von der Stelle mit einem Kranrollenträger aus und geschah, als gerade ein Betonkübel gezogen wurde. Innerhalb von 30 Sekunden brach der obere Turmrand von einem Punkt ausgehend in beide Richtungen umlaufend nach innen ein und riß die gesamte Rüstung einschließlich der Mannschaft mit in die Tiefe.

Nach den umfangreichen Untersuchungen ist die Ursache des Gerüstabsturzes vorwiegend darin zu sehen, daß der Beton des obersten Abschnittes durch das Gerüst und die Kranlast belastet worden war, bevor dieser im Alter von 20 Stunden die erforderliche Festigkeit entwickelt hatte. Eine entsprechende Kontrolle hatte gefehlt. Es blieb ungeklärt, welcher Umstand zu der Verzögerung bei der Festigkeitsentwicklung geführt hatte, zumal zuvor nach gleichem Verfahren 36 Kühltürme errichtet worden waren.

10.3.7 Arbeits- und Schutzgerüst für Sanierung der Kesselanlage in einem Kraftwerk, Rahmengerüst, Aschaffenburg, Fall 10.18, 1994 [96]

Das 41m hohe Arbeits- und Schutzgerüst wurde im Rahmen der Sanierung der Kesselanlage eines Kraftwerkblocks in Aschaffenburg errichtet. Es hatte einen rechteckigen Grundriß mit 9,54 m Länge parallel zur Fassade und 4,64 m senkrecht dazu. Es umfaßte einen 4,6 m langen und rd. 2,4 m breiten Innenbereich, in dem die Aufzugsanlage angeordnet war. Es war ab 36,7 m Höhe auf einer Seite konsolartig ver-

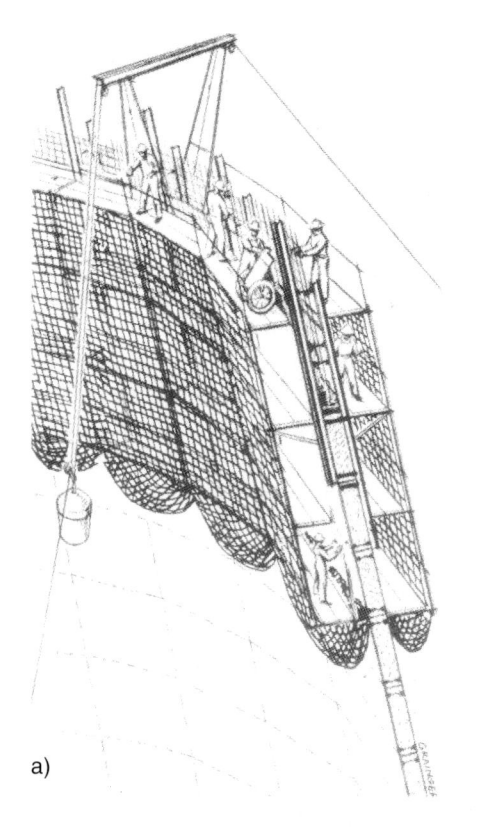

Bild 10.8
Kletterschalung beim Bau eines Kühlzugturmes, Willow Island, 1978, Fall 10.9
a) Aufbau des Klettergerüstes
b) Abgestürztes Gerüst

breitert, bis 36,7 um 1,15 m durch einen Gerüstrahmen, darüber um 2,3 m durch zwei. Diese Rahmen waren auf der geneigten Kesselwand abgestützt.

Das Gerüst war ab 17 m Höhe an der Kesselwand in jeder zweiten Lage horizontal gehalten, darunter vermutlich nicht. Zur Stabilisierung parallel zur Kesselwand waren Diagonalen eingebaut, die allerdings an der Außenseite oberhalb einer Beschickungsöffnung in rd. 4 m Höhe endeten.

Das Gerüst stürzte 1994 ein. Das auf dem Gerüst gelagerte Abbruchmaterial wurde aus den Trümmern geborgen und verwogen. Danach war dessen Gewichtslast zum Zeitpunkt des Zusammenbruchs rd. 450 kN und die Gewichtslast des Gerüstes 230 kN, beide zusammen also rd. 680 kN. Die Gesamtversagenslast wurde mit unterschiedlichen Annahmen mit 570 und 690 kN berechnet. Der Einsturz geht also auf Überlastung zurück.

Nach den einschlägigen Regeln hätte das Gerüst entsprechend seiner Einstufung in eine Gerüstklasse nur auf einer Gerüstlage mit 3 kN/m^2 belastet werden dürfen, das sind bei 6 Feldern mit 1,09 m Breite und 2,57 m Länge sowie 4 gleich breiten Feldern von 2,07 m Länge rd. 26 m^2. Die Verkehrslast auf dem Gerüst durfte damit 78 kN nicht übersteigen.

Da der Einsturz auf unerlaubte Belastung des Gerüstes zurückgeht, setzt sich der Gutachter ausführlich mit den Verantwortlichkeiten im Gerüstbau auseinander. Sie sind, da hier im Regelfall mehrere unterschiedlich orientierte Partner zusammenwirken, für Aufbau und Verwendung durch klare und eindeutige Regelungen im technischen Normenwerk und den begleitenden und kommentierenden Unterlagen beschrieben. Formal ist hervorzuheben, daß das Risiko im Zuge der Gebrauchsüberlassung vom Gerüsthersteller auf den Gerüstbenutzer übergeht. Damit wird der Benutzer für den ordnungsgemäßen Zustand und die Erhaltung der Betriebssicherheit der Konstruktion verantwortlich. Dies gilt sowohl für die Kontrolle der bestimmungsgemäßen Belastung als auch für mögliche konstruktive Veränderungen.

Diese Verlagerung der Verantwortung ist mit einer gegenseitigen Informationspflicht verbunden: sowohl die an das Gerüst zu stellenden Anforderungen als auch die vom Gerüstbauer technisch realisierbaren Möglichkeiten müssen eindeutig beschrieben werden.

Im vorliegenden Fall ließen die Vertragsunterlagen in keiner Weise erkennen, daß die geplanten Sanierungsmaßnahmen über das Übliche hinausgehende Anforderungen nach sich zogen. Da es sich um technisch und logistisch anspruchsvolle Arbeiten handelte und da der Ersteller der Gerüste in aller Regel nicht die vollständigen Informationen oder die damit verbundenen Kenntnisse der komplexen Arbeitsabläufe besitzt, wäre eine Koordination sämtlicher auf der Baustelle zusammenarbeitender Gewerke durch den verantwortlichen Unternehmer zwingend geboten gewesen. Durch diese Stelle hatten sowohl die notwendigen Anpassungsarbeiten am Gerüst als auch die vom Gerüst aus durchzuführenden Arbeiten überwacht werden müssen.

Die Baubestimmungen haben die Koordination bewußt in die Hände des verantwortlichen Unternehmers und nicht in jene des Erstellers des Gerüstes gelegt, da hierzu die umfassende Kenntnis sämtlicher Randbedingungen erforderlich ist. Jeder auf der Baustelle Verantwortliche muß sich bewußt sein, daß durch die Gebrauchsüberlassung auch das Risiko und die Verantwortung auf ihn übergeht. Voraussetzung hierfür ist ein zum Zeitpunkt der Übergabe einwandfreier und den vertraglichen Anforderungen entsprechender Zustand des überlassenen Gegenstands.

Der Einsturz des Arbeitsgerüsts im Kraftwerk Aschaffenburg ist auf die Überlastung des Gerüsts zurückzuführen. Die der angegebenen Gerüstgruppe entsprechende Konstruktion hätte nach genaueren Berechnungen mit einer Verkehrslast von insgesamt 150 kN belastet werden können, dies korrespondiert mit einer Belastung von 4,1 kN/m^2 auf einer Gerüstlage. Die Verkehrslast betrug aber 450 kN und war damit weit größer als die zulässige Regellast von 78 kN. Die nach genauer Berechnung zulässige Verkehrslast 150 kN ist mindesten fast so groß wie berechnete Verkehrstraglast von maximal 690 – 230 = 460 kN.

10.3.8 Gerüst für ein schweres Garagendach, Newmark, Fall 10.23

In einer dreistöckigen Garage war die oberste Decke zur Aufnahme einer 1,2 m hohen Erdauflast vorgesehen. Als die Oberfläche der 46 cm dicken Decke abgezogen wurde, brach das Gerüst ein. 92 m^3 Beton fielen auf die darunter liegende, 2 Wochen alte Decke, brachten sie im gleichen Bereich zum Einsturz. Danach brach auch die unterste Decke unter der großen Last. Ausgelöst wurde der Zusammenbruch im untersten Geschoß dadurch, daß die zur Abstützung eingebauten Rohrstützen den Beton der untersten Decke durchstießen.

Der Beton war mit hochfestem, schnell abbindendem Zement vorgesehen, wurde aber mit Normalzement geliefert. Das Vertrauen des Vertragsunternehmers auf die vom Labor angegebenen Festigkeiten war nicht gerechtfertigt. Die Festigkeit des in diese Decke eingebrachten Betons war, auch durch das kalte Wetter bedingt, nur halb so groß wie die erwartete.

Als Lehre gilt, daß Betonfestigkeiten nur an Proben, die auf der Baustelle unter den dort für das Bauwerk herrschenden Bedingungen hergestellt werden, bestimmt werden dürfen und dies nur von unabhängigen Laboren.

10.3.9 Gerüst für Decke eines niedrigen Gebäudes in Alexandria, Fall 10.24 [97]

Der Zusammenbruch des Gerüstes in diesem niedergeschossigen Gebäude trat beim Betonieren einer 20 cm dicken Leichtbeton-Zwischendecke ein (Bild 10.9). Die Schalung war auf der darunter liegenden, 6 Tage alten Decke mit Holzstützen 10 × 10 gestützt. Diese brach zuerst in einer rinnenförmigen Form ein. Der Tief-

10.3 Einzelfälle

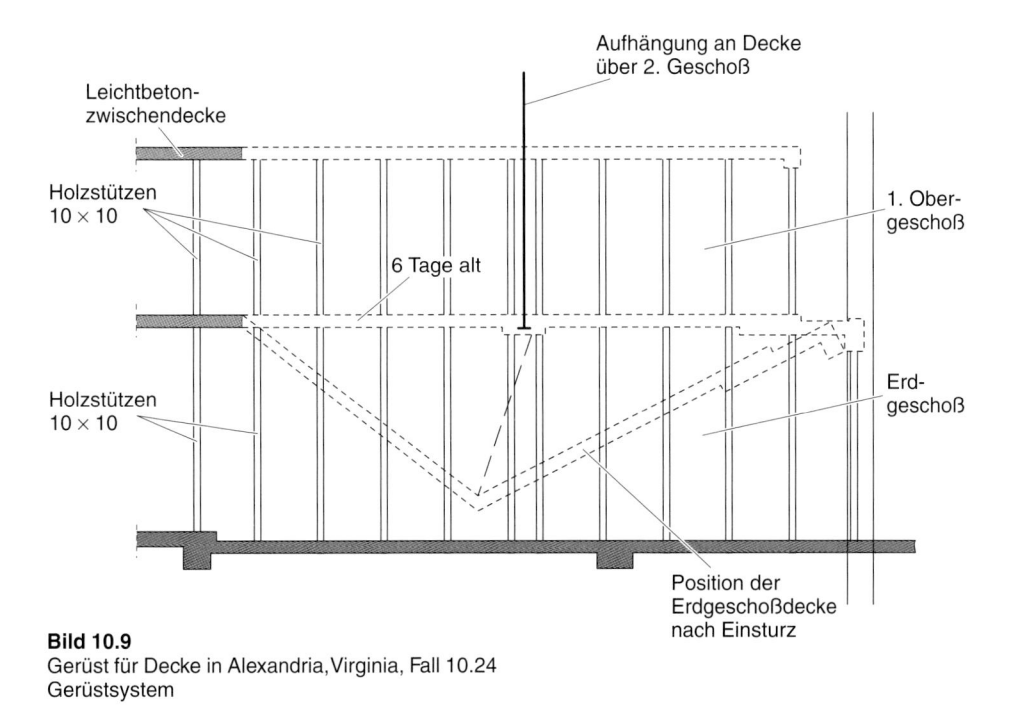

Bild 10.9
Gerüst für Decke in Alexandria, Virginia, Fall 10.24
Gerüstsystem

punkt lag direkt unter einer stählernen Konstruktion, mit der die Decke über dem 1. Geschoß später an einem vorzuspannenden Träger in der Decke über dem 2. Obergeschoß aufgehängt werden sollte.

Normalerweise stützen die fertigen Decken die darüber entstehenden beim Betonieren. Hier mußten die Stützen im Erdgeschoß in der Lage sein, die Lasten aus drei Decken – über dem Erd- und dem 1. sowie 2. Geschoß – zu tragen, nicht nur bis ausreichende Betonfestigkeit vorhanden war, sondern bis der erwähnte Balken vorgespannt war.

Auf diesen Vorgang war bei der Bemessung und Anordnung der Stützen im Erdgeschoß nicht geachtet worden: sie entsprachen dem „normalen" Vorgehen und waren daher nur für die Last aus der untersten Decke ausreichend. Daß sie schon beim Betonieren der Zwischendecke zusammenbrachen, lag auch daran, daß einige Stützen gestoßen waren und ausreichende Queraussteifungen fehlten.

Die spezielle Lehre aus diesem Einsturz ist die Forderung, daß der Entwerfer dem Gerüstbauer bewußt machen muß, wenn die Herstellung seines Betonbauwerkes vom normalen Vorgehen abweicht. Er muß prüfen, ob der Gerüstentwurf seinen Bedingungen entspricht. Es geht um eine Bringeschuld des Betonbauers und nicht um eine Holschuld.

10.4 Lehren

Zum Teil in Anlehnung an Ausführungen von D. Kaminetzky in [9] kann man aus den Hauptursachen von Gerüstzusammenbrüchen folgendes ableiten.

1. Da Gerüste temporäre Bauwerke mit kurzer Lebenzeit sind, ist „vorübergehend" das Schlüsselwort für viele Mißstände. Das englische Wort *Falsework* mit *false = falsch, unecht* macht die Situation besonders deutlich. Sie verleitet dazu, Gerüste erst nach dem Bauwerksentwurf in Eile, oft von Dritten, zu minimalen Kosten entwerfen, anbieten und errichten sowie demontieren zu lassen. Das widerspricht der komplexen Wechselwirkung von Bauwerk und Gerüst und gilt besonders für Mehrgeschoßbauten, bei denen Schalung und Rüstung wegen ihrer Wiederverwendung oft früh ausgebaut und durch Abstützungen ersetzt werden.

2. Oft bringt Baustellenrhythmus, z.B. Tagesabstände (Beispiel Fall 10.9) oder Wochenanstände (Beispiel Fall 4.5) für das Betonieren und anderer wiederholter Vorgänge unverantwortlichen Termindruck.

3. Viele Gerüste, besonders Arbeits- und Schutzgerüste, werden nicht von Experten entworfen und errichtet. Das ist um so erstaunlicher, als die Gerüst- und Schalungskosten oft mehr als 50% der Kosten einer Betonkonstruktion ausmachen.

4. Gerüstbauer ist in Deutschland nach wie vor kein Lehrberuf!

5. Gerüste erhalten weitgehend – außer den wetterbedingten – die Lasten, für die sie entworfen sind. Dynamische Einwirkungen werden oft übersehen. Die an stochastischer Sicherheitstheorie orientierten Baubestimmungen werden Gerüsten nicht gerecht.

6. Gerüstgründungen entsprechen wegen des temporären Charakters oft nicht den Anforderungen, die für Gründungen von Bauwerken selbstverständlich sind. Schwellenlager verursachen oft Setzungen und damit Umlagerungen von Lasten einzelner Bauglieder. Aufweichen des Bodens durch Wasser muß sicher vermieden werden, Ursachen dafür können Regen, Hochwasser, aber auch Baustellenwasser, z.B Spülwasser, sein.

7. Gerüstbauteile sind im allgemeinen schlank und verlangen daher zur Erzielung hoher Tragfähigkeiten und zur Abtragung horizontaler Lasten seitliche, genau festgelegte horizontale Stützungen. Sie werden oft nicht mit der notwendigen Sorgfalt geplant, detailliert und für die Ausführung festgelegt.

8. Gerüste sind ohne Bewehrungs- und Betonlast oft gegen Windlasten empfindlich. Oft wird versäumt, die für diesen Zustand nachzuweisen und z.B. durch Verankerungen zu sichern.

9. Oft ist die Planung des Ausrüstens mit entsprechenden Anweisungen erforderlich, da bei diesem Vorgang lokal die größten Beanspruchungen entstehen können.

10.4 Lehren

10. Die erforderliche Festigkeit des Betons zum Zeitpunkt des Ausrüstens muß bekannt sein, die vorhandene muß unter den Bedingungen des Bauwerks bestimmt werden.

11. Gerüste neigen stark zum progressiven Zusammenbruch, da im allgemeinen alle Teile hoch ausgenutzt sind. Das Versagen eines einzelnen Baugliedes oder Anschlusses zehrt im allgemeinen die Sicherheit anderer auf und führt zu deren Zusammenbruch.

12. In Baubestimmungen festgelegte Grenzen für Abweichungen der Ausführung von den planmäßigen Vorgaben werden oft nicht beachtet. In [9] wird über eine 1971 in England durchgeführte Untersuchung berichtet: in 60% der kontrollierten Gerüste waren Vorverformungen größer als sie toleriert waren.

13. Spindeln können bei vielen Systemen weiter ausgedreht werden, als es erlaubt ist (siehe Bild 10.2b), da die Grenzlängen von der vorhandenen Traglastausnutzung abhängen. Diese müssen den Ausführenden bekannt gegeben und von ihnen sorgfältig eingehalten werden.

Abschließend wird auch für Gerüste im Hochbau auf die Vorteile einer Nutzung der im Band 1, Abschnitt 11.2.2, kommentierten „Check-Liste für Planung, Berechnung, Konstruktion, Prüfung und Überwachung" von Baugerüsten des Büros Krebs und Kiefer ([104] im Band 1) hingewiesen.

11 Lehren für die Praxis

11.1 Vorbemerkung

Bereits im Abschnitt 1.3 wurde darauf hingewiesen, daß wegen der im Gegensatz zu Brücken großen Komplexität der Hochbauten und Sonderbauwerke und ihres Versagens – man denke z. B. nur auf der einen Seite an den Einsturz eines Freileitungsmastes infolge Vereisungslast und auf der anderen an den eines weitgespannten Hallendaches wegen eines Entwurfsfehlers – für alle geltende Lehren kaum zu ziehen sind. Daher sind in den Kapiteln 3 bis 10 manche Lehren unmittelbar bei der Beschreibung einzelner Versagensfälle abgeleitet. Manchmal gelang dies für mehrere Fälle eines Kapitels.

11.2 Zusammenfassung von Ursachen

In den Kapiteln 3 bis 10 gibt es jeweils im ersten Abschnitt eine Zusammenstellung der Ursachen für Versagen. Hier sollen sie zusammengefaßt werden, ohne die Fälle nochmals einzeln zu nennen. In Klammern wird das Kapitel angegeben, für das die Anzahl der Fälle gilt.

Ursache	Anzahl	Summe
Entwurfsfehler, zum Teil mit Versetzung elementarer Grundregeln, auch fehlerhaft zu geringer Wind- und Silolastansätze, und Konstruktionsfehler	16(3) + 10(4) + 13(5) + 1(6) +12(7) + 3(8) + 6(9) + 4(10)	65
Außergewöhnliche wetterabhängige Lasten	4(3) + 1(4) + 29(5) + 8(6)	42
Fremdeinwirkung einschl. Vandalismus	14(5) + 1(10)	15
Dynamische Probleme, auch Ermüdung	23(5) + 4(6) + 1(9)	28
Mängel in der Ausführung	8(3) + 2(4) + 8(5) + 5(7) + 1(9) + 4(10)	28
Fehler während der Ausführung (Montageunfälle)	11(3) + 10(4) + 46(5) + 5(6) + 6(10)	78
Grobe Fehler beim Umbau	2(4)	2
Andere Überlastungen	1(3) + 1(10)	2
Werkstoffversagen	2(3) + 13(5) + 1(6) + 3(10)	19
Mangelhafte Bauunterhaltung	3(3) + 1(4) + 1(5)	5
Probleme aus Mängel in der Beherrschung elektrischer Energie	6(5)	6

Ursache	Anzahl	Summe
Versagen einer Maschine oder einer Steuerung, Betriebsfehler	2(6) + 3(7)	5
Ungeklärt und Sonstiges	1(3) + 4(4) + 2 (5) + 3(6) + 6(7) + 1(9) + 6(10)	23
Summe	46(3) + 30(4) + 155 (5) + 24(6) + 26(7) + 3(8) + 9(9) + 25(10)	318

Es soll nachfolgend versucht werden, in drei Komplexe zusammengefaßt, Lehren zu ziehen.

11.3 Lehren aus Entwurfsfehlern

Neben Fehlern während der Ausführung dominieren Entwurfsfehler deutlich. Das liegt vorwiegend daran, daß Tragwerke für Hochbauten gelegentlich von Ingenieuren entworfen werden, die mit der Aufgabe überfordert sind, weil ihnen die notwendigen Kenntnisse und Erfahrungen fehlen. Das ist bei Brücken seltener der Fall.

Typisch bei Hochbauten sind hierfür die Versagensfälle 8.1 bis 8.3. In den Abschnitten 8.1 und 8.3 wird herausgestellt, daß in allen drei Fällen bei den Entwerfern Kenntnisse über das Tragverhalten stählerner Leichbauteile fehlten und daher die geführten Tragsicherheitsnachweise falsch waren. Das wirkte sich bei den drei Regallagern besonders fatal aus, weil diese aus rein formalen Gründen im allgemeinen nicht der Bauaufsicht unterliegen und damit kein Prüfingenieur eingeschaltet war. Zu den Lehren gehört daher für die Bauaufsichtsbehörden die Aufgabe, formale Hindernisse zu überwinden, bevor ein Regallagereinsturz zu Personenschäden führt. Hierzu gehören auch der Fall in Tabelle 6, der nach dem Fall 6.24 ohne Nummer angegeben ist, und der Fall 7.11.

Nur das Fehlen von Erfahrung konnte im Fall 4.11 zur Gleichsetzung von Gewichten in t und Gewichtslasten in kN führen. Es ist unvorstellbar, daß einem erfahrenen Planer die Bemessung auf nur 10% der Lasten unterlaufen wäre.

Zur Gruppe folgenreicher Entwurfsfehler wegen Unfähigkeit der Entwerfer gehören weiter u. a. folgende Versagensfälle, die nach speziellen Versäumnissen geordnet sind:

- Zu geringe Lastansätze:
  Sie führen in den Fällen 4.19 und 7.12 zum Versagen.

- Versäumnis, die Standsicherheit maßgebender Bauzustände zu untersuchen:
  Das ist die Ursache für den Zusammenbruch im Fall 4.24.

- Versäumnis, halbseitige Schneelasten oder Schneeverwehungen zu berücksichtigen:
  Der Fehler führt in den Fällen 3.7a, 3.17, 3.18, 3.30 und 3.36 zum Einsturz von Dächern.

11.3 Lehren aus Entwurfsfehlern

- Fehlen von oder unzutreffende Annahmen für Stabilitätsnachweise:
  Der Mangel führt in den Fällen 4.1, 4.10, 7.16, 7.21, 7.24 und 9.5 zum Versagen.

- Verletzung elementarer Grundregeln des Stahlbaus:
  Sie führt bei der Ausbildung von Stößen mehrteiliger Stäbe im Fall 3.1 zum Einsturz eines Stahlhallendaches (vgl. Abschnitt 3.2.1.1). Diese Grundregel ist Gegenstand jeder Stahlbauausbildung (oder sollte es sein!) und der einschlägigen Normen. Leider findet man sie im Eurocode 3 (Fassung 1993), Abschnitt 6.1, nicht. Ihre Mißachtung und damit die Nichtberücksichtigung von Exzentrizitäten in den Fällen 3.12 und 3.16 führte zum Einsturz großer Dächer (vgl. Abschnitt 3.2.1.4).
  Die Beachtung der von L. Stabilini in [49] aufgestellten Grundforderung, Stahlbaudetails wenn irgend möglich symmetrisch und ohne Exzentrizitäten auszubilden, kann die Sicherheit von Stahlbauten erhöhen.

- Fehlen von Aussteifungen hoher, schlanker Mauerwerkswände:
  Die Verletzung dieser Grundregel des Mauerwerkbaus führte in den Fällen 3.4 und 3.5 zum Einsturz von Gebäudeteilen.

- Zu knapp bemessene Auflagernasen von Fertigteilträgern:
  Die Verletzung einer Grundregel des Betonfertigteilbaus führte im Fall 3.15 zum Absturz einer Decke. Es ist immer daran zu denken, daß die Ausführung nicht exakt der Planung entspricht, Abweichungen können bei kleinen Planmaßen besonders fatale Folgen haben.

- Fehler bei der Bewehrungsführung:
  Die Verletzung von Grundregeln des Stahlbetonbaus führten in den USA zu den im Abschnitt 7.5 erwähnten Schäden und im Fall 9.5 zum Zusammenbruch einer Erdölplattform.

- Fehlen von Durchstanznachweisen oder unzureichende Bewehrung im Durchstanzbereich:
  Die Verletzung einer Grundregel des Stahlbetonbaus führte in den Fällen 4.8 und 4.15 zum Versagen.

- Falsche Lösungen im Wasserbau:
  Der Schaden im Fall 9.1 wurde wesentlich durch die Realisierung der von einem inkompetenten Ingenieurbüro vorgeschlagenen Einsparmaßnahmen verursacht.

Sicher gehört zu den Lehren aus den erwähnten Fällen auch, daß Ingenieurleistungen genau so wenig wie Arztleistungen über Preiswettbewerbe vergeben werden können und sie auf der Grundlage von angemessenen Honorarordnungen abgegolten werden müssen. Es geht – wie beim Arzt – darum, den für die Aufgabe besten Fachmann zu finden, ihm zu vertrauen und zu beauftragen. Daß sogar staatliche Auftraggeber bei der Auftragsvergabe mit dem Argument „Wettbewerb" unverantwortlich handeln, hat oft genug zu schlechten Ingenieurleistungen und -lösungen geführt und muß immer wieder kritisiert werden.

11.4 Lehren aus Fehlern während der Ausführung (Montageunfälle)

Fehler während der Ausführung sind nach Abschnitt 11.2 häufigste Ursache für Versagen von Bauwerken. Dabei spielen allerdings die Funkmaste und -türme mit 46 der gezählten 78 Fälle eine besondere Rolle. Auf sie gehe ich hier – von Ausnahmen abgesehen – nur mit dem Hinweis auf die Abschnitt 5.2.7 und 5.3, dort Forderung 4, ein.

Wie im Abschnitt 11.3 sollen auch hier einige der Versagensfälle speziellen Versäumnissen zugeordnet werden:

- Nicht ausreichende Stabilisierung, vor allem Seitenstabilisierung, oder ihr völliges Fehlen:
  Das Versagen in den Fällen 3.6, 3.10, 3.27, 3.38, 3.45, 4.3, 4.4, 4.20, 4.25, 10.3, 10.5, 10.14, 10.19 und 10.22 hat diese Ursache.

- Schraubenverbindungen sind in kritischen Montagezuständen nicht vollständig oder nicht angezogen:
  Dies gilt für die Fälle 3.13 und 6.8.

- Überlastung durch falsche Lagerung von Baumaterial:
  Die Einstürze in den Fällen 3.32 und 3.40 waren die Folge.

- Zu kurze Abbindezeiten für Stahlbeton oder falsches Ausrüsten:
  Die Fälle 4.2, 4.5 und 4.6 waren hiervon betroffen.

- Nicht nach Plan bewehrt oder ausgeführt:
  Dies gilt für Fälle 7.6 und 9.6.

- Kranprobleme, wie unsicheres Anschlagen von Lasten, Schrägzug:
  Beispiele sind die Fälle 5.14, 5.15 und 5.18.

- Mangelhafte Baustellenschweißung:
  Das gilt für die Total- oder Teileinstürze in den Fällen 6.24, 7.2, 7.4, 7.10 und 7.14.

Alle Versäumnisse gehen auf Unkenntnis der auf den Baustellen Tätigen zurück. Zusätzlich zu den Forderungen nach deren verständlicher Information und deren Schulung (vgl. Abschnitt 5.3) gelten auch hier die im Abschnitt 3.2.1.7 zitierten Forderungen, die die Gutachter aus dem Einsturz der Kongreßhalle in Berlin gezogen haben [48]: Die Beseitigung des Trennungsstriches zwischen Planung und Bauausführung. Die Ausführenden müssen den Entwurf verstehen, den Kraftfluß verfolgen können und mit der Konstruktion ihres Bauwerkes vertraut sein. Nur so können sie die Bedeutung von Abweichungen bei der Ausführung von der Planung beurteilen.

Wenn Tragwerke, deren planmäßiges Verhalten gegen Ungenauigkeiten bei der Ausführung besonders anfällig ist, die also wenig robust sind, nicht vermieden werden können, müssen die Ausführenden vom Entwerfer darauf besonders hingewiesen werden. Ihnen sind Grenzen für Abweichungen jeglicher Art anzugeben und mit ihnen deren Kontrollen sowie deren Protokollierung genau zu vereinbaren.

11.5 Lehren aus mangelhafter Beurteilung dynamischer Probleme

Zusammenbrüche infolge des nicht beherrschten dynamischen Verhaltens von Tragwerken machen immerhin mit 28 Fällen fast 10 % der erfaßten aus. Auch hier gilt, daß mit 23 Fällen der weit überwiegende Teil in den Bereich des Funkmast- und Funkturmbaues gehört.

Man kann sie wie folgt etwa speziellen Versäumnissen zuordnen:

- Fehlende Vorkehrungen gegen Quer- oder andere Schwingungen zylindrischer Baukörper im Wind:
  Sie haben in den Fällen 5.6, 5.7, 5.12, 5.58, 5.75, 5.100, 5.112, 6.9, 6.10, 6.15 und 6.16 zu Zusammenbrüchen geführt. Es betrifft vielfach schlanke Bauwerke, die erst durch den Fortschritt im Bauwesen möglich geworden sind und dabei solche, bei denen im zylindrischen Querschnitt Tragverhalten und Raumabschluß scheinbar günstig miteinander verbunden sind, wie z. B. beim Rohrmantelschaft eines abgespannten Funkmastes oder bei einem Kamin. Die Lehre kann entweder – wie im Funkbau – das Verlassen des zylindrischen Querschnittes oder – wie bei Spitzenantennen auf Masten oder Türmen oder bei Kaminen – das Vorsehen von Gegenmaßnahmen gegen Querschwingungen sein (vgl. z. B. DIN 4133 (11.91), Abschnitt A.2.2.7).
  Die Beachtung der Thesen in der Veröffentlichung von H. Bachmann [100] kann helfen, dynamische Probleme zu erkennen.

- Konstruktionen ohne ausreichende Ermüdungsfestigkeit, oft in Schraubenverbindungen:
  In den Fällen wie 5.17, 5.22, 5.36 und anderen ist zu prüfen, ob Beanspruchungen häufiger wiederholt auftreten können. Falls das nicht auszuschießen ist, ist die Betriebsfestigkeit nachzuweisen. Falls sie ausgeschlossen werden, müssen die dafür unterstellten Bedingungen eindeutig zwischen Entwerfer und Betreiber des Tragwerkes festgelegt werden. In jedem Fall soll „ermüdungsgerecht" konstruiert werden.

Ein Beispiel, bei dem der Nutzer eines Tragwerkes im Lauf der Zeit in bezug auf Ermüdung völlig andere Bedingungen schaffte und damit sein Tragwerk schließlich schwer beschädigte und fast zum Einsturz brachte, war eine drehbare Richtfunkantenne an der Nordseeküste. Der Bedarf von Funkverbindungen zu Schiffen in verschiedenen Positionen steigerte nicht nur die Anzahl der Antennendrehungen von einigen wenigen auf etwa 50 pro Tag, sondern auch die Anfahr- und Bremsbeschleunigungen durch Veränderung des Antriebes auf mehrfache Werte. Häufigkeit und Größe der Torsionsmomente im Fachwerkgitter-Mastschaft und damit der Schraubenkräfte in den Anschlüssen der Diagonalen an die Eckstiele des Schaftes führten zum Ermüdungsbruch mehrerer Schrauben.

11.6 Zur Rolle des Prüfingenieurs in Deutschland

In Deutschland sind seit über 60 Jahren Prüfingenieure für Baustatik tätig. Selbstverständlich konnte ihre Arbeit ein Versagen von Bauwerken nicht völlig verhindern. Aber man kann bestimmt zu Recht feststellen, daß sie viele Schäden und Einstürze durch ihr Wirken verhindert haben.

Es weckt daher Erstaunen, wenn im Rahmen einer sogenannten Liberalisierung diese bewährte Zusammenarbeit für die Sicherheit von Bauwerken eingeschränkt oder aufgegeben werden soll. Das betrifft u. a. auch die Frage, daß Prüfingenieure nicht wie bisher von der Bauaufsicht, sondern von den Bauherrn eingeschaltet und beauftragt werden sollen oder in einigen Bundesländern bereits werden. Damit geht eine wichtige Grundlage für ihre Tätigkeit, nämlich ihre Unabhängigkeit, verloren.

In den USA wurde dagegen nach einer Reihe von schweren Einstürzen um das Jahr 1980 diskutiert, ob man das Prüfingenieurwesen etwa so, wie es in Deutschland eingeführt ist oder war, zur Erhöhung der Sicherheit von Bauwerken übernehmen solle. H. Bechert berichtet darüber in [96]. Es wird auf das „Vieraugenprinzip" hingewiesen und die Unabhängigkeit des Prüfingenieurs besonders herausgestellt. F. Leonhardt wird dabei in bezug auf die Regelungen in Deutschland zitiert mit: „Zweifelsohne hat diese Art der Prüfung viele Fehler und Einstürze vermieden. Wir haben häufig schwerwiegende Fehler gefunden, die Zerstörung oder Einsturz zur Folge gehabt hätten. Deshalb hat die Institution des Prüfingenieurs meiner Ansicht nach ihre Verdienste."

Bereits 1984 gibt es [97] u. a. in den Staaten Kalifornien und Florida „Bau-Sicherheitsgesetze". Sie fordern für Bauwerke ab einer bestimmten Größe, z.B. einer Grundfläche von mehr als 2300 m^2, einer Gebäudehöhe über 7,65 m und Versammlungsräumen mit mehr als 465 m^2 Grundfläche, die Einschaltung eines Prüfers für die Bauvorlagen, der auch die Ausführung zu überwachen hat. Dies gilt unabhängig von der Größe auch für Bauwerke mit ungewöhnlichen, nicht allgemein erprobten Konstruktionen.

11.7 Forderung nach zentraler Erfassung von Schäden und Einstürzen in Deutschland oder in Europa

In Deutschland oder Europa fehlt eine unabhängige Institution, die ähnlich wie das The United Kingdom Standing Committee on Structural Safety in Großbritannien regelmäßig Berichte über Tragwerkssicherheit publiziert.

P. G. Sibly und A. C. Walker weisen in [98] auf die Schwierigkeiten hin, Informationen zu sammeln, hauptsächlich wegen der angeblichen Notwendigkeit, Verschwiegenheit zwischen verschiedenen Entwurfbüros und Bauunternehmungen zu bewahren. Es verwundert allerdings, daß sie für ihren Wunsch, einen Weg zur Umgehung dieser Schwierigkeit zu finden, nur den Schaden, den Unfälle dem Bild der Berufsgruppe zufügen, anführen. Wichtiger ist doch wohl angesichts der oft schweren Folgen für Leben und Gesundheit von Menschen, aus Ursachen für Versagen zu lernen und damit beizutragen, Wiederholungen möglichst zu verhindern.

Um doch zum Sammeln von Informationen zu kommen, müßte es z. B. möglich sein, sie auf einem anonymen Formular darzustellen. Die Anonymität würde erlauben, Erkenntnisse weit zu verbreiten. Damit könnten auch Forscher die Bedeutung ihrer Arbeit für die gegenwärtige Praxis einschätzen, die Tragweite von Weiterentwicklungen, z. B. besonderer struktureller Formen, messen und neue Verhaltensmodi vorschlagen.

11.8 Tragwerkskritik

Nicht nur Architekten lernen aus Architekturkritik in Fachzeitschriften, auch interessierte Laien verfolgen durch Veröffentlichungen in ihnen zugänglichen Tages- und Wochenzeitungen die Entwicklung des Bauens. Selbstverständlich ist das Urteil der Kritiker subjektiv, daher widersprechen sich gelegentlich ihre Wertungen von Bauwerken. Das schadet aber der Auseinandersetzung mit der Architekturentwicklung überhaupt nicht.

Eine öffentliche Kritik über Tragwerke gibt es dagegen nicht. Einen anderen Grund als „Das sind wir nicht gewohnt" gibt es meines Erachtens dafür nicht. Daher sollten Ingenieurkammern und -verbände prüfen, ob sie nicht einen – vielleicht zunächst noch nicht öffentlichen – Weg finden, mit denen Tragwerkplaner genau so wie Architekten aus Kritik und Diskussion über den Tragwerksentwurf herausragender Bauten lernen und vor allem vor riskanten Entwicklungen gewarnt werden. Leider ist ja inzwischen auch beim Tragwerksentwurf manches Mode geworden. Man denke nur an die Baumstrukturen, mit denen der vorwiegend auf die Aufnahme von Windlasten gewachsene Baum als Bausystem zur Aufnahme von vertikalen Lasten mißbraucht wird.

12 Lehren für die Lehre

12.1 Vorbemerkung

Theorien und Algorithmen zu lehren, ist im allgemeinen leicht, es gibt logische und eindeutige Zusammenhänge, und jede Fortsetzung und Vertiefung baut auf Vorhergehendem auf. Antworten auf Fragen können nur richtig oder falsch sein. Da Studenten während ihrer Ausbildung bei diesem Lehrstoff sehr früh Erfolgserlebnisse haben können – sie haben eine Aufgabe gelöst! –, bevorzugen viele von ihnen z. B. Technische Mechanik und den Umgang mit Computern, einige von ihnen auch Mathematik.

Professoren, die angewandte Fächer lehren, sind leicht geneigt, auf Theorie auszuweichen; das ist für beide Seiten, Lehrende und Lernende, leichter und beliebter als die Vermittlung von Fähigkeiten für Entwurf und Konstruktion. Dort spielen Kreativität, umfangreiches und vielseitiges Wissen eine Rolle, um möglichst an alles zu denken, was sich aus einer Entwurfsentscheidung ergibt.

Versagen von Bauwerken geht nur in ganz wenigen Fällen auf Fehler bei der Analyse des Tragverhaltens zurück, andersartige Mängel sind dagegen dominierend. Allein daraus folgt, daß sich die Lehre von Bauingenieuren bemühen muß, diese Defizite abzubauen. Daher sollen, nachfolgend anhand dreier Punkte der Zusammenstellung im Abschnitt 11.2 Hinweise auf Lehrinhalte, die der Vermeidung von Bauwerksversagen dienen können, gegeben werden. Es sind andere Lehren, als die im Kapitel 11 für die Praxis gegebenen.

12.2 Entwurfs- und Konstruktionsfehler

Einstürze sind häufig durch einen ungeeigneten Entwurf bedingt. Man übersieht das dadurch leicht, weil auch deren Tragverhalten durch aufwendige Berechnungen in den Griff zu bekommen ist. Gute und schlechte Entwürfe unterscheiden sich bei den heutigen computergestützten Möglichkeiten bei der Tragwerksanalyse kaum. Das verdeckt leicht den Unterschied zwischen einfachen und komplizierten Lösungen, und daher verliert die Regel, daß im allgemeinen einfache Tragwerke bessere Tragwerke als komplizierte sind, an Bedeutung. Schlecht entworfene „rechnet man hin" und kommt zwangsläufig oft zu ungewöhnlichen, außerhalb des Erfahrungsraumes liegenden „Krampf"-Lösungen, ohne es zu merken.

Das ist anders beim Versuch, das Tragverhalten ohne Computer zu beschreiben und abzuschätzen. Ich habe in lebhafter Erinnerung, wie Christian Menn mir in nicht mehr als 10 Minuten unter der Sunnibergbrücke bei Klosters in der Schweiz [101] überzeugend erklärte, wie seine Brücke funktioniert. So etwas müssen Studenten üben, Tragverhalten einfach beschreiben, um es zu verstehen und die dabei gewonnenen Erkenntnisse bei eigenen Entwürfen anzuwenden.

Erst dann macht es Sinn, daß Studenten konkurrierend Tragwerke entwerfen und Modelle zur Erfassung des Tragverhaltens konzipieren. Dann wird ihnen bewußt, wie ein Lager modelliert werden muß, das in einer bestimmten Art ausgeführt wird, oder auch umgekehrt, wie man es ausführen muß, wenn es als Gelenk modelliert wurde.

Dazu gehört auch, Details der Konstruktion, wie z.B. Betonierfugen im Betonbau oder Stöße und Anschlüsse im Stahlbau, zu entwickeln und sie adäquat im Rechenmodell darzustellen. Studenten kann dabei deutlich werden, daß das Abweichen von symmetrischen Lösungen oft zu Exzentrizitäten führt, die bei der Analyse berücksichtigt werden müssen. Ihnen kann bewußt gemacht werden, daß sie nur dann von Symmetrie abweichen, wenn es nicht zu vermeiden ist (vgl. dazu für den Stahlbau L. Stabilini in [49]).

Es spricht nichts dagegen, die im Abschnitt 10.8 geforderte Tragwerkskritik wenigstens in der Lehre zu verwirklichen. Studenten können z.B. die Tragstrukturen von ausgeführten Tragwerken aufdecken und in Seminaren vorstellen. Eine Diskussion über das „Für und Wider" muß möglichst viele Aspekte einbeziehen, neben Lastabtragung z.B. auch Kosten und Termine. Damit könnte man deutlich machen, wie mit dem Entwurf viele Entscheidungen für den Bau bis hin zu Details im Tragwerk, getroffen werden.

Die Diskussion muß auch die Details einbeziehen. Sie muß Verständnis wecken, daß in jedem noch so kleinen Teil des Tragwerks nicht nur stabiles Gleichgewicht mit ausreichender Sicherheit gewährleistet sein muß, sondern daß mit gleicher Wichtigkeit u.a. sichere Ausführbarkeit, Empfindlichkeit gegen Mängel bei der Herstellung und Kosten bedacht werden müssen. Es muß bewußt gemacht werden – Beispiele gibt es in diesem Buch dafür genug –, daß das Versagen eines scheinbar unwichtigen, weil kleinen Teils des Tragwerkes eine Katastrophe zur Folge haben kann. Das betrifft z.B. im Betonbau die Bewehrungsführung und im Holz- und Stahlbau die Verbindungsmittel.

12.3   Mängel in der Ausführung

Studenten müssen im Rahmen ihrer Ausbildung lernen zu prüfen, ob die Angaben auf ihren Zeichnungen für die Ausführung eindeutig und vollständig sind oder durch Anweisungen ergänzt werden müssen. Wirkungsvoll ist die Kontrolle durch Kommilitonen, wenn sie beschreiben, was sie nach ihrem Verständnis nach den festgelegten Angaben z.B. als Bauleiter realisieren würden.

Dazu gehört auch die Zusammenstellung von Voraussetzungen, die für das Tragwerk getroffen wurden und die in situ kontrolliert werden müssen. Das kann die Geometrie, die Qualität gelieferter Baustoffe, Bodenverhältnisse und vieles mehr betreffen. Es gilt besonders für Umbauten, bei denen sich während der Ausführung Korrekturen ergeben, deren Bedeutung nur zusammen mit dem Entwurfsverfasser beurteilt werden kann.

12.4 Fehler während der Ausführung (Montageunfälle)

Um Studenten bei ihrer späteren Arbeit vor folgenreichen Fehlern bei der Ausführung zu schützen, kann helfen, ihnen an Beispielen deutlich zu machen, welche Katastrophen auf eigenmächtiges Handeln von Ausführenden zurückgehen. Hier gilt besonders das, was D. W. Smith in [102] festgestellt hat:

> „Alle Fehler sind letztlich menschliche Fehler. Alle Ingenieure sind Menschen und alle machen Fehler. Wenige Versagen können allein mathematischer Inexaktheit von Berechnungen zugeschrieben werden ... Das Mittel gegen Versagen muß sein, die rechten Leute in den Beruf zu holen und sicherzustellen, daß sie das Wissen besitzen, das sie benötigen, und daß sie gut zusammenarbeiten."

13 Literatur

[1] Emperger, F.: Bauunfälle. Im Handbuch für Eisenbetonbau, 2. Aufl., 8. Band, 2. Lieferung. Berlin: Ernst & Sohn 1921

[2] Matousek, M., Schneider, J.: Untersuchungen zur Struktur des Sicherheitsproblems bei Bauwerken. Bericht Nr. 59 des Inst. f. Baustatik u. Konstr., ETH Zürich. Basel: Birkhäuser 1976
Matousek, M.: Massnahmen gegen Fehler im Bauprozess. Bericht Nr. 124 des Inst. f. Baustatik u. Konstr., ETH Zürich. Basel: Birkhäuser 1982
Matousek, M., Schneider, J.: Gewährleistung der Sicherheit von Bauwerken – Ein alle Bereiche des Bauprozesses erfassendes Konzept. Bericht Nr. 140 des Inst. f. Baustatik u. Konstr., ETH Zürich. Basel: Birkhäuser 1983

[3] Hadipriono, F. C.: Analysis of events in recent structural failures. Proc. Instn. Civ. Engrs., Part 1, 70 (1985) 1468–1481

[4] Dallaire, G., Robinson, R.: Structural steel details – Is responsibilty a problem? Civ. Engrg. ASCE 1983, Oct., 51–55

[5] Oehme, P.: Analyse von Schäden an Stahltragwerken aus ingenieurwissenschaftlicher Sicht und unter Beachtung juristischer Aspekte. Dissertation Dresden 1987 – Zusammenfassung auch als Dokumentation BF – BP 278 der Bauakademie Berlin 1990

[6] Monnier, Th.: Cases of damage to prestressed concrete. HERON 18 (1982) No. 2

[7] Rabauke, R.: Schäden und Mängel an Baukonstruktionen – Beurteilung, Sicherung, Sanierung. Düsseldorf: Werner-Verlag 1972

[8] Augustyn, J., Sledziewski, E.: Schäden an Stahlkonstruktionen – Ursachen, Auswirkungen, Verhütung. Köln: R. Müller 1976

[9] Kaminetzky, D.: Design and Construction Failures – Lessons from Forensic Investigations. New York: McGraw Hill 1991

[10] Ferguson, E S: Das innere Auge. Basel: Birkhäuser 1993 (dort Seite 171)

[11] Herzog, M.: Schadensfälle im Stahlbau und ihre Ursachen. Düsseldorf: Werner Verlag 1998

[12] Feld, J./Carper, K. L.: Construction Failure. New York: J. Wiley & Sons 1997

[13] Petry, W.: Unfallstatistik des Deutschen Ausschusses für Eisenbau 1911 bis 1918. Beton u. Eisen 18 (1919) 73–76, 96–100

[14] Landesvereinigung der Prüfingenieure für Baustatik in Baden-Württemberg: Bauschäden und Bauüberwachung. Bearbeitet von J. Steiner. Eigenverlag VPI 1995

[15] Ruhrberg, R., Schumann, H.: Schäden an Brücken und anderen Ingenieurbauwerken – Ursachen und Erkenntnisse. Dortmund: Verkehrsblatt-Verlag 1982
Ruhrberg, R.: Schäden an Brücken und anderen Ingenieurbauwerken – Ursachen und Erkenntnisse. Dokumentation 1994. Dortmund: Verkehrsblatt-Verlag 1994

[16] The Eighth UK Report ob Structural Safety (June 1989). IABSE PERIODICA 2/1990. Zürich: IABSE-AIPC-IVBH 1990

[17] Dupré, J.: Die Geschichte berühmter Brücken. Köln: Könemann Verl. Ges. 1998
[18] Ekardt, H.-P.: Die Stauseebrücke Zeulenroda. Ein Schadensfall und seine Lehren für die Idee der Ingenieurverantwortung. Stahlbau 67 (1998) 735–749
[19] Heinle, E., Leonhardt, F.: Türme aller Zeiten, aller Kulturen. Stuttgart: Deutsche Verlags-Anstalt 1988
[20] Cywinski, Z.: Structural Message of the Tower of Babel. Report über das IABSE-Symposium Rom 1993. Zürich: IABSE-IVBH 1993
[21] Leonhardt, F.: The Committee to save the tower of Pisa: a personal report. Strct. Eng. Intern. 7 (1997) 201–212
[22] R. Stadelmann: Die ägyptischen Pyramiden. Mainz. Verlag Ph. v. Zabern 1985. Erschienen als Band 30: Kulturgeschichte der antiken Welt.
[23] Lexikon der Ägyptologie, Band IV.
[24] K. Mendelssohn: Das Rätsel der Pyramiden. Deutsche Übersetzung. Berg. Gladbach: Lübbe Verlag 1974
[25] K. Mendelssohn: Gedanken eines Naturwissenschaftlers zum Pyramidenbau. Physik in unserer Zeit 3 (1972) 41–47
[26] Issel, H.: Die Baustillehre. Leipzig: B. V. Voigt 1904
[27] Jaxtheimer, B.W.: Gotik. In Knauers Stilkunde. München: Droemersche Verlagsanstalt 1982
[28] Sedlmayr, H. Die Entstehung der Kathedrale. Graz: Akad. Druck- und Verlagsanstalt 1976
[29] Murray, St.: Beauvais Cathedral – Architectures of Trancendence. Princeton: Princeton University Press 1989
[30] Binding. G.: Was ist Gotik? Darmstadt: Wiss. Buch-Ges. 2000
[31] L. Sprangue de Camp: Ingenieure der Antike: Düsseldorf Camp 1964
[32] Festaussch. Aus Anlaß der 900. Wiederkehr des Todestages des Bischofs Burchard (Hrsg.): Wormatia sacra. Worms 1925.
[33] Hotz, W.: Der Dom zu Worms, Darmstadt 1981
Vgl. auch: Dokumente 4 (1994), Heft 11/12, 43
[34] Knappe, W.: In Siebenbürgen. F. A. Brockhaus 1982
[35] Merian, M.: Deutsche Städte, 2. Aufl. Hamburg: Hofmann und Campe 1962
[36] Adler, F.: Aus Andreas Schlüter's Leben. Der Bau und die Abtragung des Münzturmes in Berlin 1701–1706. Zeitschrift für Bauwesen 13 (1863) 13–44 und 383–406
Adler, F.: Aus Andreas Schlüter's Leben. Der Bau und die Abtragung des Münzturmes in Berlin 1701–1706. Centralblatt der Bauverwaltungen 1883, 2–4, 13–16, 22–24
Rollka, B., Wille, Kl.-D.: Das Berliner Stadtschloß. Berlin: Haude u. Speuer 1987
Ladendorf, H., Börsch-Supan, H.: Andreas Schlüter – Baumeister und Bildhauer des Preußischen Barock. Leipzig: E. A. Seemann 1997

[37] L. Demps: Der schönste Platz Berlins. Berlin: Henschel 1993
Französischer Dom Berlin. Nr. 1854 in der Reihe „Kleine Kunstführer". München/Zürich: Schnell & Steiner 1990

[38] A. Perdisch: Die beiden Thürme auf dem Gendarmenmarkt zu Berlin

[39] Dietrich, Ph. (Hrsg.): Die Domkirche zu Fritzlar und das durch Einsturz des südwestlichen Thurmes am 7. Dezember vorgekommene Menschenunglück. Kassel: J. J. Scheel'sche Buch-, Kunst- und Musikalien-Handlung 1869
Jestätt: Die Geschichte der Stadt Fritzlar. Fritzlar: Selbstverlag des Jubiläumsaussch. der Stadt 1924

[40] J. H., Davis: Venedig. Wiesbaden: Ebeling-Verlag 1976

[41] H. Elze: Ausgewählte Bauschäden in der DDR. Friedrichsthal: Manuskript eines Vortrages 1996
W. Brose et al.: Pasewalk, eine vorpommersche Stadt sowie Pasewalk, Bilder aus Vergangenheit und Gegenwart. Leipzig: Leipz. Verlagsges. 1993

[42] Macchi, G.: Monitoring Medieval Structures in Pavia. Struct. Engg. Intern. 3 (1993) 6–9
Binda, L., Anzani, A., Mirabella Roberti, G.: The Failure of Ancient Towers: Problems of their Safety Assesment. Int. Conf. Composite Constructions – Conventional and Innovative. Innsbruck 1997, 699–704

[43] Gantet, Ingenieurplanung: Fachtechnische Stellungnahme zum Einsturz des Glockenturmes der Historischen Pfarrkirche St. Maria Magdalene in Doch. Münster: 1993

[44] Baumgarten, H.: Gutachten zum Einsturz des Roten Turmes am 07.08.1995 gegen 15.30 Uhr, Jena, Lösegraben. Erfurt 1995

[45] Binda, L., et al.: Investigation on material and structures for reconstruction of the partially collapsed Cathedral of Noto (Sicily). Struct. Studies, Perpairs and Maintenance of Historical Buildings VI (STREHMA IV), Dresden, 1695–1704

[46] Allen, J. S.: A short history of „Lamella" roof construction. In: The Newcomen Society for the study of history of ENGINEERING and TECHNOLOGY, Transactions, Vol. 71, 1999–2000. London 2000, 1–30

[47] Koep, H.: Diskussion über den Einsturz eines dreilagigen Raumfachwerkes in Hartford, Conn., USA. Bauing. 55 (1980) 29–30

[48] Schlaich, J., Kordina, K., Engell, H.-H.: Teileinsturz der Kongreßhalle Berlin – Schadensursachen. Zusammenfassendes Gutachten. Beton- und Stahlbetonbau 75 (980) 281–292

[49] Stabilini, L.: Betrachtungen über Schadensfälle im Stahlbau. Bauingenieur 36 (1961) 201–207

[50] Gränzer, M.: Zur Festlegung der rechnerischen Schneelasten. Bauingenieur 58 (1883) 1–5

[51] Schadensfälle in den USA als Folge heftiger Schneestürme. Stahlbau 47 (1978) 377–378

[52] Faller, M., Richner, P.: Sicherheitsrelevante Bauteile in Hallenbädern. Schweizer Ingenieur und Architekt 2000, Nr. 16

[53] Thurn: Die Großfunkstelle Nauen. Archiv für Post und Telegraphie 7 (1921) 253–356
[54] Petersen, C.: Dynamik der Baukonstruktionen. Wiesbaden: Vieweg 1996
[55] Cohen, J.: Atmospheric Icing and Tower Collapse in the United States. http://206.13.40/1996/aug/towerice.html
Netten, H.: Disaster time. http.www.xs4all.nl/-hnetten/disaster.html
[56] Laiho, L.: Zusammenstellung, Fassung 1999, über 167 Einstürze und Schadensfälle außerhalb der ehemaligen UDSSR, erarbeitet in der Working Group „Masts and Towers" der IASS „International Association for Shells and Structures"
[57] Fecke, G.: Ergänzung von M2, Fassung 1999, durch 13 Versagens- und Schadensfälle, erarbeitet wie M2
[58] Roitshtein, M. M.: Zusammenstellung, Fassung 1999, über 92 Versagens- oder Schadensfälle vorwiegend in der ehemaligen UDSSR, erarbeitet wie M2
[59] Scheer, J., Peil, U.: Zur Berechnung von Tragwerken mit Seilabspannungen, insbesondere mit gekoppelten Seilabspannungen. Bauingenieur 59 (1984) 273–277
[60] Kirchner: Standsicherheit von Funktürmen. Bauingenieur 7 (1926) 711–713
[61] Flachsbart, O.: Modellversuche über die Belastung von Gitterfachwerken durch Windkräfte. Stahlbau 7 (1934), 65, Stahlbau 8 (1938) 65
[62] Werner: Die Standsicherheit des Königswusterhausener Funkturms. Technische Rundschau (Wochenschrift des Berliner Tageblattes). Nr. 52 vom 30.12.1925, S. 418
[63] Peil, U., Nölle, H.: Guyed Masts under Wind Load. Journ. of Wind Engng. and Industr. Aerodyn. 41–44 (1992) 2129–2140
[64] Peters. C.: Aerodynamische und seismische Einflüsse auf die Schwingungen insbesondere schlanker Bauwerke. Fortschr. Berichte der VDI Zeitschriften, Reihe 11, Nr. 11, Dez 1971. Düsseldorf: VDI-Verlag 1971
[65] Steiger, F.: Belastungsannahmen für Antennenträger im Falle Vereisung. Stahlbau 30 (1961) 24–27
[66] Dinkelbach, K., Mors, H.: Antennentragwerke. In: Stahlbau Handbuch, Band 2. Köln: Stahlbau-Verlag 1985 (dort Bilder 37.2–1 und 18)
[67] Fecke, G.: Antenna Masts and Towers – Electrical Aspects – Structural Aspects. IASS, Working Group 4 „Masts and Towers", 2nd Edition 2000
[68] Butler, A. J.: Crane accidents: their causes and repair costs. Crane today 1978, Heft 3, 4 und 6, 1–15
[69] Minner, H. K: Interessante Schadensfälle aus dem Kranbau. Manuskript eines Vortrages, gehalten 1991 in Seminaren für Konstruktiven Ingenieurbau der Technischen Universitäten Braunschweig und Hannover
[70] Unger, B.: Einige Überlegungen zu möglichen Ursachen für das vorzeitige Versagen von Turmdrehkranen im Bereich des Turmes (Verbindung Eckstiel/Diagonale). Bauingenieur 61 (1986) 545–554

[71] Kiessling, F., Ruhnau, J.: Eislasten und ihre Auswirkungen auf Zuverlässigkeit und Auslegung von Freileitungen. 6th Intern. Workshop on Atmospheric Icing of Structures. Budapest 1993

[72] Pohlmann, H.: Schadensanalyse, Resttragfähigkeit und Sanierungskonzept von Hochspannungs-Freileitungsmasten. Dissertation Essen 1996

[73] Bracht, W.: Orkan knickt S-46 – und nun? Erneuerbare Energien, 10 (2000) H. 6

[74] Kordina, K., Blume, F.: Auswertung von Siloschäden. Stuttgart: Inf. Zentrum RAUM und BAU, T 1002/1 cu. 2, 1982 (lfd. Nummer 81.12.3991)

[75] Sadler, I.E.: Bericht auf der Silokonferenz im Lancaster 1980. Übernommen in: Hampe, E.: Silos, Band 1: Grundlagen. Berlin, VEB Verlag für Bauwesen

[76] Pasternak, H., Hotala, E.: Schäden an Stahlsilos – Ursachen, Beispiele. Bauingenieur 71 (1996) 223–228

[77] Herzog, M.: Überlegungen zu einem älteren Schadensfall an einem großen Ölbehälter. Schweißen u. Schneiden 37 (1985) 254–257

[78] Fuchs, G.: Collapse of a silo for fodder and grain and the reconstruction. Prace Naukowe Instytutu Budownictwa Politechniki Wroclawskiej Nr. 14, Seria: Konferencje Nr. 1. Wroclaw 1974

[79] Gurtfinkel, G.: Large steel tanks: Brittle fracture an repair. Journ. of Performance of Constructed Facilities, Vol. 2, No. 1m 1. Febr. 1988

[80] Eibl, J., Gudehus, G. (Herausgeber für die Deutsche Forschungsgemeinschaft): Silobauwerke und ihre spezifische Beanspruchung – Ergebnisse des Sonderforschungsbereiches 219 an der Universität Karlruhe). Weinheim: Wiley-VCH 2000

[81] Bodarski, Z., Pasternak, H., Hotala, E.: Zum Einfluß der Biegesteifigkeit des Fußrings auf den Störungsbereich im Mantel von Metallsilos. Bauingenieur 57 (1982) 423–427

[82] Safarian; S. S., Harris, E. C.: Schadensursachen an Stahlbeton-Silos in den Vereinigten Staaten von Amerika. Beton- und Stahlbetonbau 86 (1991) 35–37

[83] Rohde, M., Roth, W.: Druckrohrleitung Lucendro II. Bauingenieur 66 (1991) 485–490

[84] Die Abraumförderbrücke Böhlen II im Tagebau Zwenkau. Südraum Journal 8. Herausg.: Christl. Umweltseminar Rötha. Leipzig: Passage-Verlag

[85] Freundt, Frenzel: Zuverlässigkeitstheoretische Ermittlung der Beanspruchbarkeit der Gleitfuge für den Nachweis der Gleitsicherheit bei Lagern. Bericht der Hochschule für Architektur und Bauwesen, Weimar, Wissenschaftsbereich Verkehrsbau. Weimar 1991

[86] Klöppel, K., Möll, R.: Die Instabilität des Zuggurtes gekrümmter I-Träger unter Berücksichtigung der Querschnittsverformung. Stahlbau 36 (1967) 129–139

[87] Schönbach, W.: Parabolantennen. In: Stahlbauhandbuch, Band 2. Köln: Stahlbau-Verlag 1985

[88] Schlaich, J., Reineck, K.-H.: Die Ursache für den Totalverlust der Betonplattform Sleipner A. Beton- und Stahlbetonbau 88 (1993) 1–4

[89] IABSE-Colloquium Stuttgart 1991: Structural Concrete. IABSE Report V.62, 1–872. Zürich 1991

[90] Elliot, A. L.: „Falsework failures: can they be prevented?". Civ. Engineering-ASCE 1972, Oct., 74–76. – Deutsche Zusammenfassung: Gollert, P.: Lehrgerüsteinstürze: Ihre Ursachen und wie können sie verhindert werden. Bauingenieur 50 (1975) 195

[91] Ullrich, U.: Amerikanische Schadensfälle im Schalungs- und Gerüstbau. Bauingenieur 51 (1976) 420 (Nach: Journ. of the American Concrete Institute, July 1975, 351–355)

[92] Letzner, J.: Chronica und historische Beschreibung des löblichen und weit berümbten keyerlichen freyen Srifts und Closrers Walkrieth. Nieders. Landesbibliothek Hannover Ms XXIII 612, fol 37 verso
Leuckfeld, J. G.: Antiquates Walckenredenses: Lepzig/Nordhausen 1705
Eckstorm, H.: Chronicon Walkenredense. Helmstedt 1617

[93] Dischinger, F.: Die Ursache des Einsturzes der Baugrube der Berliner Nord-Süd-S-Bahn in der Hermann-Göring-Straße. Bauingenieur 18 (1937) 107–112

[94] Bousset, J.: Betrachtungen zum Einsturzunglück beim Bau der Nordsüd-S-Bahn in Berlin. Bautechnik 15 (1937) 333–336

[95] Pfannmüller, H.: Sachverständigengutachten zum Einsturz eines Stahlrohrgerüstes am Turmhaus Krupp, Essen, Altendorfer Straße 100. Hannover 1967

[96] Hertle, R.: Gutachten zu Gerüsteinsturz im Block 21 des Kraftwerks Aschaffenburg der Bayernwerke AG. Gräfelfing 1997

[97] Oberdorfer, O.: On the problem of temporary structures. IABSE JOURNAL J-28/85. Zürich 1985

[98] Bechert, H.: Diskussion über die Notwendigkeit der statischen Prüfung in den USA. Bauing. 55 (1980) 124 – Quelle: Civ. Eng. 48(1978) Oct. 59–61

[99] Bechert., H.: Bautechnische Prüfung und Bauüberwachung in den USA weiter ausgedehnt. Bauingenieur 59 (1984) 302

[100] Sibly, P. G., Walker, A.C.: Structural accidents and their causes. Proc. Inst. Civ. Engrs. Part 1, 62 (1977) 191–208

[101] Bachmann, H.: Wenn Bauwerke schwingen – Eine lockere Betrachtung anhand von 10 Thesen. Bauingenieur 75 (2000) 683–693

[102] Figi, H., Menn, C., Bänziger, D. J., Bacchetta, A. Sunniberg BridgeKlosters, Switzerland. Ibid, Vol 7, No. 1, 1997, 6–8

[103] Smith, D. W.: Bridge failures. Proc. Instn. Engrs., Part 1, 60 (1976) 367–382–21 – Diskussion dazu: Proc. Instn. Engrs., Part 1, 62 (1977) 257–281

14 Objektliste
(ohne Teil 2 von Tabelle 5)

Ort oder Bauwerk	Jahr	Fall	Ort oder Bauwerk	Jahr	Fall
Ainsworth	1981	4.10	Cedar	1996	5.26
Alexandria	1326	2.3	Chicago	1993	4.17
	1983	4.13		1981	3.29
Alexandria, USA	1024		Civil Center Coliseum	1978	3.16
Altamonte	1983	3.32	Cocoa Beach	1981	4.8
Antik	1980	3.26	Colmar	1934	9.2
Arequipa		9.10	Colony	1988	5.23
Aschaffenburg	1994	10.18	Crosby Kemper Mem.	1979	3.19
Asseln	1999	6.22			
Atlanta	1995	4.19	Dallas	1997	4.23
	1996	4.21	Delmenhorst	1993	8.3
			Denver	1977	10.8
Bad Lauterberg	1987	4.14	Detroit	1984	6.7
Banghok	1993	4.18	Deutscher Dom	1781	2.8
Beauvais	1284	2.2	Duisburg	1971	6.15
	1573	2.2		1999	3.40
Berlin	1706	2.7	Düsseldorf	1967	3.11
	1781	2.8			
	1935	10.5	Elsaß	2000	6.19
	1978	5.14	Essen	1963	10.7
	1980	3.25			
Bielstein	1985	5.22	Fairfax	1973	4.6
Birmingham	1940	3.7	Fargo	1955	7.5
Bluffs	1978	5.13	Fawley	1952	7.4
Böhlen	1937	9.3	Frankfurt a. M.	1927	3.5
Boston	1970	4.5		1929	4.3
	1979	3.21		1999	6.13
Boxberg	1984	6.16	Fritzlar	1868	2.9
Brake	1973	7.9			
	1979	8.1	Gabin	1991	5.24
Brattleboro	1980	3.27	Gebersdorf	1912	10.2
Bremen	1986	8.2	Genthin	1932	7.1
Bridgeport	1987	4.15	Goch	1993	2.13
Brockport	1971	3.14	Görlitz	1908	3.1
Brookville	1978	3.17	Green Bank	1988	9.8
Buková	1966	5.7	Grennup	1981	10.11
Burg	1970	5.9	Groitzsch	1963	3.9
Burglauenen	1986	9.7	Gujarat	1998	6.21

Ort oder Bauwerk	Jahr	Fall	Ort oder Bauwerk	Jahr	Fall
Halstenbek	1998	3.39	Lübeck	1967	6.14
Hamburg	1909	4.1	L'Ambiance Placa	1987	4.15
	1979	3.23			
Hannover	1630	2.6	Maine	1983	5.21
	1987	3.36	Mainflingen	1960	5.5
	1993	6.24	Manhattan	1962	3.8
		10.21		1985	6.8
Harbour Island	1984	10.13	Manila	1996	4.20
Hartford	1978	3.16	Mannheim	1911	3.2
Hermannstadt	1493	2.5	Medum	rd. 2600 v. Chr.	2.1
Hoher Bogen	1974	5.12	Miami	1997	4.30
Hollywood	1981	3.28	Midwestern University	1969	3.12
Homer	1982	7.14	Milford	2000	4.25
Houston	1981	4.9	Milwaukee	1999	6.12
	1982	5.18	Minneapolis	1984	3.33
Humberbrücke	1980	6.2	Missouri City	1982	5.19
Husky-Stadion	1987	4.16	MIT, Kresge Audit.	1979	3.21
Hyatt-Hotel	1981	9.6	Montral	1980	3.24
			München-Stadelheim	1930	5.3
Ismaning	1979	7.11	Münzturm	1706	2.7
Jacksonville	1982	10.12			
Jena	1995	2.14	Nassau	1979	4.7
Jever	2000	6.23	Nassau Coliseum		3.43
			Nauen	1912	5.1
Kairo	1983	4.13	New Jersey	1983	3.31
Kanagawa	1992	10.17	New York	1939	6.1
Kansas City	1979	3.19		1955	10.6
	1981	9.6		1962	4.4
Kentucky		7.17		1980	6.3
		7.18		1981	10.10
	1982	5.20		1982	6.4
Königs Wusterhausen	1972	5.10			3.43
Krašov	1979	5.17		1988	10.15
				1998	6.11
Langenberg	1934	5.4	Newmark		10.23
	1996	5.25	Norddeich	1925	5.2
Lawrence	1982	5.20	Noto	1996	2.15
London	1973	3.15			
	1981	4.11	Ohio	1911	4.28
Los Angeles	1937	3.6			7.19

Ort oder Bauwerk	Jahr	Fall	Ort oder Bauwerk	Jahr	Fall
Paderborn	1985	6.18	Stavanger	1991	9.9
Pasewalk	1984	2.11	Suchá	1962	5.6
Pavia	1989	2.12	Sugar Grove	1962	9.4
Pharos	1326	2.3	Tampa	1983	6.5
Philadelphia	2000	10.20	Tampe	1984	10.14
Pittsburgh	1983	6.6	Tiverton	1933	7.2
Pleinfiled	1969	3.13	Traunstein		3.44
Pontiac	1985	3.34			
Prag	1928	4.2	Überseezentrum Hamburg	1979	3.23
Quincy	1998	10.19	Uster	1985	3.35
Ranburne	1997	3.38			
Raymond	1997	5.27	Venedig	1902	2.10
Rosemont	1979	3.20	Virginia	1997	4.22
Roter Turm	1995	2.14		1997	3.37
Rowley	1973	5.11	Walkenried	1237	10.1
Salina	1921	10.4	Washington	1922	3.4
Salt Lake City	1983	6.17		1992	10.16
	2000	3.41			4.26
Schwarzsee	1934	9.2			3.42
Seattle	1987	4.16	Waterville	1978	3.18
Singapore	1986	4.29	Wien		10.25
Silberdom-Stadion	1985	3.34	Willow Island	1978	10.9
Skyline Plaza Apartm.	1973	4.6	Worms	1429	2.4
Sleipner A	1981	9.9	Ylläs	1970	5.8
Sodankylä	1978	5.15			
Southampton	1940	3.7	Zehlendorf	1978	5.16
Sqaw Valley	1983	3.30	Zollinger-Bauweise	1940	3.7
St. Louis	1983	4.12	Zwenkau	1937	9.3

15 Bildnachweis

Vorbemerkung

Bei nicht aufgeführten Bildern handelt es sich entweder um eigene Aufnahmen oder um Kopien, die mir Kollegen und Freude im Laufe der letzten 40 Jahre geschenkt haben und deren Quelle ich nicht mehr klären kann.

Quelle	Jahrgang	Bildnummer
Zeitschriften		
Bauingenieur	1920	10.2
	1922	3.2, 10.3
	1926	5.2 b, c
	1937	10.4 bis 10.6
	1956	7.2
	1979	10.8
	1980	3.4 b
	1982	7.6 b, c
	1983	9.7
	1993	5.10
Bautechnik	1983	3.6 b, d
Beton- und Stahlbetonbau	1991	7.8
	1993	9.8
Civil Engineering	1986	3.16 b
	1995	10.1
	1996	4.10
	1999	3.13, 4.4
Concrete International	1983	4.6 c
Cranes Today	1976	6.1
Eisenbau	1911	3.1
ENR	1978	3.4 a
	1979	3.11
	1981	3.5
	1982	6.3 a
	1983	3.16 a, 6.4 a, b, 6.6 a
	1985	3.15
Schadenspiegel	1981	7.1

Quelle	Jahrgang	Bildnummer
Stahlbau	1967	9.4
	1978	3.4c
	1982	7.5
	1987	4.8
Structural Engineering International	1995	4.7
	1996	4.2c

Bücher

Binding, G.: Was ist Gotik? Darmstadt: Wiss. Buch-Ges. 2000	2.6b
Davis, H. J.: Venedig. Wiesbaden: Ebeling-Verlag 1976	2.12
Demps, L.: Der schönste Platz Berlins. Berlin: Henschel 1993	2.10
Die Abraumförderbrücke Böhlen II im Tagebau Zwenkau. Südraum Journal 8. Leipzig: Passage-Verlag 1998	9.3a
Dietrich, Ph. (Hrsg.): Die Domkirche zu Fritzlar und das durch Einsturz des südwestlichen Thurmes am 7. Dezember vorgekommene Menschenunglück. Kassel: J. J. Scheel'sche Buch-, Kunst- und Musikalien-Handlung 1869	2.11b
Feld, J./Carper, K.L.: Construction Failure. New York: J. Wiley & Sons 1997	3.9
Jestätt: Die Geschichte der Stadt Fritzlar. Fritzlar: Selbstverlag des Jubiläumsaussch. der Stadt 1924	2.11a
Kaminetzky, D.: Design and Construction Failures – Lessons from Forensic Investigations. New York: McGraw-Hill 1991	3.3, 3.8, 4.1, 4.2a, b, d, 4.5, 4.6, 10.7, 10.9
Kordina, K., Blume, F.: Auswertung von Siloschäden. Stuttgart: Inf. Zentrum RAUM und BAU, T 1002/1 cu. 2, 1982 (lfd. Nummer 81.123991	7.7
Lexikon der Ägyptologie, Band IV	2.2
Mendelssohn, K.: Gedanken eines Naturwissenschaftlers zum Pyramidenbau. Physik in unserer Zeit 3 (1972) 41–47	2.3a, 2.5

Quelle	Jahrgang	Bildnummer
Murray, St.: Beauvais Cathedral – Architectures of Trancendence. Princeton: Princeton University Press 1989		Vorlage für 2.6 c 2.6 d
Sprangue de Camp: Ingenieure der Antike. Düsseldorf: Econ Verlag 1964		2.7
Stadelmann, R.: Die ägyptischen Pyramiden. Mainz: Verlag Ph. v. Zabern 1985. – Erschienen als Band 30 in: Kulturgeschichte der antiken Welt.		2.3 b, c, 2.4
SÜDRAUM Journal 8: Die Abraumförderbrücke Böhlen II im Tagebau Zwenkau Leipzig: Passage-Verlag 1998		9.3 a
Wolff, P.: Drei Kaiserdome. Mainz: Verlag Eiserner Hammer		2.8

Einzelpersonen, -institutionen und -arbeiten

Baumgarten, H.: Gutachten zum Einsturz des Roten Turmes am 07.08.1995 gegen 15.30 Uhr, Jena, Lösegraben. Erfurt 1995		2.17
Bauverein der Kirche St. Maria Magdalena Goch		2.16 a
Binda, L., Mailand		2.15 b, 2.18
Dettmar, U., Frankfurt		2.6 a
Eidgenössiche Materialprüfungs- und Forschungsanstalt, EMPA, Dübendorf		3.17
Elze, H.: Ausgewählte Bauschäden in der DDR		2.13, 6.5
Fecke, G., Unna		5.7, 5.9, 6.6 b, 6.7
Fernmeldetechn. Zentralamt Darmstadt		5.11 b, c, 5.12
Frankewitz Bildarchiv, Geldern		2.16 b
Koepp, H.-J., Goch		2.16 c
Kollár, J., Budapest		3.18
Kozák, I., Bratislava		5.4
Minner, J. K., Hamburg		6.2
Nordddeutscher Rundfunk		5.13
NRAO Newsletters, No. 39, 1989, 1. April		9.5, 9.6
Petersen, C.		5.5

Quelle	Jahrgang	Bildnummer
Roth, H., Baden (Schweiz)		9.1, 9.2
Schaefer, K., Schöneiche		5.2 c
Struzina, A., Theißen		9.3 b, c
Stadtarchiv Nauen		5.1
Stamets, J., USA		4.9
Westdeutscher Rundfunk		5.6 a
TÜV Paderborn		6.8

Sachverzeichnis

Abkürzungen bei Quellenangaben 3 f.
Abraumforderbrücke 222
Abspannungen 132
Antennenträger, zylindrisch 137
Antennenverkleidung, zylindrisch 138
Anweisungen für Ausführende 96
Auflagerung, Schiefe 58
Ausbau 98
Außermittigkeiten 68

Baubestimmungen 5 f., 11
Baugeschehen, Liberalisierung 6
Bausubstanz, Überwachung 82
Bauüberwachung 66
Bauwerk-Boden-Wechselwirkung 35
Bauzustand 82, 154
Berater, Unabhängigkeit 221
Berliner Stadtschloß 29
Beton
– Bewehrungsführung 235
– Finite-Element-Analyse 235
– Kriechen 105
– Offshore-Plattform 233 ff.
– ungenügende Festigkeit 259
Bogenschub 23
Bolzen, hochfeste 63
Bolzendurchmesser, Abstufung 71

Checklisten 6

Dach, luftgetragenes 75
Dachaufhängung 62
Denkmalpflege 27, 35
Denkmalschutz 39
Details, konstruktive 66
Deutsche Telekom 113
Dokumentation 8
Druckrohrleitungen 217 ff.
– Kugelschieber 222
– Materialfehler 221
– Vakuum 222
– Wasserschloß 220

Druckspannungen 227
Durchstanzen 68, 91, 95, 98, 103
dynamische Probleme 137, 271

Edelstahl 150
Einsturz = Lehrmeister 11
Einstürze, zentrale Erfassung 272
Eisenbau, Grundsatz 57
elektrische Energie, Beherrschung 112, 147
Entwurfsfehler 96, 268 ff., 275
Erfahrung 11
Ermüdung 154, 166 f.
– hochfester Bolzen 63
– Kamine 171
– Schweißanschluß 138
Exzentrizität 59 f.

Fachwerkträger 57, 59, 62, 73
Fahrzeugunterstellhallen 224 ff.
Fehler
– Konstruktionsfehler 166
– menschliche 165
Flachdecken 91
Freileitungsmasten 169
– Eislasten 169
Fußgängergalerie 233

Gerüste 239 ff.
– Baugrund 248
– Baumaterial 248
– Beton mit schnell abbindendem Zement 262
– horizontale Kräfte durch Fahrzeugverkehr 257
– Lehren 264
– Regelgerüste 258
– Überlastung 261
– Überprüfung der Konstruktion 248
– Überwachung 248
– Verantwortlichkeit im Gerüstbau 261
– zweistöckige Stützen 257
Gontard, Carl 31

Grundbruch 34
Gutachten 9 f.

Hochhaus 98
Holz-Fachwerkgittertürme 133
Hub-Decken-Verfahren 91, 96

Information 7
– für Ausführende 109
Instabilität 82
– Krane 166
– Raumfachwerk 60

Kamine
– Ermüdung 169
– Querschwingungen 169
Kletterschalung für Kühlzugtürme 259 f.
Kollisionen von Flugzeugen 144
Konstruktionsdetails, Prüfung 7
Konstruktionsfehler 8, 166, 275
konstruktive Durchbildung 7
Kontrolle 6
Koordination 7
Korrosion 66
Krane 164
– Drehen der Ausleger 168
– Kranführer 166
– Kranunfälle 164 f.
– Windlast 165

Laborversuche 205
Lasten
– an Kranhaken anschlagen 146
– Erhöhung 68
– größere, in Zwischenzuständen 252
Lehren 5, 8, 177
– Abraumförderbrücke 224
– aus Entwurfsfehlern 268 ff.
– Behälterlager 212
– Deckengerüst 263
– Fahrzeugunterstellhalle 228
– Funkmasten und -türme 154
– für die Praxis 267
– Gerüste 264 f.
– Hallen und Dächer 82

– historische Bauwerke 44
– Hochbauten 109
– Hochhaus in Boston 100
– Kongreßhalle in Berlin 66
– Neue Messe Düsseldorf 71
– Offshore-Plattform 237 f.
– Regallager 207, 216
– Silos 190, 198
Lehrmeister 19
Liberalisierung, sogenannte 272

Mängel in der Ausführung 276
Masten
– Aufstockung 132
– Blitzeinschlag 147
– Drahtbrüche 147
– Seilaustausch 146
Mastschafte, zylindrische 137
Mauerbruch 35
Montage, Improvisieren 146
Montageunfälle 112, 270, 277
– Hochbauten 98
– Krane 164
– Masten 145

Nichtrostender Stahl 79
Normen 66
– DIN 4133 133
– DIN 1055 190
– DIN 18800 57
– Verantwortung 261

Parteigutachten 9
Pfeilervorlagen 58
Planung, Änderungen 6
Probebelastung 60
Prüfingenieur 272

Quellen 2 f.
Quellenangaben, Abkürzungen 3 f.
Querabspannungen 132
Querschwingungen 138
– einer Stütze in einem Mast 143

Radioteleskope 228 ff.
– Struktur des Reflektors 230
– Nebenspannungen 231

Sachverzeichnis

Rad–Schiene 224
Rahmen, einhüftige 224 f.
Raumfachwerk 60, 69
Regale
– Außermittigkeit von Anschlüssen 215
– dünnwandige Bauteile 205
– Fachwerkständer 213
– Rahmen aus Kaltprofilen 207
– Schienen 206
– Schubsteifigkeit 215
Regelgerüste 258
Reibung 224
Risiko 11
Rundfunkanstalten 113
S-Bahn-Baugrube
– Änderung 254
– Aussteifung 253
– Instabilität 254

Schäden
– Kontrolle 6
– Ursachen 3, 6 f.
– zentrale Erfassung 272
Schadensfälle, Auswertung 179
Schadensmeldungen 9
Schadensursachen 4
Schiefer Turm von Pisa 14
Schlüter, Andreas 29
Schnee
– Rutschungen 109
– Schmelzanlage 78
– Überlastung 105
– Verwehungen 68, 74, 82, 109
Schneelast, halbseitige 60
Schneelasten 74
Schüler, F. A. 34
Schulung 154
Schweißverbindung, Mängel 140
Schwimmdachtank
– horizontale Führung des Daches 197
– Stützen 195
Schwingungen vereister Abspannung 141
Scrutonwendel 138
Seilklemmen 146

Seitenstabilisierung 72 f.
Silos 179
– Bemessungsfehler 191
– Betriebsfehler 204
– Bewehrungsfehler bei Betonsilos 200
– Einwirkungen des Silogutes 190
– Innenzellen 198
– Lagerbereiche von Stahlsilos 198
– Lehren 190, 198
– Schweißfehler bei Stahlsilos 198
Spannbeton 63
Spannungsrißkorrosion 79, 149
Spezialisten 7
Sprödbruch 80, 134, 149, 151
Stabilität 69
Stahl-Fachwerkgittertürme 133
Stahl, Sprödbruch 134
Stahlguß 150
Stahlkonstruktionen, Details 7
Strebewerk 23

Tabellen 1 ff.
Tanks, Montage 180
Temperatur, tiefe 140
Torsionsschwingungen 143
– eines Reusenmastes 142
Tragsicherheit, Informationen 82
Tragwerksentwurf 66
Tragwerkskritik 273
Trapezbleche, horizontal gespannte 191
Turm zu Babylon 14

Umbau 103
Umbauten 44, 146
Unterstützungen, voreilige Beseitigung 98, 103
Ursachen 3, 6 f., 10, 19

Verbund 44
Vereisung 112, 136, 141, 164
Versagensfälle
– Gutachten 9
– Ursache 9

Werkstoffmängel 112, 149
Werkstoffverwechslung 150 f.
Windenergieanlagen 177
Windkräfte 224
Windlast 132

Zeichnungen 68
Zeit- und Kostendruck 66
Zwangsknicke 66
– Ermüdung 138